微生物与人

Microbes and Man

约翰·波斯特盖特 John Postgate 著

周启玲 周育 毕群 译

中国青年出版社

第四版 序言

近30年前，我写了《微生物与人》的第一版，试图把微生物世界介绍给受过教育的读者（不一定是科学家），并概述这些成员对人类社会和经济的影响。此书颇为成功，我高兴地看到它被译成几种文字出版。另外，由于微生物研究在一些令人瞩目的方向上持续取得进展，这已经是我对本书进行的第三次大规模修订了。

微生物对人们的生活确实影响巨大：它们清洁环境并使土壤肥沃；它们在食品工艺中起着十分重要的作用；它们在我们的身体里制造维生素。它们能够在体内外与我们和平共处，其中一些甚至还保护我们免受别的有害微生物的侵犯。然而，大多数人意识不到它们的存在，除非某种微生物引起了灾害（如疫症暴发、食物腐败或某些珍贵物品受到腐蚀甚至毁坏）。正因为大多数人只有在这时才想起微生物，所以微生物普遍不招人喜欢，成了令人恐惧和招人怨恨的“隐形敌人”。

我希望通过本书来改变微生物在公众心目中的不堪形象。自然，某些微生物（特别是某些细菌和病毒）确会引起疾病，也确实存在着使食物腐败和侵蚀非生命物质的微生物（甚至出现混凝土和铁管这类物品遭受侵蚀的令人不可思议的情况）。但大多数微生物是有益的。它们在食品、化工和制药业方面的价值，是微生物专业的学生们都知道的（但愿事实如此），或许随着遗传工程的兴起，少数门外汉也清楚这点。但是，微生物在诸如污水和废物处理等方面所起的决定性作用，却没有多少非专业工作者能意识到。也难怪，不接触污水处理工作的人，有谁自愿去了解污水呢？而污水处理对我们社会的福祉来说却是至关紧要的。在净化污秽的湖泊、河流、海滩或分解植物材料、动物尸体和排泄物以恢复土壤肥力等过程中，微生物所起的重要作用关乎整个地球。它们通过对植物和动物残骸的处理，不断提供氧、二氧化碳、硝酸盐甚至水分，而这些成分是我们这个行星上的所有生命都必不可少的。因此，对于包括我们自己在内的所有高等有机体生命而言，微生物都是亲密而重要的伙伴。

上述要点一直是本书的主要议题。自此书第一版问世以来，我觉察到微生物意识在公众中已逐渐普及，或许本书起了一点儿作用。但是，“意识到”不一定表明你真正了解。当今世界有识之士就人口爆炸正给我们星球环境带来的激烈影响取得了共识；我希望他们也能及时地认识到，微生物常能为经济和环境提供最基础的补救措施，并借以抑制生态灾难的发生，为人类解决人口过剩问题争取足够的时间。

我带给大家的，除了有经济和社会方面的信息以外，还有智力方面的。对微生物世界的探索之所以使人们着迷，其根本原因在于，这些貌似原始的家伙却囊括了活细胞所能进行的全部过程。它们的生化和生理功能范围远超过我们在高等有机体中所能见到的。在另一本书——《生命的外延》（*The Outer Reaches of Life*）中，我对此论题做了扩展：一组学者对地球生命的边界下了定义，并暗示，某些生命曾经如何在地球上存在过，而它们目前又可能怎样安然地生活于宇宙的某处。最后，和前面三个版本一样，我要感谢所有给本书指出过瑕疵和印刷错误的人，希望这次不会再有差错出现。我还要特别感激我的妻子，她仔细阅读了全部修订稿，并使文稿表达烦冗之处变得简单明了。

约翰·波斯特盖特

于英国刘易斯

中译本序——

一本有趣而益智的科普著作

比起搏击长空的雄鹰和遨游大海的鲸，微生物对多数人来说是比较陌生的，除了生病的时候，平常很难想起它们。实际上，微生物和人类的关系绝不比高等的大生物疏远，甚至更加亲密。要问为什么，这本篇幅不大的科普著作将会给您一个简要而容易理解的答复。至于这个答复是否令您满意，那就要读者诸君自己评判了。

本书作者是英国皇家协会会员，类似我国的院士，他在固氮微生物学和硫酸盐还原菌的研究中取得过举世公认的重要成果，以著名科学家的身份撰写这部通俗的科普著作。《微生物与人》在长达30多年的时间中4次修订，十几次重印，至少翻译成7种文字，若没有对读者相当的吸引力，很难达成这样的成果。的确，这本经过几次修订的畅销书即使到了21世纪的今天，也没有过时。作者从日常生活频繁接触的事物中让我们体察到微生物作用的无所不在，从人类面临的各种挑战中突出了微生物学的重要作用，正如作者在另一本微生物学科普作品的前言所说：“我试图告诉非科技人员，我们对于在很大程度上仍然捉摸不透的微生物世界的了解正在改变我们对生命本身的认识。”我想，具有初中以上文化水平的广大读者，通过阅读这类科普著作来学习微生物学的基本知识，不失为一条好途径。认识将影响行动，知识就是力量，正确和鲜活的知识无疑将增添我们迎接挑战的实力。

本书原文文字流畅，语言生动，推理恰当，并且不时发表个人看法。难怪国外有的读者说，作者不仅是科学家，而且是位优秀的作家。汉语译文是多位科技人员合作完成的，由于高水平的校订，看不出明显的拼接痕迹，而且在很大程度上再现了作者的风趣和幽默。为了让读者不至于为某些专业名词所困扰，书后附有简明的小词典，这是国内科普著作中少见的。

我第一次通读它时，是在几天之内像看小说一样完成的。作为一个多年从事专业工作的微生物学工作者，我的感受是：和阅读一部文学名著一样，既增长了知识，又获得了欣赏艺术作品般的享受。开卷有益，那些希望获取更多科学知识的大中学生和一般读者不妨翻翻它，先浏览一下再决定是否值得精读；至于微生物学专业工作者，既然读起来不会有隔山之感，抽点时间认真读读，肯定会有获益。我还建议那些资深的科学家在为大众撰写科普著作时，参考参考这本小册子，您写出的作品肯定会更受欢迎。

我们正面临一个前所未有的波澜壮阔的生命科学新世纪。我们相信，新中国最早系统出版科普著作的中国青年出版社，将会发扬光荣传统，出版更多像本书一样的现代生物学的科普书籍，像她曾经影响过几代年轻人那样，继续担负起光荣使命。

程光胜

2006年8月于中关村

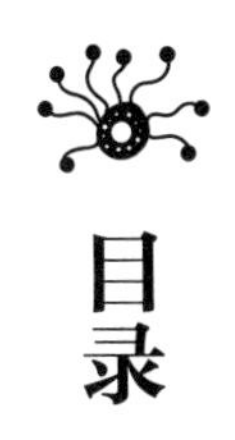

目录

第一章　人和微生物

Chapter 1

Microbes and Man

这本书讲的是“病菌”的故事，科学家把它们叫作微生物。它们大多数是肉眼看不见的，跟大型生物共同生活在地球的各个角落，甚至在其他生物无法长久待下去的环境中也照样存活。微生物的生命力十分顽强。事实上，只要有地球生物存在的地方就会有微生物。换句话说，据我们所知，微生物能够忍受的最极端的生活条件就是生命存在的极限。

生物学家们把地球上表面的一层有生命的空间命名为生物圈。大多数陆地生物仅仅居住在大气层与陆地的交界部分；鸟类的活动空间可以延伸到大气层中几百米的高处；蚯蚓和线虫等无脊椎动物通常可以钻入土壤中几米深处，只是近来由于人类的侵扰，它们才继续往深处进发；鱼类生存的世界更加宽阔，从海平面下至几千米的深海区域都栖息着各式各样的生物，有的还会发光；细菌和真菌的孢子可以被对流层形成的风吹至大气层中高达1000米的地方。早在1936年所进行的平流层气球探测中，科学家们就发现，霉菌和细菌其实可以到达更高的空间。就在最近，美国宇航局在32000米的高空探测到了细菌和霉菌，只不过数量已有所减少。在这个高度，每55立方米的空间内只有一个微生物，与300～12000米（喷气机通常所达）高度每立方米1700～2000个微生物相比，可以说是很稀少了，而且它们绝大多数都处于休眠状态。与此相反，太平洋深沟底部却活跃着各种海洋微生物，有时深达11000米，而且它们显然都不是处于休眠状态。在深达750米邻近海底的沉积物中以及在陆地表面向下500米处的沉积岩里，活体微生物被发现了。它们富含在相当于石油层的深度，而且在更深的地方（像北海[①]海底下3000米深含油岩层的热碲化物水样中）还有高度特化的细菌种类被发现。生活在南非金矿下3500米处（那里的温度约为65℃）的某些耐热细菌，创下了本星球内微生物生存温度的最新纪录。因此，如果不考虑宇航员的探测活动，我们可以说，生物圈的最大厚度约为4万米，而生命过程活跃的范围仅仅为1万米左右：在海洋、陆地和大气底层，不过大多数生物仅仅生活在约30米的区域中。如果我们把地球缩小为一个橙子，那么生物圈的范围顶多是它的橙色外皮。

在地球这一狭小的区域内，却有我们称之为生命的东西进行着大量的化学和生物活动。生物之间相互作用、相互依赖，并且相互竞争着——至少自有历史记载以来，这种现象就一直激发着人们的好奇心。生物之间存在着一种平衡，一种常常被我们认为是理应存

① 北大西洋的一部分，位于大不列颠岛以东，斯堪的纳维亚半岛西南和欧洲大陆以北。——编者注

在的平衡。因为现实就是这样的，而且只能是这样。科学家们惊叹于这种平衡的错综复杂和精巧细腻，源源不断地从中获取灵感。而对于普通人来说，自然界的这种平衡在其被打破时更能让我们深刻感受到，然后神奇的是，它又能无声无息地重新调整到一个新的平衡。生态学是研究生物与环境的相互作用的科学，它以维持自然界平衡的各个细节为研究对象，正在不断地发展着。

生物在最宏观的维度上以一种相互依存的方式存在着。人和动物依靠植物来维持生命。食肉动物也不例外，它们以食草动物为食，归根到底也是离不开植物的。而植物又是靠阳光而生的，所以地球上生命的动力来源于太阳，这一点应该是连小学生都知道的常识。然而，还有第三种生物是植物和动物都要依靠的——那就是微生物。在下一章正式介绍这些微生物之前，我会先就它们在生态经济中的重要性做一个简略介绍，这将对我在后面章节深入探讨它们对人类生活的深刻影响时有所帮助，并且还能充分展示微生物对高等生物的根本性影响。

微生物是指在显微镜下观察到的生物，包括病毒、细菌、低等真菌（霉菌和酵母）和低等藻类。与其他生物相比，微生物的种类极其丰富。

每克可耕土壤中大约有1亿个活细菌，平均大小为1～2微米（1微米等于1／1000毫米；打个比方，将1000个细菌首尾相接才可以覆盖一个针尖）。下面的比喻可能让你印象更加深刻：每平方米肥沃的可耕土壤中含有22～56克的细菌。放大到整个地球，微生物的总重量之大几乎无法计算，据估计是所有海洋和陆地动物总重量的5～25倍，接近于植物的总重量。地球上的植物、动物或微生物的准确重量很难判断，一个简单易行的办法是合理取样并按比例合理推测。无疑，这也正是估计数如此不精确的原因，不过可以确定的是，动物（包括我们人类在内）的总质量在地球生物的总质量中（比重约为千分之一）是无足轻重的。1998年，美国佐治亚大学的一组科学家曾对微生物某一大纲的细菌数量做了稍微精确一点的估算：它们是4×10^{30}～6×10^{30}（即4和6后面紧跟30个零！）个细胞。这是一个不可思议的巨大数目。虽然每个活细胞的重量是如此微小（仅约一万亿分之一克，即10^{-12}克；其中水分占3／4），但当全世界的细菌成员加在一起时，其活体总量却重达5万亿吨（或5×10^{18}克）左右。这一天文数字实际上相当于构成全世界植物的有机物质的总和。正如我将在下一章中谈到的，有许多微生物不是细菌，因此全球微生物的活体质量或许会超过生物圈中植物和动物的总质量。

当食物充足、温度适宜时，微生物能够快速繁殖。有一种细菌在11分钟内会从一个变成两个，其他多数细菌在20～30分钟数目就会翻一番，繁殖慢的则需要2～24个小时。与大多数生物相比，这样的繁殖速度简直惊人。当营养供给绝对充足时，1个大肠杆菌细胞在3天之内就可以繁殖到超过地球的重量。由于微生物构成了地球上过半的生物，并且在营养充足时能以最快速度繁殖，因此，地球上各种生命活动的化学变化大多数都与微生物有关。

现在我必须离题片刻，介绍一些化学知识，因为从化学的角度更能理解微生物的大多数行为。我保证只介绍最简单的化学知识，不过读者起码应该熟悉某些化学符号，如N代表氮原子，Na代表钠原子；氮气以分子形式存在，包含两个氮原子，分子式为N_2；甲烷的化学式CH_4代表该分子包含一个碳原子和4个氢原子。如果甲烷用下列结构式表示：

$$
\begin{array}{ccccc}
 & & H & & \\
 & & | & & \\
H & — & C & — & H \\
 & & | & & \\
 & & H & &
\end{array}
$$

则说明氢原子独立与碳原子相连并且呈对称排列。

我还要用一些有机化学家的缩写符号：

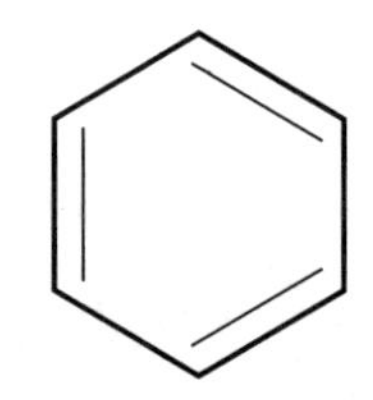

它代表6个碳原子连成一个环，如果写全的话，这个化合物（苯）是这样的：

```
          H
          |
    H     C     H
     \  /   \\  /
      C       C
      ||      |
      C       C
     /  \   //  \
    H     C     H
          |
          H
```

但是很久以前，化学家们就意识到写这些“C”和“H”纯粹是浪费时间。

我还要引入一些概念，即盐溶解后分解为离子。如硝酸钠、硝酸钾和硝酸钙在水中都产生硝酸根离子，因此当植物从肥料中吸收硝酸根离子时，这些离子究竟来自哪种硝酸盐则是完全无关紧要的了。所以，在许多场合，尽管我们不可能拿到一瓶硫酸根离子，但我们仍不妨以“硝酸根离子（NO_3^-）、硫酸根离子（SO_4^{2-}）”等来称呼之。

记住了这些化学规则，当出现更复杂的化学概念时，我就可以多解释一些了。

在短暂的离题之后，我们再回到微生物对地球化学的重要性上来。说到这些事，我不禁想到，地球上所发生的化学变化几乎都是由生物造成的。无生命过程的确仍然存在，例如火山喷发引起周围的岩石和大气的变化；闪电使氮的氧化物和臭氧形成；紫外线也有类似的作用，并在大气上层形成一圈臭氧层，保护我们不受某些杀伤力更强的紫外线照射；暴风雨和海洋侵蚀使得暴露的岩石和矿物逐渐发生化学变化；放射性矿物质诱发周围岩石发生各种各样的化学反应，并维持着地球内部的高温状态；等等。与地球形成初期的化学反应相比，今天地球表面的纯化学变化是微不足道的，也就是说，现在地球自身的化学过程已稳定在一个相当平静的状态了。现在，最显而易见的化学变化是由植物携同动物这个次级因素来完成的，而这些化学转化的能量则来自太阳。所以说，生物圈是由生物因素消耗太阳能进行化学反应的一个动态系统。

我将在第十章中讲到，生命的出现如何使地球表面的化学组成在数百万年前发生了巨大的变化。大气、土壤和岩石的组成经历了几千万年的逐渐变化，才成为我们今天所知的这个生物圈。这种变化无疑还在慢慢地进行着，但过去的大约100万年以来，生物圈的平均组成已基本恒定不变了。换句话说，地球上由任何一种生命活动所引起的化学变化，都会被其他活动所逆转。当我们考察地球上化学转化中的各元素时，我们就会发现它们实际上是在循环往复地变化着的，即从生物合成（有机合成）到非生物合成（无机合成），然后再从非生物合成回到生物合成。

说到元素氮，氮气的游离分子之多约占大气的4／5。化学家称氮气为双原子氮。它通常是很不活泼的，对生物无害，既不燃烧也不助燃，它一般不愿进入自发的化学结合。然而，所有的生物都含有蛋白质，肌肉、神经、骨骼和头发，以及制造这些和其他所有物质并为生长和运动等提供能量的酶，都含有蛋白质分子。每个蛋白质分子含大约10%～15%的氮原子，这些氮原子与其他原子相结合，如碳、氢和氧，某些时候还有硫。与简单的双原子氮不同，蛋白质分子有上万个原子，它的庞大和复杂性决定了蛋白质是构成大多数生命的主要部分。因此我们有把握说，大多数生物含有8%～16%的氮，动物为16%，而植物则为8%。主要的例外是那些有石灰质或硅质外壳的生物，它们的氮含量似乎很低，但如果我们在计算时将它们的外壳作为非生命附属物扣除，则它们也显现正常的化学比例了。

生物体的生长离不开氮，而当它们死亡、腐坏、分解之后，氮又回归自然，为其他生物所用。腐烂和分解过程多数是由微生物完成的。当然，微生物死后也会自然腐烂或被原虫、线虫等消化掉。氮也依次被植物、虫子、鸟等生物吸收并成为它们的一部分（正如一首丧歌中所唱："随后鸭子就会吃掉你……"）。因此，氮原子不断被结合而进入了一个持续的转化过程，生物学家称之为"氮循环"。在这个循环中，某些微生物将氮以氮气的形式释放回大气

（脱氮细菌），另一些则将氮以有机化合物的形式结合回来（固氮细菌）。生物氮循环可以用下面示意图表示。

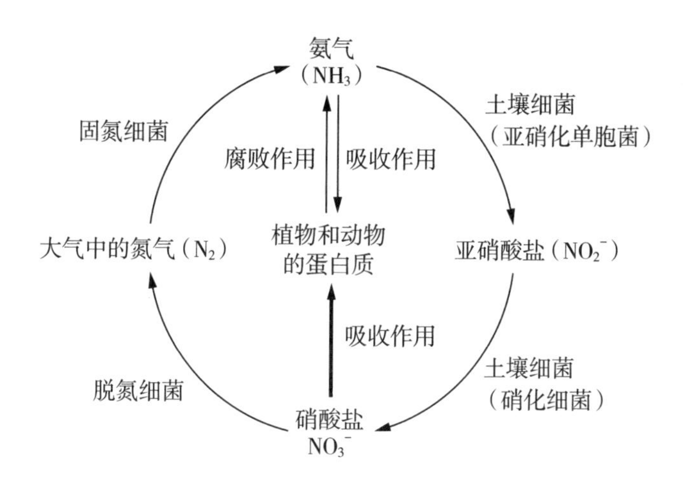

从这张示意图可以看到，土壤中的硝酸盐被植物用于生长，并变成动植物的蛋白质组成成分。微生物的分解作用随后又将氨释放出来。植物本身也可以完成这一循环，但它更喜欢硝酸盐，因此需要两类土壤细菌经亚硝酸盐将氨重新转化为硝酸盐。土壤、堆肥等物质里面的脱氮细菌可以将氮以游离形式释放出来，而这部分重返大气层的生物氮的损失是由固氮细菌来弥补的。某些固氮细菌以与植物的根和叶相结合的形式存在，另一些则游离在水和土壤中。关于这方面内容，我将在第五章进一步讨论。重要的是，土壤中结合氮（氨和硝酸盐）的数量将决定这块土地的农作物收获量。因此，一块土地能够养活多少人和动物，将取决于氮循环运行的速度以及固氮细菌工作的活力状态。

当然，氮循环还有某些旁路。应用工业手段将大气中的氮转化为人造氮肥，也可以提高土壤的产量。雷雨、阳光中的紫外线能在大气中生成氮的氧化物并经雨水冲入土壤中成为硝酸盐。尽管土壤中1/3的新固定氮是由上述过程产生的，但它们仍被排除在氮循环系统之外，因为在全球范围看来，地球上种植的农作物的产量（也就是人和动物的食物量），仍主要依赖于固氮细菌的活动。一年里，有大约30亿吨氮在氮循环中流通，其中近10%的循环涉及氮以氮气的形式流失到大气层，又通过固氮作用回到生物圈的过程。德尔维什（C. C. Delwiche）曾计算过，大气中每个氮原子平均在100万年里有一次进入有机氮结合状态的机会。很显然，这些微生物对生态经济是至关重要的。

固氮细菌在氮循环中占据着重要地位，而其他微生物的作用也是不可忽视的。那些引起腐败的微生物将蛋白质中的氮分解为氨而进入循环，但由于大多数植物更易于吸收硝酸盐作为氮源，因此另外两类将氨转变为硝酸盐的细菌（统称为硝化细菌）也发挥了重要的作用。然而，这种转变并不是绝对有利的，因为硝酸盐比氨更容易被雨水从土壤中冲走。为了避免这种浪费，农业化学家有时也建议使用氨态氮肥并添加抑制硝化细菌繁殖的化合物，而大多数农作物在这种条件下也能生长得很好。

另一个对生物圈至关重要的生物循环是碳循环。就高等生物而言，其本质是由氧推动的各种化学变化的循环。所有的生物都要呼吸，而呼吸实际上就是在空气中氧的协助下，将食物中的碳氢化合物转变成二氧化碳（CO_2）和水的过程。这样，生物就消耗空气中的氧而产生二氧化碳。而将二氧化碳固定为有机碳并为空气补充氧的逆过程则是由绿色植物来完成的。它们借助光能，吸收二氧化碳使之成为自身的组成物质，并使水（H_2O）中的氧以氧气（O_2）的形式释放出去。今天，这些过程在全球范围处于平衡状态，使得大气中的氧气含量保持在21%左右，而二氧化碳则刚刚超过0.03%。在这个循环中，微生物主要起腐败分解作用，它们将木头、粪便等残留的有机物分解生成二氧化碳而进入碳循环。由于这个过程并不依赖氧的参与，所以碳的转换方式各不相同，从而为碳循环提供了宝贵的多样性。在第二章中，我将介绍一种厌氧细菌，它的呼吸不依赖氧，能够将有机物分解产生甲烷（CH_4）、氢或丁酸。它们对于缺氧条件下成堆的有机物的分解尤为重要，例如池塘深处植物的分解。而且，甲烷是一种气体，它能够将碳源从缺氧的堆积物中转移至有氧环境，并进一步被氧化，因而在碳循环中占有重要的位置。事实上，大多数由厌氧细菌所产生的化合物都会被其他微生物进一步氧化，最终生成二氧化碳。这样，碳又回到了循环中。总体上，碳循环的速度为每年100亿吨左右。陆地上大多数二氧化碳的固定工作是由高等植物完成的，而海洋里最重要的二氧化碳固定者则是微生物，它们包括用显微镜才能见到的蓝细菌、藻类和硅藻。这些微生物漂浮在海平面的浮游生物层中，与一些被称为浮游生物的更加分散的微生物一起成为鱼类丰富的有机食物。碳循环示意图如下：

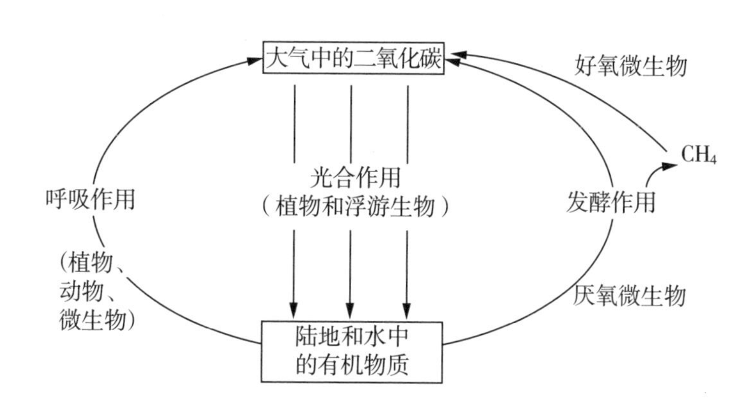

浮游层中的微生物与陆地植物一样需要光能。后面的章节还会介绍一些不需要光而经过化学反应来固定二氧化碳的微生物。它们在地球生命起源的早期可能非常重要，但现在除了某些特殊环境，它们对碳循环来说已没有什么作用了。

今天，环境学家们正为如何保持碳循环的平衡而担忧着。这种担忧是有理有据的。自20世纪下半叶以来，大气中的CO_2含量不断升高，这意味着植物和微生物的光合作用利用不了其中多余的CO_2。这种现象是人为造成的。我们消耗燃料（尤其是石油、煤炭和天然气），也通过其他一些方式，制造着大量的二氧化碳，并将之排入大气层。CO_2是一种温室气体，它从太阳光中吸收热量，从而维持地球的温暖状态。我们担心的是，这多余的CO_2将逐步使地球变暖。其后果可能不像人们最初所想象的那样令人温暖愉快。这个问题尚在争论之中，我建议读者们去阅读最近的杂志和内容优质的报纸以获得更多的信息。

其他元素如氢、铁、镁、硅和磷也是生物大分子结构的组成部分，它们也有类似的循环过程。磷的循环使每年大约1300万吨的磷不可逆地从陆地净转移至海洋，因而同样引起人们的忧虑。微生物虽然在这些元素的循环中也起着一定的作用，但这些作用不是主要的，我不打算深入讨论这方面的内容。接下来我要介绍的是一个非常重要的循环过程——硫循环。因为它完全依赖于微生物的作用。硫是蛋白质和某些维生素的组成元素，它在生物体的含量为0.5%～1.5%，而且硫的生物循环过程对其稳定供应是至关重要的。在讨论之前，我得介绍一些此处和本书后面章节中都用得着的概念：氧化和还原反应。

煤是一种碳，它在燃烧过程中被氧化，该反应的化学能以热能的形式释放。反应中，氧原子加入碳原子中而形成了二氧化碳，所以称之为氧化反应。用化学符号可以将其写成方程式：

$$C + O_2 \rightarrow CO_2$$

当氧气不充足时，一些一氧化碳也会形成。

$$2C + O_2 \rightarrow 2CO$$

这种物质恰好是发动机排放的废气中的有毒成分。

碳的部分或完全氧化是不同程度的氧化过程。其他元素也以类似的方式产生出不止一种氧化态的稳定化合物。

食物中含有碳的化合物，在被身体利用时氧化而产生二氧化碳和水。蔗糖是一种典型的碳水化合物，它的分子式为$C_6H_{12}O_6$。

上述反应的部分能量变成热能，而更多能量则被用于推动维持躯体机能的各种化学反应。

所有微生物的生活都离不开氧化反应，但也有某些微生物不需要氧气来完成氧化反应，如硫酸盐还原细菌，它依靠硫酸盐作为氧化剂：

$$\text{碳-化合物} + CaSO_4 \rightarrow CO_2 + H_2O + CaS$$

它们从硫酸盐中夺取氧原子来氧化碳的化合物。反应中，硫酸钙转变为硫化钙，它经历的是还原反应。一般说来，当某种化合物被氧化时，另外的化合物就会被还原（如燃烧反应中，碳被氧化，而氧则被还原）。脱氮细菌以类似的方式还原硝酸盐：

$$\text{碳-化合物} + NaNO_3 \rightarrow Na_2CO_3 + N_2$$

在硝酸盐和硫酸盐的还原反应中，硝酸根和硫酸根的氧原子被用于氧化碳源，而这些酸根离子则被还原。

到此为止，氧化还原概念已经很容易理解了。当化学家们提到那些完全不需氧的氧化还原反应时，情况又复杂了那么一点点。但这些反应和那些有氧反应的性质是相同的。例如，铁的化合物可以是亚铁盐（硫酸亚铁、硝酸亚铁等），也可以是高铁盐；从化学家的角度来看，尽管高铁盐并不一定含有更多氧，但它总是比亚铁盐的氧化程度要高（铁盐可以根本不含氧，如氯化铁$FeCl_3$和氯化亚铁$FeCl_2$，而前者的氧化态就比后者高）。

微生物可以利用各种氧化反应来获取其生长、运动和增殖的能量，包括亚铁化合物向高铁化合物的转换。由于氧化反应和还原反应是相偶联的，所以这些氧化反应也伴随着非常有趣的还原反应，而且在适当的环境中，我们还可以发现，当一类微生物进行还原反应时，却有另一些微生物将它们的还原产物又氧化回去了。这一点在硫的生物循环中极其明显。该循环是由土壤和水中的硫细菌来完成的。这些细菌之间实际上几乎没有（甚至丝毫没有）生物学关系，它们的共同点只是代谢都离不开硫原子罢了。硫循环的示意图如下：

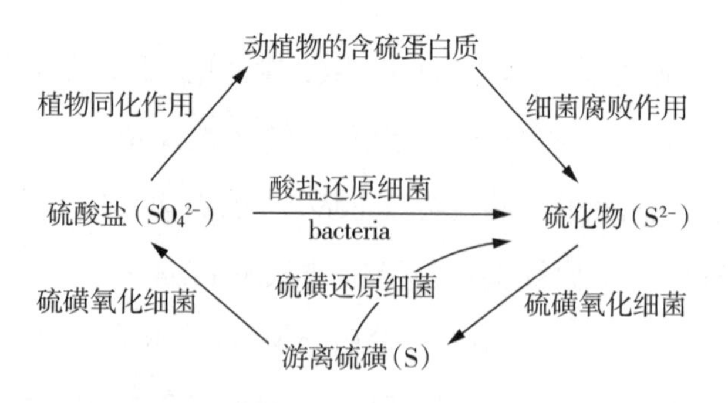

（注意，硫有两种氧化态。硫虽说不含氧，但它本身比硫化物的氧化态更高，而硫酸盐的氧化态则是最高的。）

在这个循环中，动物蛋白质的硫来自植物，而植物的硫则来自土壤中的硫酸根。在死去的物质腐烂分解的过程中，细菌将硫（磺）以硫化物的形式释放。硫化物是还原态的硫，它可以被另一些细菌氧化成硫（磺），而一部分硫又会被某些细菌再还原成硫化物，当然还有一些细菌会将硫化物或硫（磺）氧化成植物可以利用的硫酸盐。硫酸盐还原细菌则可以经旁路直接将硫酸根还原成硫离子，反应所需的能量是通过氧化有机物获得的，这样一来，微生物的硫循环可完全不需要高等生物的参与。在大自然中，在硫黄泉、污染的水域等地方经常可以遇到由硫细菌组成的微观世界。我们在第九章还将会谈到，它们可能是地球起源早期起主导作用的生物系统，被称为硫的绝氧环境，对本书将叙述的各种经济现象起着重要作用，而硫循环中的个别细菌，后文我还会再次提到。

在地球上各种生命元素的循环变化中，微生物扮演着重要的角色，可以说对生态经济至关重要，因为如果没有微生物，高等生物很快就会消失。当然，微生物的这些重要活动也给人类带来了其他影响，它们或是非常有用，或是无关紧要，或是完全令人讨厌。例如，大多数疾病就是由微生物引起的。从生物学角度看，疾病对控制动物的数量十分重要，但是它为今天的文明社会带来的却是巨大的痛苦，这一点即便我不开口读者们也应该都知道。腐败分解作用总是恰如其分地完成着自己的使命，我们的污物处理系统就是依赖于它们的，但这种作用一旦失去控制就会令人不安，甚至造成灾难。微生物可以使食物发酵而制造出美味佳肴和美酒，但被污染的食物却很危险。微生物能够帮助我们消化吸收营养，但也会使我们水土不服。跨越漫长的地质年代，微生物制造了地球上最宝贵的矿物资源，但它们侵蚀钢铁和混凝土的奇怪的癖好恐怕就不那么讨人喜欢了。它们就是这样，不总是好的，也不总是坏的，而是两者兼而有之。重要的是，微生物对人类的经济和生活都有重大的影响，尽管这一点还并不广为人知。这就是本书的内容。微生物是怎样进入我们生活的呢？它们在做什么？为什么会这样或那样呢？耐心的读者会发现，这是些非常宽泛的问题。也许这样问更恰当：我们每天的生活有哪些离得开微生物呢？我也许会略过某些内容，但考虑到我要把这么一个庞杂而陌生的领域浓缩到一本书中向读者介绍，这种省略恐怕也是可以原谅的吧。那么从现在开始，让我们来认识这一大群看不见的（或几乎看不见的）生物——微生物吧！

第二章 微生物学

Chapter 2

Microbes and Man

20世纪50年代早期，我曾经参与组建英国国家工业细菌菌种保藏馆。这个机构专门保存供工业使用的重要的微生物。如今，它已发展成为英国国家工业及海洋细菌菌种保藏馆（NCIMB），位于阿伯丁。这个保藏馆是收集微生物的有效网络的一部分。它不仅保存用于工业及非医药研究的生物，还有另一个重要功能，即保存一些濒于死亡的典型细菌菌株，于是专家们能从这里获得参照菌株，从而与那些可能给我们带来麻烦的菌种相比较。在博物馆成立早期，参观者时常光临，还曾有一小群法国的社会要人及其夫人们来此参观。我一直不太理解为什么会有那么一次安排。因为对于市政当局来说，这是一项不那么令人感兴趣的活动。我清楚地记得，那些贵妇人开始并未理解细菌这个词的含义，但当她们突然意识到自己身处致病菌的收藏品中时，便立即流露出了惊恐的神情。她们做作地掏出手绢捂住鼻子，并尽可能不失风度地迅速离开了。

外行人经常将细菌、微生物、病菌等名词与疾病联系在一起。在他们看来，微生物总带着令人惊恐和厌恶的气息。但是事实上，绝大多数微生物都是无害的（甚至是有益的）。这一点几乎不能被人们理解，然而事实就是如此。一个人的双手、头发、口腔、皮肤及肠道中都充满了细菌。除了刚煮熟或消毒过的食物外，所有的食品都沾染了活的细菌及它们的孢子。饮料、土壤、灰尘和空气中都充满了不计其数的微生物，这些微生物大部分是无害的，不仅如此，其中有相当一部分还是有益的。除非是在疾病流行的地方，否则致病微生物（病原体）总是极少数的。

直到大约100年前，与我们吃饭、睡觉、生活和呼吸有关的微生物才逐渐被大家所认识。这一认识带来了20世纪卫生和医药上的巨大进步。在第一章中，我曾谈到微生物对人类生存的一些影响，以后我将更详细地探讨这一话题。本章我将正式向读者介绍微生物，让你们知道微生物的分类方法及其生活方式；我还要谈谈微生物的研究是如何成为生物学的一个分支——微生物学的。

17世纪，著名的荷兰科学家安东尼·冯·列文虎克[①]曾在他写给伦敦英国皇家学会的一系列趣味盎然的信中首次描述了微生物。他曾经自行组装了一架简单但效果挺不错的显微镜，并且用其观察到了渠水、肉汤、食醋及唾液等样品中见到的“微生动物”，而他在信中描述的就是这类“怪兽”。列文虎克所绘制的图景无疑表明，在微小的

① 安东尼·冯·列文虎克（Antoni van Leeuwenhoek），对于英语国家的人来说，后一词是个拼读别扭的名字；据我的荷兰朋友告知，“Layvenhook”更接近其正确的读音。

蠕虫、水蚤及颗粒物之间，他看到的是细菌、酵母和原生动物这些通常肉眼看不见的家伙——现在我们称之为“微生物”。

然而，公平地说，微生物学这门学科是由路易斯·巴斯德（Louis Pasteur）在19世纪创立的。他是一位法国化学家。在那之前，发酵和腐败一直被认为是纯粹的化学过程，而巴斯德却证明了它们是由微生物引起的。他的证明方式现在已成为历史了，无须我再提起。从微生物学的发展角度来说，他最重要的成就是认识到空气中包含了许多微生物，而且它们有可能随机地落到任何易感物体上从而引起发酵和腐败。因此，希望研究和了解这些微生物的科学家们就必须探索特殊的方法来对不同种类的微生物进行筛选、保存及分离。既然各种微生物均为肉眼不可见且不计其数，那么获取并研究某一单个的微生物就是办不到的了。首先，因为微生物的体积极小；其次，它不是静止不变的，而是一分为二、二分为四地不断生长着。一般说来，微生物学家们不得不同时研究一大群微生物并推断出它们整体的一般生活习性。因此，我们必须设法使这一大群微生物尽可能完全相同，也就是说，要想办法培育出不被从别处（如头发、皮肤或空气中）而来的其他物种所污染的纯一种系（通常叫作一个菌种或一株菌）。

我将在第四章中讨论如何去完成这件事。首先，最根本之点就在于，微生物学的研究技术在整体上与生物学其他领域有明显的区别。你可以抓住一条狗、一只鲨鱼或一株植物，用各种方式、想各种办法去观察、研究它们，可你目前却不能这样对待某个单个的微生物。化学家们是从对成千上万个分子而并非单一分子的研究中获得信息，而微生物学家们的研究技术跟化学家倒是很像。在这两个领域中，要进行卓有成效的研究，仅有目前的简单技术是不够的。因此，微生物学的定义不仅取决于它所包括的领域，更应该取决于研究工作中所使用的技术。事实上，当宏观生物学家们研究多细胞生物体的组成细胞或进行组织培养时，他们其实采用了微生物学中的许多技术。

但是，像线虫或小蚤这些微小的多细胞生物，是不被微生物学家称为微生物的。通常，微生物学所涉及的生物体是由单个细胞组成的，或虽系少许同类细胞聚集的小团，却不发展成更复杂的非同类细胞群体。因为细胞很小，所以显微镜对于观察微生物几乎是常规而必不可少的。然而，其分界是模糊的：在三大类微生物中，有少数成员在其生活的某个阶段形成了具有两种甚至三种类型细胞的群体，或者大到肉眼可见的程度；在这些例子中，微生物学就与植物学和动物学的研究领域有所重叠，但一般说来，微生物学所研究的还是下列单细胞或非细胞生命的五大类群，以及一组古怪的蛋白体——朊病毒，下文将详细展开讲述。

藻类

这是一种经常出现在金鱼缸壁上的单细胞植物，它们也常将池塘和贮水池染绿。而海藻和许多池塘中的水草实际上是多细胞藻类，它们一般属于植物学家的研究领域。典型的单细胞绿藻包括栅藻、小球藻和衣藻。其中衣藻是绿色水域中的常住居民，由单一种类的卵形细胞组成，体长10微米（0.01毫米），能在两根类似头发的附肢——鞭毛——帮助下四处游动（用生物学术语说，就是能运动的）。它的细胞是绿色的，因为含有叶绿素，叶绿素保存在细胞的叶绿体中（衣藻的叶绿体几乎占据了整个细胞）。像高等生物一样，衣藻的细胞也有一个细胞核，细胞壁由纤维素构成，而且这种绿藻像植物那样，需要光照才能生长。在光照下，它们可将二氧化碳还原成糖加淀粉从而得以生长繁殖。它们根本不需要摄入有机物，光、二氧化碳和某些矿物质就是它们生长所需的全部。微生物学家把完全靠矿物质生长的生物称为自养生物。绿藻是一种特殊的光能自养生物，因为它们需要光，所以又称光养生物。自养生物的反义词——异养生物，指需要有机物作为食物的生物体（如人类）。我在本章以下部分将用到这些名词。

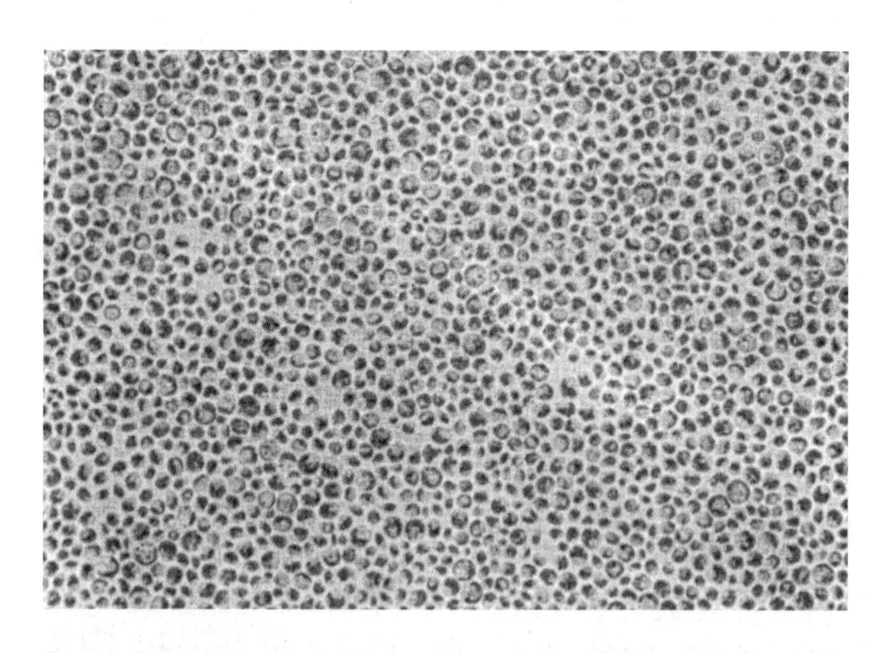

●显微镜下的绿藻。小球藻的显微照片，长得像一群绿色的圆细胞，通常生活在不流动的淡水中。它们是鱼类或其他水生动物的食物来源，实际上已被考虑作为人类的一种食物资源（见第五章）。放大 60 倍。［蒙淡水生物学协会肯特－路德（H. Canter-Lund）博士特许］

还有一种现存的微生物原称蓝绿藻，现在被划归细菌类，我将在下文对它进行探讨。

原生动物

原生动物是单细胞生物，变形虫就是其中的典型代表。它们是异养生物，而且可以说是最复杂的微生物。由于某些原因，微生物学家忽视了这种生物（可能是因为有专门的动物学家和原生动物学家，并认为这是他们的特有研究领域），但实际上变形虫在食品及遗传学研究中都有极其重要的作用。草履虫，这种会游动的微生物，可能是第一种被安东尼·冯·列文虎克观察到的微生物。变胞藻，一种能运动的卵形原生动物，它极有趣，因为它有一个极其相似的近亲——眼虫藻，其藻细胞内含有叶绿体。这种生物介于藻类和原生动物之间。原生动物能引起植物、动物和人类的某些极罕见的疾病，但据我们所知，与其他微生物相比，它对人类的影响还是相对较小的。因此，虽然它在以下章节只会偶尔被谈及，我在此也不拟对其分类多费唇舌。

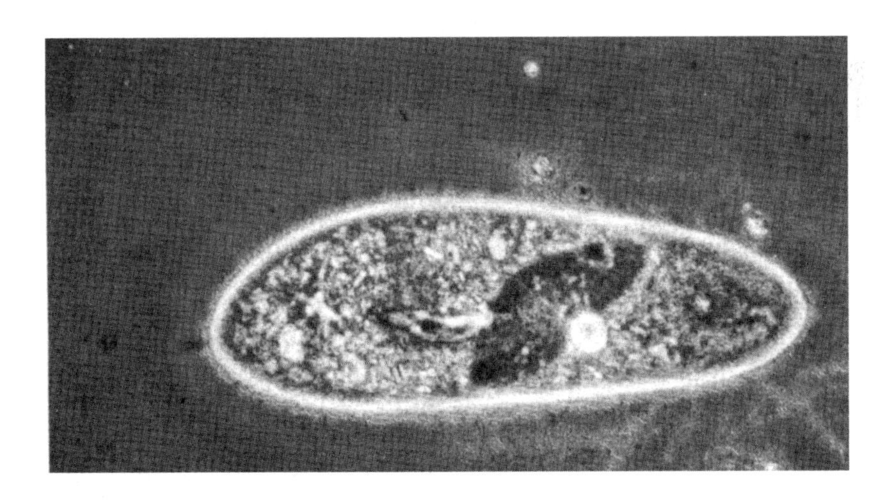

●一种原生动物。草履虫的显微照片。它是一种单细胞原生动物，体长250微米，有纤毛，使之能四处活动，还可见到十分复杂的内部结构。［蒙淡水生物学协会芬得利（B. J. Findlay）博士特许］

真菌

蘑菇和毒蕈是业余植物爱好者及植物学家所熟悉的，但几乎不被微生物学家作为研究对象。然而霉菌、锈菌和酵母菌却很重要，尽管它们中的许多种类并不是单细胞生物。但由于其简单结构和新陈代谢，它们对微生物学家来说可称得上是“荣誉微生物”。有一种普通的面包上生长的霉菌——脉孢菌（它的近亲——曲霉也常出现），它们会在发霉的面包上形成红色的孢子，从而显出特殊的颜色。众所周知，青霉菌能形成蓝色的菌落，而毛霉菌在面包上则呈灰色。发霉的乳酪常呈现青霉菌的特征。在平常的土壤中也含有丰富的微小丝状真菌。以上这些生物均形似植物，呈纤维状生长，往往分支，常通过形成孢子（一般说，类似于形成种子）而向外伸

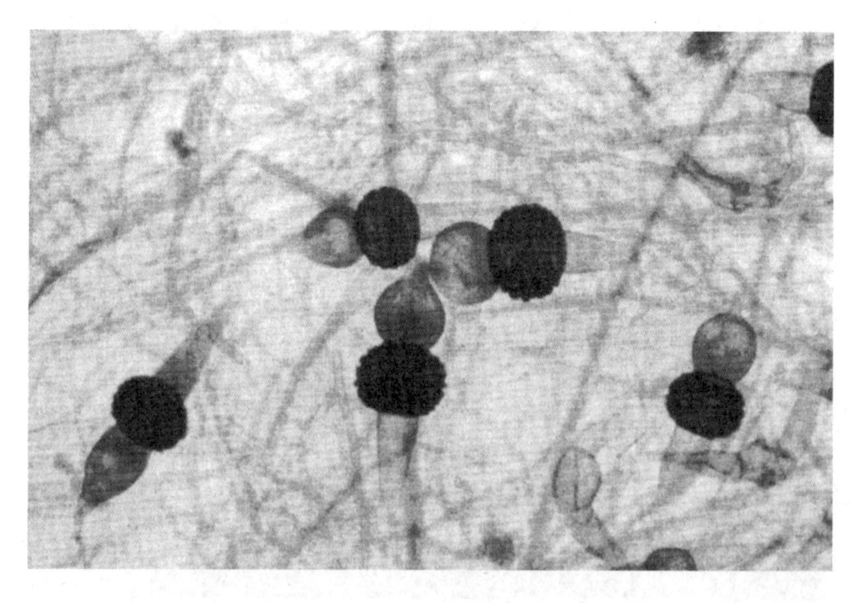

●丝状的微小真菌。某种根霉的显微照片。它是面包上常见的霉菌之一，在应用微生物学的某些领域非常重要，这将在第五、六、七章中被谈到。浅色的丝状物是霉菌的菌丝，而黑色的球状物是它的有色孢子。放大 200 倍。（布鲁斯·艾弗森／科学照片图书馆 Bruce Iverson/Science Photo Library）

展。然而，由于缺乏叶绿素，它们不能进行光合作用，是异养生物，需要有机物才能生长，所以平常几乎能在各种正在腐烂的有机物中找到它们，而且它们特别容易引起木材、皮革这类坚韧材料的损坏。用于发面包和酿酒的酵母菌则更是公认的属单细胞真菌的微生物。

某些真菌与特殊的藻类共同生活，形成了一种称作地衣的复合生物，有时与其结合的所谓藻类是一种蓝细菌（见下面“细菌”部分）。在这些状态下，由于其藻类伙伴自养能力的帮助，地衣可在极其荒芜的环境（如屋顶、裸露的岩石等）中生长，而藻类能从这种依附关系中得到什么益处，我们不得而知。

病毒

这种生物比细菌小10～100倍，长约0.02～0.2微米。作为疾病的主要起因，它近年来越发受到了重视。我在下一章中将详细谈到，大部分由细菌引起的疾病目前已得到控制，但病毒却仍远远未被征服。病毒引起许多植物的疾病（如枯萎病、斑点病等）、人类的疾病（如小儿麻痹症和普通感冒等）、牲畜的口蹄疫以及鱼类及其他不计其数的生物的疾病。它们也袭击细菌，这种能攻击细菌的病毒已被微生物学家命名为噬菌体，而其中有一种叫温和噬菌体，它们无害地生活在宿主体内，直到某种应激状态出现时才会发展成为感染。

病毒处于生命的边缘状态。例如，它们自身不进行新陈代谢，没有呼吸、分解碳水化合物、固定二氧化碳或其他类似的代谢活动。感染了一个生物后，它们通过改变此生物体的新陈代谢作用，合成病毒所需的大部分物质。当宿主细胞或高等生物的被感染细胞死亡和破裂后，成百上千的病毒颗粒就被释放出来，并进行更大范围的侵染。处于不侵染细胞的状态时，有的病毒就如同稳定的化学分子，它们不会死亡。实际上，某些植物病毒已在实验室中被浓缩结晶并贮存了许多年。如果你把这种结晶物从瓶中取出，用其中的痕量物质感染生物，随后就能从被侵染的生物中收获相比之下极大量的结晶物质。此类物质是活的还是死的呢？这一使人感兴趣的问题至今还没有确切的答案，对此我将在下一章中进行讨论。不过就其对人类的影响来说，病毒确实是太有活力了。在本书中，我将它们当作微生物来看待。

朊病毒[①]

当遇到称作朊病毒（以前叫“亚病毒颗粒”或“慢病毒”）的因子时，分类就成了问题。这些因子似乎是一组脑和神经组织非感染性疾患（传染性海绵状脑病，简称TSE）的病原。羊瘙痒症——这一绵羊疾病就是一种典型的传染性海绵状脑病。它进展缓慢，引起脑组织海绵状退行性变（即海绵状脑病），致患病动物出现共济失调和死亡。两个世纪以前，羊瘙痒症这一罕见疾患已在羊群中存在，当时该病似乎仅累及绵羊，并没危害其他牲畜。在20世纪早期，已知两种相应的人类传染性海绵状脑病分别为：叫作库鲁症（新几内亚震颤病）的热带病，以及叫作克罗伊茨费尔特—雅可布病的痴呆症。二者均使脑呈海绵状并缓慢致人死亡。在20世纪80年

① 现已证明，朊病毒是一类不含核酸成分的传染性蛋白质分子，因能引起宿主体内现成的同类蛋白质分子发生与其相似的构象变化，从而可使宿主致病。——译校者

代，一种羊瘙痒症在牛身上被确诊，具体情况我将在后文谈及。

海绵状脑病的病原是什么？由于该疾病势很缓，且仅能用动物进行研究而无法在实验室培养，故对其研究难免进展缓慢。像一般微生物感染那样，该病原是具有传染性的。即它们能从一个动物传播给另一个。但是通过研究，细菌和任何细胞因子很快就被排除在病原之外，而长期被怀疑是该病罪魁祸首的病毒，最终也被还以清白。因为令人吃惊的是，羊瘙痒症的病原居然能抵抗住灭菌的处理。举例来说，感染了羊瘙痒症的组织不受紫外线的影响，沸水里照样存活，氯和甲醛等消毒剂也对其毫发无损，而病毒在这些“重炮”轰击下是无法幸免于难的。再者，逐渐积累的证据表明，该病原并不具有生命的通常遗传物质DNA和RNA（见209页及以后各页）。到了20世纪90年代，大多数微生物学家一致认为，其病原系微生物学前所未知的某种物质。

那么，它们究竟是什么？看来，它们是很特殊的蛋白质。据加利福尼亚的斯坦莱·普鲁西纳（Stanley Prusiner）博士（曾因该领域的工作于1997年获诺贝尔奖）认为，它们是存在于所有哺乳动物健康脑和神经组织中的天然蛋白质之变异形式，称为朊病毒。到目前为止，还没有人知道“健康”朊病毒蛋白质究竟搞了什么动作而成为致病因子，只知道它们少许改变了自身形状，就能使更多的正常蛋白质变异。随后由于某种链式反应的启动，越来越多的新物质被转变，正常蛋白质为异常者所替换。随着病情的恶化，身体无法应付，脑病就出现了。

朊病毒是微生物吗？我看不是。舆论（为免使大家对其盲目地认同，请允许我补充一句：少数科学家向来不喜欢舆论）认为，它们是普通的蛋白质分子，由于某种至今尚未了解的原因，它们会变成异常的或病原的实体，以某种迄今未明的生物学方式导致疾病发生。病毒或更复杂的微生物，与朊病毒的形成或传播似乎没有任何关系。朊病毒具有传染性，因为受污染的组织被食入后继而能被肠道吸收，待它们一抵达新宿主的神经组织，就开始产生更多的异常蛋白质。然而，不管我们是否把它们称作微生物，研究朊病毒所需要的技术还是微生物学中用到的那些。这就是它们属微生物学家研究范畴的原因所在，而朊病毒则不失为本书内容之一大亮点。

不过，较真者依然会问，朊病毒是活的吗？我先前曾指出，其实本书对病毒的身份仍存疑问，但至少它们具有核酸——脱氧核糖核酸（DNA）或核糖核酸（RNA）。这些核酸在所有生物体中都可被发现（某些病毒除核酸外不含其他成分），并且它们都通过准确的自身复制来进行遗传，除了偶然的基因变异（突变），这一点所有生物都不例外。朊病毒没有核酸，却仍然显示出颇为相似的遗传性，因为它们确实会“繁殖”出不同的品系。对于像著名进化论者约翰·麦纳德·史密斯（John Maynard Smith）这样的生物学家们来说，任何能复制、遗传和变异的东西都是活的——这一观点无疑适用于病毒和朊病毒。而其他许多生物学家却认为，生物的明确标准还包括每个机体对环境变化的反应和适应——雅称“应激性”（说到应激性，就不得不提到变形虫，自我在学校听了生物课以来，性情暴躁的变形虫之影像就一直留在了我的心里）。不过朊病毒分子不呈现应激性，或许病毒颗粒也是如此。好了，这个问题我只得留给提问者和语言哲学家去解答，本人则倾向于认为，病毒和朊病毒位于生物和非生物的交界处。

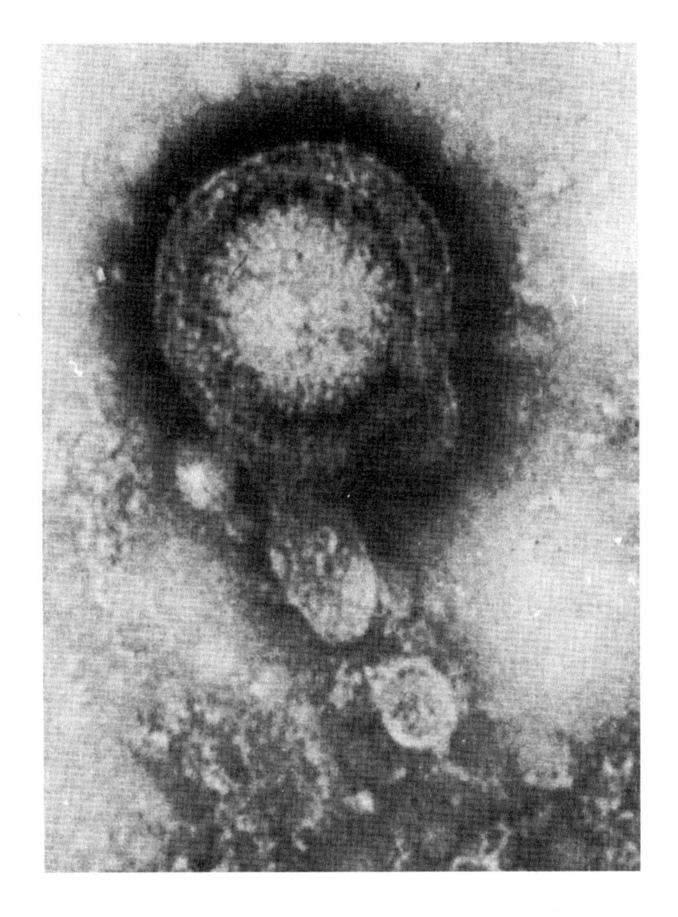

●病毒。图示在蛋白质外壳内的单纯疱疹病毒（它引起慢性溃疡，甚至严重的感染）体积极小，以至在最大倍数的光学显微镜下仍不可见。该图是放大50万倍的电子显微镜照片。［蒙D. H. 华生（D. H. Watson）教授特许］

细菌

我之所以将这一类群留到最后介绍，是因为它是本书中最具特征的微生物。“细菌”是传统意义上一切病菌的总称。它们是极微小的生物，一般长度（或直径）为1～2微米。它们没有可见的内部结构，最重要的是它们没有藻类、原生动物、真菌和高等生物的一个最基本特征——细胞核。因此细菌成为一种独特的生物，名为原核生物，与真核生物（有核的生物）区别开来。细菌是首先被人类识别的致病微生物，当然，微生物学家目前在真菌、病毒和原生动物等中也发现了病原体。它们普遍都很小，只能在最高倍数的光学显微镜下才可看见。尽管已知细菌有许多种，但它们看起来却极其相似。已知细菌通常有三种形态：杆状（杆菌）、球形（球菌）和弧状（弧菌）。有些杆状细菌呈丝状，较少见的形状是S形（螺菌）以及螺旋形或波浪形（螺旋体）；Y和V形的细菌也较为稀有；更罕见的还有柠檬形、梨形和方形细菌。当细菌繁殖时，它们大部分是生长到最大程度后再一分为二，两个子细胞有时不能分离，就变成一对或一连串。有的细菌能游动，有的形成孢子从而可耐受高温及干旱。尽管目前已知某些菌株进行着一种原始的有性交配，但我们仍认为细菌中不存在有性繁殖。

大部分细菌是异养生物，依赖原始有机质作为食物。某些细菌能进行光合作用，以自养方式生长。在这些细菌中，蓝细菌（早先被称作蓝绿藻）能像绿色植物一样释放氧气，别的光合细菌则无此功能；另有一类能从硫化物中提取硫的细菌，我将在第八章中进行特别介绍。有些细菌的外表很像真菌，形成分叉的丝状体，这种细菌被称为放线菌，有些丝状细菌长得几乎与真正的藻类一样大。其他细菌则很小，甚至在最高倍的光学显微镜下也看不见。人们以前一度认为病毒是最小的细菌，现在才知道病毒并不是细菌。柔膜体（以前称作支原体）是一种脆弱的、无定形的原生质微粒，大小介于细菌和病毒之间，它们的外表类似细菌，偶尔可能呈现L形，有些柔膜体使植物和动物患病；蛭弧菌是真正的细菌，但它们比普通细菌小得多，它们是微小的弧形生物，长0.1～0.3微米，通常寄生在土

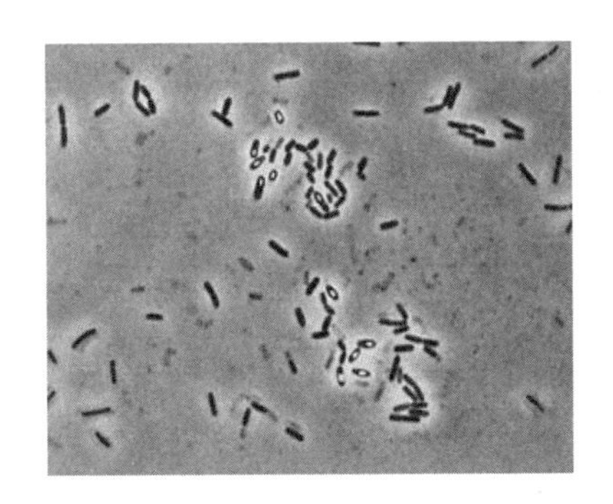

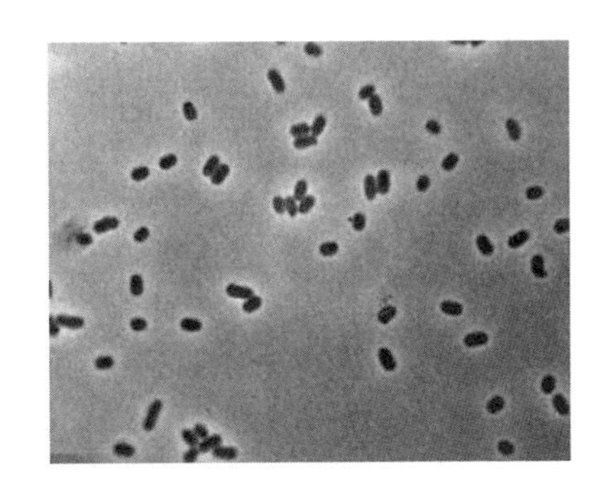

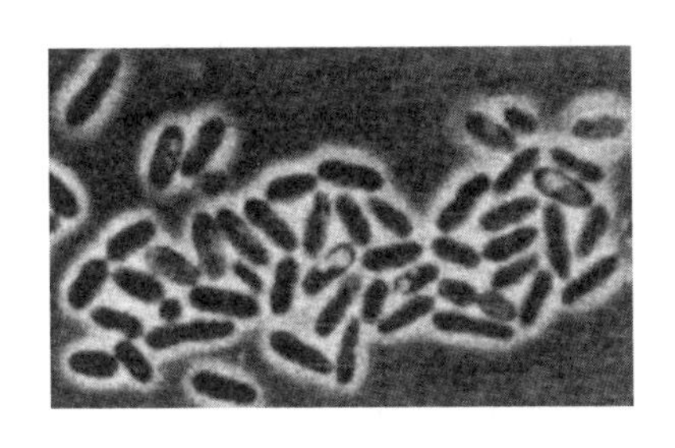

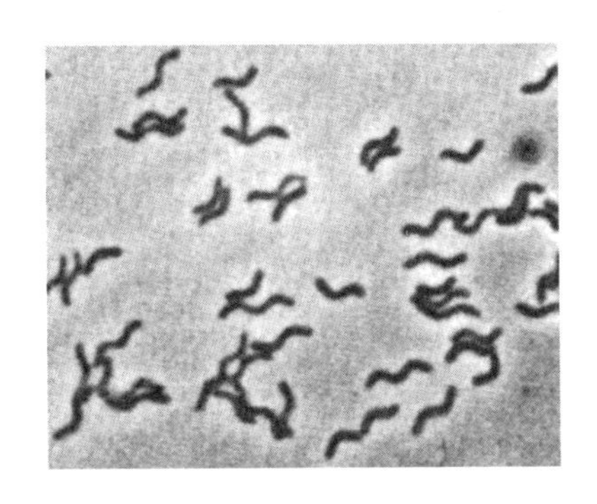

●某些细菌。显微照片分别显示了：粗短柱形细菌（克雷伯氏菌属）；鞍长的杆状，中部形成发亮孢子的细菌芽孢（芽孢杆菌属）；卵形细菌（固氮菌属），正在分裂；卷曲状细菌（红螺菌属）。放大800倍。蒙克劳福德·道（Crawford Dow）博士和彼得·达特（Peter Dart）博士特许。其他细菌的显微照片分别在第47、99、161、180页。

壤细菌中，人们也可在更大的细菌内培养它；而再小一些的细菌是立克次氏体，它是直径0.2微米左右的圆形微粒，可引起人及动物的丛林性斑疹伤寒和战壕热等疾病。即便用最好的光学显微镜，也只能勉强看见它们。某些栖息在土壤和海洋沉积物中的普通细菌，在饥饿时会变得同样地小，然而它们依然是活着的，它们被称为“超显微细菌”，有时也被叫作“纳米细菌”。有几类细菌被发现于十分恶劣的环境中，它们永远保持“超显微”状态：即便对其施以良好的喂养，它们的尺寸也不会增加。

细菌是原核生物，代表了生命的一个独特领域，与真核的动植物区分开来。20世纪70年代晚期，一组在美国工作的科学家了解到，许多细菌属种中，有些类型的生化表现和遗传结构与其他类型十分不同，虽然在显微镜下它们并没有什么异样。这些差别的细节太过专业，我不打算在此涉及；在此我只需强调，它们如此与众不同，以至于微生物学家们很快达成了共识——它们是原核生物中一类全新的微生物。据信，它们是当今原始细菌的代表，被统称为“古生菌”（archaeobacteria）；最近已建议改称“古核生物”（archaea，其单数为archaeon）。为了将古生菌（本书中我暂称“古生菌”）与传统细菌加以区分，后者被正式命名为“真细菌”；而我将用细菌一词作为二者的总称。在第十章中我将谈到，对古生菌的认识给普通进化生物学带来了戏剧性的重大影响。

古生菌能在大部分生命形式不能存活的条件中生存，譬如含饱和盐分的湖泊、含硫黄的温泉和完全无氧的沉积物中。最著名的古生菌是产甲烷细菌，能在池塘、河流沉积物或人与其他动物的肠道中产生甲烷。

如何对生物分类进行最广义的分类，这至今依然是个问题。几个世纪以来，生物学家将地球上的生命划分为动物和植物，分别叫作动物界和植物界（大概是源于伊索寓言的称谓）。不过早在100年以前，生物学家们就已经认识到，将微生物置于此分类中是非常牵强的，比如原生动物被划为显微动物，真菌和细菌则归于原始的或可能是退化的植物。后来人们又提出了许多修正的建议，近年来最流行的是五界分类系统，即动物、植物、真菌、原生动物和细菌五界[1]。五界之内只有细菌是原核生物（包括真细菌和古生菌），其他的均为真核生物。专家们认为，微生物研究者对微生物进行分类的方法十分重要，因为一个人只有明确了自己所探讨的对象，才能更全面地去研究它。然而，在上文的概述中，我必须略去微生物分类的复杂性不谈，因为我认为微生物的生活状态更重要，所以，对后文将要谈到的微生物的主要类型，我在上文只做了粗略和有限的概括。微生物分类是一门枯燥并在不断变化的学科，我将在第十章中详细介绍。

微生物和其他生物共生的能力非凡，我曾提及的地衣就是藻类和真菌的复合体。在第五章中，我将谈到生活在动物肠道中的细菌的重要性，还要介绍一种特殊的固氮细菌。固氮细菌生活在植物的根部，能固定空气中的氮气，从而为植物生长提供必不可少的营养成分。这些共生的生物之间可能还有更多的内部联系。细菌可能形成原生动物细胞质的一个组成成分，而无害的病毒还可能成为细菌遗传器官的一部分。总之，我们可以想象，高等动物的许多特征很有可能都是在进化早期从微生物衍生而来的。这点我在本书快结束时还将谈及。

就其对人类的影响来说，微生物有一个最重要的特征，这就是它们的适应性。例如，如果你将一种本来不能利用乳糖的微生物放在含乳糖的培养基中进行培养，使之产生几十亿个后代，那么其中有万分之一的菌株或许就能利用乳糖，而这些变异个体的后代则全

---

① 在20世纪的最后几年，五界分类系统已经逐渐被更先进的三域分类系统所代替。这就是从分子进化角度把整个生命世界分为真细菌、古生菌和真核生物三个域。——译校者

都能有效地利用乳糖。再举一例，假使某一种群的微生物的生长被青霉素所抑制，如果供给它们适量的、不足以完全抑制生长的青霉素，那么少数能生存下来的个体将进行繁殖，其子代对青霉素的抗性将比亲代有很大提高。若多次重复此过程，且每次逐步提高青霉素的用量，就能培养出具有强抗药性的菌株。第三个例子是，如果把简单、分散、呈杆状的普通细菌在非最适条件下进行培养（如缺镁，或事先进行轻度消毒），那它们的外表将有相当程度的改变。它们可能形成长而弯曲的丝状体，长出奇异的突出物，甚至使环境染上颜色；它们的化学成分也将改变，最终变成在诸多方面都与原来很不同的有机体。上述例子足以证明，微生物的特性常常取决于它们的来源或经受的处理方式。微生物具有很强的易变性，以至于微生物分类学的一个主要问题，就是寻找它们真正不变的特征，而不仅仅是给它们命名而已。

从实际的观点出发，微生物的适应性意味着，几乎在地球上任何环境中都能找到具有各种生化活性的、活着或休眠的微生物。作为生命的一个类群，化学多样性可能是微生物最突出的特征，我将在本章以下部分探讨这些多样性的范围。

首先，我简略介绍一下微生物的生物分类法。动植物的分类法具有生物学家所谓的“系统发育”的重要特征，在生物进化顺序上紧密相连的生物被划归相近的种属，差异较大的类群则被进一步区分开来。譬如，一看便知，野牛比马更接近奶牛；但拿狗作参照，这3个物种又算是接近的了；而以上4种动物又形成了一个与蛙类截然不同的类群。微生物的种群则没有如此清晰的界限。的确，我们可以认为藻类和病毒是相隔遥远的两个物种，但换作细菌，情况就不同了，即便几株细菌外表和行为都相似，但它们也可能是从不同的祖先进化而来的。将微生物按种系的发生来进行分类是一项困难的工作，我们直到最近才做到了用这种方法对细菌进行分类。我将为此做一些解释。但以后我们将证明，种系发生分类法比其他假说对微生物的分类工作更有用。同样，除了常规的动物分类法外，还有其他一些方法，它们在特殊领域起着十分重要的作用。有种简易的方法就是按生活环境来进行分类，即寒带动物、温带动物、热带动物分别适应不同的温度和气候，生活在沙漠中的动物能忍耐极度的干旱，而水生动物则喜欢相当潮湿的环境。另一种常用的动物分类法是按其饮食习惯进行分类，分为肉食动物、草食动物和杂食动物。还有一种按动物活动时间进行分类的方法，比如夜行动物或昼行动物，以及一些因为寒冷或干旱而冬眠或休眠的动物。其他一些小的分类方法包括寄生或非寄生的、野生或驯化的、凶猛或温顺的。所有这些分类方法都有它们的用处，它们完整划分了自然界或生物界的系统。在普通生物学中，小分类方法常处于第二位，但对微生物学来说，由于缺乏更正式的系统，这些分类方法就较为重要了。我们先从微生物的最近生存环境开始讲起。

许多人都知道，人类及其他哺乳动物需要恰到好处的物理、化学条件才能生存。它们的生存温度最高只能介于35～40℃之间，呼吸的空气必须含21%的氧和0.03%的二氧化碳，环境大气压必须为760毫米汞柱。它们可以暂时忍受偏离这些条件的环境，但实际上它们体内仍然存在一个维持适宜条件的内在机制，能够对冷、热、二氧化碳的变化自动进行温度调节及吸氧率调整。血中的盐浓度也由肾脏时刻进行着调节，而呼吸频率和肾功能则控制着血液的酸度。

实际上，哺乳动物只能通过密切调控自身内环境来应付地球上的环境条件波动。冷血动物对温度的忍耐范围较宽，但对其他方面的条件则要求相当严格。植物可以忍受（甚至旺盛生长于）含过量二氧化碳的空气，有时还能耐受高温、酸性或极干旱的土地，但同时也需空气、阳光和稳定的温度才能生长良好。因为植物和动物能严格控制自身的内环境以保护细胞免受外界环境波动的影响，所以它们能在干旱地区生长和繁殖。

大部分微生物都是水生的。某些丝状真菌常在腐烂的面包之类的潮湿物体上生长，但所有的细菌、原生动物、藻类和病毒，所有真正的单细胞微生物，都需要一个有水的环境才能生长。对它们中的大部分来说，树叶、皮肤、土壤和果冻上薄薄的一层水就已足够，但只要离开水，它们就不能生长。尽管如此，这些微生物也并不一定会在干旱时死亡。许多细菌和霉菌可形成孢子，而有抗性的个体还能抵御干燥几年甚至几十年。彼得·斯尼思（Peter Sneath）教授在检查保存于邱园的古生植物上所附着的泥土样品时，做出了微生物界所知的最著名的死亡曲线：他发现在标记日期为17世纪（并非更早）的样品中有活的细菌孢子存在，此外还在1000年前的沉积岩中发现了活的细菌孢子。但是1923年，图坦卡蒙的墓在3000年后第一次被打开，科学家们发现墓内无菌，可见尽管细菌孢子能存活许多年，但也不能永远存活[①]。病毒不形成孢子，但只要它们原来生存的液体中有少许蛋白质存在，那么这些液体变干后病毒仍能生存（例如，在喷嚏的飞沫中）。众所周知，一旦环境变干

---

① 据2001年报道，美国加州的综合技术州立大学的劳·卡诺教授领导的小组成功地复活了2500万年前的包埋在琥珀中的蜂类肠道内的细菌。——译校者

燥，某些病毒的生命还可持续一段时间。遗憾的是，在发掘图坦卡蒙墓的年代还没有（至今依然没有）识别未知病毒的技术。

一旦环境过于干燥，大部分不形成孢子的微生物就会死亡。但即便如此，只要周围有一点蛋白质，某些种类就仍能保存下来。例如，一些细菌能在干涸的手绢黏液中存活（从微生物学的观点来看，手帕及半干的衣物是最易沾染病菌的东西，第三章中将对此问题做详细说明）。

细菌和霉菌形成的孢子，干旱或饥饿造成的休眠，以及某些细菌和原生动物形成的具有相当抗性的个体——胞囊，以上三者均体现了微生物的一个重要的普遍特性，即能够在不利条件下暂停活跃

●生长于温泉中的微生物。图为美国怀俄明州黄石国家公园的“牵牛花湖”，水温70℃，并不是最热的温泉，不过对高等动物已是致命的，但一些细菌却在此旺盛生长。这一浪漫的湖名源于它那由于嗜热蓝细菌而造成的明亮的蓝绿色，褐色的喜温丝状屈挠杆菌还为它镶了一道边。［鲁滨孙（J. H. Robinson）／科学照片图书馆］

状态。在第一章中我曾提到，在平流层的几千米之上仍能检测到微生物，实际上，它们都是被风从低层大气中吹上来的霉菌孢子（属枝孢霉属和交链孢属）和微球菌属的休眠细菌。也许在潮湿且具有合适条件的漂浮灰尘微粒中，微生物有可能进行繁殖，但这种情况几乎只存在于想象中，现实是，它们在空中不繁殖。扩散对于休眠微生物极为重要，这是它们传播到各处的主要形式。

冰冻能杀死很多微生物，但蛋白质在此同样可起到保护甚至提供养料的作用。在北极和南极洲的永冻层中有一些细菌和真菌存活，最令人奇怪的是，其中许多细菌是嗜热的，即它们的生长需要不同寻常的高温，实验室中常提供的温度是55～70℃。人感觉合适的最高水温是45～50℃；在嗜热细菌存活的温度中，普通生物会迅速被烫伤并死亡。嗜热细菌是温泉、热自流井和其他地热环境中的常住居民，这不难理解，但为什么它们也能存在于普通温度的土壤甚至永冻层中呢？这仍是微生物生态学中一个棘手的问题。实际上，如我下文将要论述的那样，这就意味着类似中心供热系统、冷却塔等热环境也可能像其他环境一样易于遭受微生物的污染。

嗜热生物全都是微生物，一些罕见的细菌则表现出相当非凡的耐热性：有一种产甲烷的古生菌能够在高压下达到112℃的过热水中生长。在美国黄石国家公园的海拔高度，水的沸腾温度为92℃；而某些温泉的沸水中有一种黑色沉淀物，其实它们是正在这个温度下繁殖的细小杆状细菌。在美国，布罗克（T. D. Brock）教授已研究过该地区的微生物类群。他发现：有一种叫屈挠杆菌的纤维状细菌能在83℃旺盛生长；蓝细菌生存的高温极限是75℃；真菌及藻类在高达60℃的环境中仍能被找到；原生动物不能高于50℃；昆虫则不能超过40℃。显然，越复杂的生物所能忍受的最高温度越低。

对大多数微生物来说，80℃以上就可致命，即便是最嗜热的类型也是如此。而有一种叫梭菌的细菌孢子却具有极强的耐热性。例如，沸水浴10分钟可杀死面包霉孢子，而一些梭菌孢子却能在其中存活6小时，有的甚至能在120℃的高压水蒸气中存活5分钟。

盐水往往能杀死微生物，所以腌肉、咸鱼之类的食物由于在盐水中腌泡过而能保存较长时间。浓糖浆也有类似的作用，而海水的含盐量也足以杀死大部分（当然不是全部）新鲜的细菌和病毒（这是令英国居民感到欣慰的，因为他们的岛屿正位于接纳各类排污物的海洋中）。即便如此，一个完整的、能适应海洋生活的微生物群依然存在，围绕它们的研究也形成了微生物学的一门分支学科——海洋微生物学。即使浸泡在盐水中或保存在糖浆中，物品也会受到特殊的细菌、霉菌和酵母菌的感染，总有微生物能在这种奇特的环境中生存。家里常见的一个例子是发霉发酵的果酱。能够抵抗高盐或高糖溶液的微生物被称为强嗜盐生物；除了食品及盐水，在大自然的盐碱地中也常能找到嗜盐古生菌。中东许多盐水湖的红褐色就是由一种叫杜氏藻属的嗜盐藻类造成的。

我刚刚提到了海洋中的细菌。海洋的大部分是寒冷的，只有上层水域（热层）的温度才随季节而变化。而一定深度下就是冷层，那里的温度终年都低于5℃。其分界层叫斜温层，它的深度因纬度及季节的不同而稍有变化。地球的海洋有90%的区域属于冷层。此外，深度每增加10米，海水压力约增大一个大气压。那么，生活在这一区域的微生物是怎样的呢？如同读者所猜想的，它们奇怪而特异，多数是嗜冷的，有些则被认为是嗜压的，这些名称意味着它们只能在低温和高压下生长。很多年来，人们一直对是否存在真正的嗜冷（低温）细菌持怀疑态度，其原因主要在于，微生物学家们把样品从海洋运送到实验室的过程中竟忘了将它们冷冻，因此，这些在20℃以上就会迅速残废的细菌，大部分在样品被正确检测前就已经死亡了，只有比它们更顽强的种类才能存活下来。对嗜压微生物则更难进行研究了：例如，要达到太平洋深沟500～1000个大气压的压力必须使用特殊的耐压装置，几乎可以肯定，居住在如此深的沉积软泥中的许多微生物从未被探测到过，只有那些能忍耐短时暴露于低压环境的微生物才易于在特殊实验室中被培养。嗜压细菌有一个有趣的特征：在如此高的压力下，它们表现出较高的耐热性。佐贝尔（ZoBell）教授在1000个大气压、104℃的条件下（温度远高于常压下水的沸点）成功地培养了来源于某一油井的嗜热、嗜压细菌。

另外，少数普通微生物却能在潮湿、近真空状态下生存。我们能在抽真空的试管中培养大部分厌氧细菌（见下文），而试管里除了液体培养基上的少量水蒸气就什么也没有了。这样的条件在实验室中唾手可得，不过，当这种细菌进入真空包装的食物中时就令人十分讨厌了。

细菌和许多病毒不能忍受酸，即使醋酸之类的弱酸也会阻碍多数细菌的生长，这就是腌制工序的原理。普通引起腐败的细菌会停止生长，而某些产酸细菌则可以生存并分泌酸性物质，协助腌制过程。另外，酵母菌和霉菌偏好弱酸性，无疑是因为它们的“常驻地”是果汁、植物渗出液和发酵的物质。对其他多数微生物来说，强的无机酸（如硫酸和盐酸）都是致命的，所以有一种微生物让人们惊讶不已，它不仅能忍受而且还能产生硫酸。这种硫细菌名为硫杆菌，能使硫黄或黄铁矿被氧化而生成硫酸，并将此反应与二氧化碳的固定相偶联，就像绿色植物从阳光中获能量且与类似的二氧化碳固定作用偶联一样。它们是自养生物，但不同于我在本章前面以藻类为主题的段落中介绍过的自养生物，前者是将纯粹的化学反应（而不是光化学反应）与生物合成相偶联而生长的。这种生物叫化能自养生物，区别于利用阳光（如植物）的光能自养生物。

因此，根据栖息环境的不同，我们可将微生物按温度关系划分为嗜热微生物、嗜温微生物和嗜冷微生物；按它们对热和干燥的抗性命名为形成孢子微生物或不形成孢子微生物；还可按它们对酸度的耐受性进行分类，如耐酸的称嗜酸微生物，而偏好碱性环境的称嗜碱微生物。这些分类与前文所提到的按寒带、温带、热带、沙漠、水生及其他方面对动物进行分类的方法相似。现在，让我来描述一下按营养习惯进行分类的方法，这种划分微生物的方法十分重要，犹如动物中按肉食和素食分类的方法。

从营养学的观点来看，微生物填补了动植物之间的鸿沟，包括了一些高等生物所没有的营养类型，其中最著名的就是进行新陈代谢的自养类型，如刚提到的硫杆菌。而以下我将更多地讨论一些化能自养生物。先让我们回到有关酸度的问题上来。硫杆菌在含硫的泉水或含硫化物的矿井渗出液中产生酸，从而阻止了普通微生物的生长，但这些水体孕育了整个耐酸微生物类群：酵母菌、放线菌、细菌，甚至某些原生动物。所有这些生物都主要依赖于在酸性水质中进行化能自养作用的细菌固定的二氧化碳，就如同人类及动物等异养生物需要植物才能生存于这个星球的中性（严格地说，是极弱的酸性）环境中。所以，在酸性环境中可能存在着一个类似于宏观世界的特殊的微生物微观世界。

20世纪70年代，科学家在太平洋最深海沟处的温泉口发现了极为奇异的微生物世界。就像在陆地上一样，海洋里也有火山地带，加拉帕戈斯群岛附近的加拉帕戈斯裂谷中就有一条火山带，深约2.5公里。“阿尔文”号科学考察潜艇上的科学家们曾在此发现海底温泉，从中喷出的热水的温度有时甚至高于沸点，而且水中富含硫化氢。在温度较低的区域，这些硫化物被硫杆菌用于维持生长和固定二氧化碳。有的硫杆菌生活在当地蛤的鳃内或蠕虫的肠道中，后二者则利用硫杆菌作为共生的食物来源。当地有一种蟹寄生于蛤和蠕虫内，深海鱼类也偶尔以这两种宿主为食。这一地带位于以火山

●加拉帕戈斯裂谷里的生命，来自阿尔文潜艇的照片。图中显示了生活在太平洋底2500米深处火山口附近的蛤类及固着的蠕虫，它们都依赖当地的硫细菌供给营养。［蒙杰那曲（H. Jannasch）特许］

口为圆心、半径约50米的范围内。这是一个充满各种生命的朝气蓬勃的海底世界，只是由于阳光不能照射到深深的海底而显得黑暗而寂静。这整个世界都依赖于硫细菌，也就是依赖火山口周围含硫的水体而存在。生活在那里的物种大多十分奇特，尽管它们生活在普通环境中的同类也没什么特别的。对生物学家来说，这些生物是令人感兴趣的标本，研究它们可以找到生命在远离阳光的地方得以维持的原因。

硫杆菌属于相当少见的化能自养微生物。如我刚刚所说的，它们能将硫或硫化物的氧化作用与二氧化碳的固定偶联起来。其他能被化能自养细菌利用的反应还有如下几类：

将氢氧化成水（敏捷假单胞菌属）。

将氨氧化成亚硝酸盐（亚硝化单胞菌属）。

将亚硝酸氧化成硝酸盐（硝化杆菌属）。

将二价铁离子氧化成三价铁离子（氧化亚铁硫杆菌）。

将甲烷氧化成水和二氧化碳（甲烷单胞菌属）。

将硫化物氧化成硫（卵硫细菌属和其他一些硫细菌）。

读者们大可不必为这些反应涉及的复杂化学过程而烦恼。只写出这些过程的正确化学反应式并无太大的意义（别忘了，这些反应发生在水中，所以大部分是浅显而基本的），因为最根本的一点是要了解：微生物利用这些纯化学反应作为替代阳光的能量来源，用于生物材料的合成。类似这样的生物化能自养方法只能在细菌中找到，真菌、原生动物及病毒中都尚未发现。

以上列举的所有反应都是以空气的存在为前提的。众所周知，不需空气和光照的自养反应是极少的，然而一些确凿的特例仍然存在。脱氮硫杆菌能消耗空气中的氧化硫，无氧条件下仍能在还原硝酸根离子的同时氧化单质硫。这种微生物同时进行两个反应——将硫转化成硫酸、将硝酸根转化成氮气，并使之与二氧化碳的还原相偶联。一种脱氮副球菌也能进行类似的反应，利用氢将硝酸根还原成氮气。另有一种脱硫线菌能利用氢还原硫，并在完全无氧的条件下将此反应与二氧化碳的固定相偶联；嗜热变形杆菌属的某种古生菌则能在80℃的高温氢气中还原硫，并使之与二氧化碳的固定偶联。

在无氧条件下生长的微生物被称为厌氧微生物，它们是相当普通的种群。有的厌氧微生物需要光照及某个化学反应才能维持自养生长。如某种有色硫细菌通过将硫化物氧化成硫而为其发光提供能量，并在此条件下生长及固定二氧化碳。这一过程的关键在于它们并不需要氧气，只要有光和硫化物存在，它们就能生长。我将在后文对此细菌再做介绍。还有一种与之类似的厌氧微生物，它们的自养生长也需要光，但不需要硫化物，而是氧化某些有机物并进行二氧化碳还原。它们在空气中不靠光合作用来生长（这里的说法必须严谨，它们仅仅是“不靠光合作用生长”，因为即便没有光它们一般还是可以在空气中生长）。这些细菌通常呈现各种颜色，它们不一定都是绿色的，红色也是常见色，这是由于相对大量的胡萝卜素淹没了叶绿素的颜色。

光合厌氧微生物在利用光能及固定二氧化碳方面与绿色植物有点相似，不同之处在于，它们还需氧化底物——硫化物或有机物——来偶联二氧化碳的还原作用。另一个根本的不同点是它们的光合作用不产生氧。从另一角度出发，我们可以说植物能用水代替硫化物或有机物来进行光合作用。它们从水中分离出氢气，用于固定二氧化碳和氧原子，并释放出氧气。细菌中的另一大类群——蓝细菌（旧称蓝绿藻）——能进行与植物相似的产氧光合作用，有趣的是，其中某些菌株也利用硫化物，并且光合作用也不产生氧。我认为这是一个进化了的环节。而普通的高等植物也像藻类一样，易于在空气中生长，并在光照条件下氧化周围的物质。

在谈到微生物的化学多样性时，铁细菌是不能被落下的。这类细菌常为丝状或分叉而卷曲的杆状，生存于富含铁质的水中。山间河流岩石上的褐色铁沉积物就常常是由这种细菌形成的。它们将溶解的亚铁离子氧化成三价铁形态。铁细菌曾经一度被认为是通过这个反应进行化能自养性生长的，但现在看来这一观点似乎并无可靠证据。当然，微生物学家的认识也有可能是错误的，因为，除非像我们所设想的那样——沉淀通过吸附作用而有助于有机物的浓缩（原理如同木炭吸附异味），从而使食物更易于被细菌摄取，否则这整个反应过程似乎就没有多少用处了。

呼吸作用的有无是微生物新陈代谢的一个方面，这方面与高等生物中的情况没有相似之处，却为微生物的分类提供了一条重要的途径。上文谈到过的厌氧微生物可在无氧条件下生存，而所有的高等生物都需要空气（或至少含21%氧气的惰性气体），否则就会死亡。某些植物组织（如种子）能短时间进行无氧呼吸，而有的原始动物（如线虫、昆虫的幼体）似乎能忍受极度缺氧的环境，但它们的新陈代谢还是以利用氧气氧化食物为基础的。而酵母菌、部分霉菌及许多细菌（一般不包括原生动物和藻类）是真正能在无氧，即无须空气的条件下生长的。当然，病毒不在此列，它们利用的是宿主的新陈代谢机制。在自然界中，厌氧菌也像需氧菌一样普通且分布广泛，它们以两种方式生长：在没有氧气的条件下直接将食物分子分解以产生能量或用替代氧气的氧化剂进行氧化。这两个过程分别被称为发酵和氧化。

发酵的典型反应是酵母菌引起的酒精发酵反应。水果中的糖分（主要是葡萄糖）被酵母菌分解成酒精和二氧化碳，这一系列反应在无氧条件下为酵母菌生长和繁殖提供了足够的能量。如果没有空气，许多霉菌和细菌也能进行发酵，产生二氧化碳、乳酸、琥珀酸、丁醇、乙醇之类的产物。有空气存在时，这些微生物大部分也能利用空气，将葡萄糖和其他产物完全氧化成二氧化碳。还有一些细菌是只能在无空气条件下才能生长的，它们被称为专性厌氧菌，以区别于兼性厌氧菌。举例来说，梭菌属的细菌就只在缺氧条件下生长，被污染或腐败的环境是它们的常驻地，因为这些地方的氧气已被其他微生物用光了。梭菌发酵的糖和氨基酸分别来自碳水化合物及蛋白质，常会伴随产生一些有异味甚至是有毒的副产物（食用蛋白质为原料时尤甚），譬如尸碱（来源于蛋白质的一种胺）。形成孢子是梭菌的一个特征，这一特性使它们具有抗热和抗干燥的能力，这对食品加工是不利的。而已知专性厌氧菌是不形成孢子的，比如在牛奶或哺乳类肠道中生长的拟杆菌。反刍哺乳动物的瘤胃（或称第一胃）中一般空气含量极少，富含发酵细菌，是能找到厌氧原生动物的少数环境之一。

第二种厌氧微生物是氧化型厌氧微生物，它们的功能与上述细菌很不相同，是一种独特的细菌。它们不用氧，而是用一些离子（如硝酸根、硫酸根或碳酸根等）来氧化有机食物，而这些底物本身则被还原。在此之前，我还介绍过两种硝酸盐还原细菌：脱氮硫

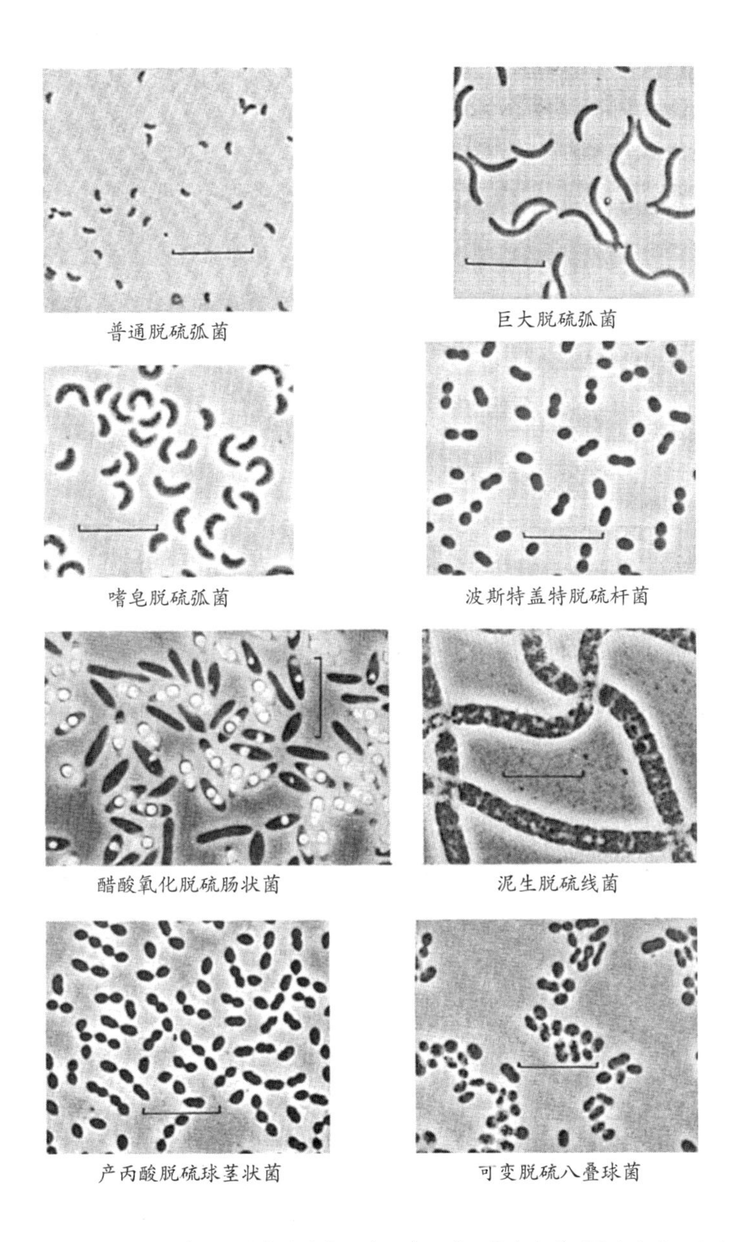

普通脱硫弧菌　　巨大脱硫弧菌

嗜皂脱硫弧菌　　波斯特盖特脱硫杆菌

醋酸氧化脱硫肠状菌　　泥生脱硫线菌

产丙酸脱硫球茎状菌　　可变脱硫八叠球菌

●一些还原硫酸盐的细菌。这些有重要实际应用意义的细菌有各种形状和大小，大部分为弯曲形，还有圆形、直线形、柠檬形及粗丝状等各种形状。图示的脱硫肠状菌正在形成孢子，只可见部分较大的脱硫线菌。在自然界中，脱硫弧菌是第一种能在加富培养基上生长的细菌，负责自然界大部分突发性的硫黄酸盐还原工作，但它们在自然界的数量并不多。图中标尺为 10 微米。［蒙威德（F. Widdel）博士特许］

杆菌和脱氮副球菌，它们都是已确认的厌氧型化能自养微生物。有许多普通的细菌能用硝酸盐来代替氧气进行呼吸作用，它们一般只把硝酸盐还原为亚硝酸盐，而非氮气，但在粪堆、混合肥料和污泥中则有许多将硝酸盐还原成氮气的细菌，它们作为反硝化细菌在氮循环中起着重要的作用。多数反硝化细菌是兼性厌氧菌，如果有氧气存在，它们也能利用，但对于利用硫酸盐或碳酸盐的细菌来说，情况则不然。我们在第一章中遇到的还原硫酸盐的细菌就是极严格的厌氧菌，不过它们在空气中并不被杀死，只是不能生长。它们在将有机物氧化成醋酸和二氧化碳的同时，也将硫酸盐还原成了硫化物，因此产生了难闻的气味。由于硫化物与氧气的反应相当迅速，所以这类细菌能除掉周围环境中所有的氧气。这一特性就是它们会造成特殊的经济损失的根本原因，而它们带来的利益却是很少的。在第六章和第七章中我还将谈到此问题。

让我们在此稍做停顿，仔细思考一下关于硫酸盐还原细菌的一些问题，因为它们在本书中将多次出现，而且是阐明我曾谈到的具有统筹意义的分类方法的一个好例子。它们是严格的厌氧菌，我已经谈到过几种属于这类的用硫酸盐取代氧气进行“呼吸”的细菌。除了其中最主要的一种菌——脱硫肠状菌外，其他菌均不能形成孢子（如脱硫弧菌、脱硫杆菌、脱硫线菌等）。脱硫肠状菌中有一种类型是嗜热的，还有一种叫作古生球菌属的还原硫酸盐的古生菌也是嗜热的，而部分脱硫弧菌及其他种类均为嗜盐的。从含盐、极冷的南极水域到高温的自流泉，各种环境中都能找到硫酸盐还原细菌的代表，在深深的太平洋沉积物中还能找到它们中的嗜压类群。尽管由于它们的厌氧特性，这些细菌的硫酸盐还原反应常发生在我们看不到的地方（如深海、土壤或被污染的水中），但这一还原过程仍被认为是地球上最普遍的生物学作用之一。

碳酸盐的还原也是一个极端厌氧的过程。搅动死水池底的污泥便会冒出沼气，其中的主要成分为甲烷，是由某种叫产甲烷细菌或甲烷细菌的古生菌形成的。除某些种类是通过发酵反应从其他含碳化合物中形成甲烷的以外，大部分甲烷细菌是将这些化合物的氧化作用与碳酸盐还原成甲烷的反应相偶联的。和硫酸盐还原细菌一样，这些甲烷细菌也十分普遍，且对氧气更敏感。它们在反刍哺乳动物的胃中找到了一个温暖、无氧的栖息地。如果没有其他细菌的帮助，在实验室中培养它们是比较困难的。甲烷细菌与前文中属于化能自养生物的甲烷氧化细菌差异很大，甲烷氧化细菌需要空气，在有氧条件下生长并将甲烷氧化与二氧化碳固定相偶联。

为了方便，我把谈到过的各类微生物列举在表1中。对微生物学家来说，这比藻类、真菌、细菌等生物学分类方法更有用，在研究微生物对人类的影响时尤其如此（我马上就要论述这个问题）。因为，尽管我们主观上希望确定某一环境中的所有微生物种类，但实际工作中却常常无须进行如此详细的分类。举一个简单的例子：如果某一环境中硫酸盐还原细菌占优势，那么不管这种细菌实际上是属于哪一属或哪一种，它们都将引起环境中一系列的化学及微生物学变化，这完全是可以预言的。有关属和种的信息在更详细的水平上才变得重要，例如当我们不得不在两种可能性相反的方法中选择其一的时候。微生物学家们使用的物种分类法的多样性起初看似是令人困惑，但我认为它们在原则上与动物的分类并没有什么不同，如草食动物与肉食动物相对，热带动物与温带动物相对，等等。当然，读者还应注意到本章及书中其他部分所提到的分类的不同细节，这在术语汇编中也有所暗示。最后，我还想谈一下微生物行为的重要意义。

表1　微生物的分类方法

传统的生物学分类方法将微生物分为属、种、亚种等，而按它们的特性来进行分类则常常是有用的，例如，将微生物分为致病和不致病两类。以下是本书提到的一些分类方法，大部分在本章中已涉及了。

按栖息地分类：

嗜热微生物喜欢炎热的环境；
嗜温微生物喜欢适中的温度；
嗜冷微生物喜欢寒冷的环境；
嗜盐微生物喜欢咸的环境；
嗜酸微生物喜欢酸性环境；
嗜碱微生物喜欢碱性环境；
嗜压微生物喜欢高压环境。

按营养方式分类：

异养微生物需要有机物作为食物；
自养微生物由二氧化碳制造自己的食物；
——光能自养微生物利用光能；
——化能自养微生物利用化学能。

按新陈代谢方式进行分类：

需氧微生物生存需要呼吸空气；
兼性厌氧微生物能呼吸空气但不必需；
厌氧微生物不呼吸空气。

我在前文一直讨论的问题是微生物非凡的化学多样性，这一特性使微生物的多种分类方法显得尤为重要。我已提到过微生物能利用相当奇特的化学反应来进行生长和繁殖，迄今为止，我主要讨论的反应首先涉及的就是矿物质或无机物，如硫和铁。我将注意力完全放在了为大部分微生物提供营养和能量的物质上，而对氮的固定则没有做过多论述。氮固定是地球上生物循环的一个基础（对此我将在第四章中谈及），此处我不可能就该过程做更多的叙述，但有一点可以肯定：除植物外，其他较高等的生物都需要从饮食中得到固定氮、氨基酸、维生素、脂肪等物质，而微生物则情况不一，有些能由无机物合成上述各种物质，另一些却对条件要求十分苛刻，后者的存活真是令人不可思议。

引起麻风病的麻风分枝杆菌现在仍不能离开活体培养，而许多致病微生物则需要相当复杂的营养成分才能在实验室中进行培养。几乎可以说，再怎么不重要的营养物都会被某种微生物需要，当然也有不需要它们的微生物。唯一例外的就是维生素C（抗坏血酸）和脂溶性维生素。科学家们目前已知的细菌、真菌和藻类均不需这两种成分（对原生动物的状况则尚不能确定：其中的有些类群可能需要类固醇——与脂溶性维生素相似的物质，而这一成分肯定是某些柔膜体所必需的）。当然，这一讨论不涉及病毒，因为从某种意义上说，它们根本不需要食物。

动物的基本食物是糖类、蛋白质和脂肪，但许多含有类似成分的有机物却不易被吸收。植物中的纤维素、木材中的木质素、甲壳动物外壳的几丁质、头发中的角蛋白以及皮革、纸张等加工产物，都是既不能被食用也不能被消化的（除非像经常发生的那样，动物体内带有影响其消化能力的共生微生物）。适于充当动物食料的有机物实际上相当有限。微生物的情况则不同。许多真菌可以利用木材中的纤维素和木质素，并能分解涂料、皮革和纸张。有的细菌能分解纤维素，还有的细菌和酵母菌能对蜡、烃类（如石油、煤油、石油润滑脂）进行代谢。沥青、煤和别的筑路材料常被某些细菌慢慢侵蚀，氢气和甲烷可被一些细菌利用，甚至20世纪才发明的聚乙烯，也能被某些土壤微生物利用，尽管效率不是很高。细菌还能缓慢地多次攻击尼龙、聚苯乙烯、聚氨酯之类的塑料制品。奇怪的是，还有的微生物能吃食强毒性物质。例如，苯酚是一种强力消毒剂，而有的细菌却适于在其中生长。另外，还有的细菌能在含抗生素的培养基上生长和代谢，某一种霉菌甚至能利用氰化物作为主要的碳源，而对于地球上的其他生命来说，氰化物可能都属毒物。氟乙酰胺也是一种普遍的强毒剂，有时也被用作杀虫药。1963年，英国肯特郡的斯马登地区的原野意外地被氟乙酰胺污染，造成了家畜的死亡。科学家从当地的土壤中找到了一种能分解该毒物并确实靠利用它来生长的微生物。大部分上述微生物只能忍受低浓度的毒性物质，如果苯酚或氰化物的浓度过高，它们也会被杀死，但剂量不大时，它们却能将这些毒性物质转化成无害的废物，这一特性对于某些工业废料的处理极为重要。

对微生物的化学多样性有所了解后，又有一件事让微生物学家们感到很诧异，那就是某些有机物质竟不被任何生物所侵蚀。这些物质目前包括某些塑料、去污剂，以及高纯度的碳（石墨和金刚石）。它们似乎具有相当高的抵抗力，而其他物质则没有。我在第七章中将谈到铁、钢、混凝土、石料、玻璃和橡胶之类的物质，这些物质并不是细菌必须消耗的，却常有可能被细菌的活动所腐蚀或分解。

最后，尽管已介绍过能消除酚等毒性物质的细菌，我还将再次谈到细菌通常具有的对毒性物质的获得性抵抗力。我在本章的前一部分谈到过的怎样培养细菌的抗性（如抗青霉素）就是一个很好的例子。自然界中还有一种细菌能在含青霉素的培养基上生长，因为它们体内含有能破坏青霉素的青霉素酶。这种生物给医疗工作造成了一定的困难。而后天培养出来的抗青霉素细菌则不一定产生青霉素酶，它们可以通过某种方式调节自身的新陈代谢以避免青霉素的伤害。通过类似适应过程，微生物也能适应磺胺药物、黄素类消毒剂（如吖啶黄）及各种抗生素。硫酸铜对生物体来说通常是一种强毒性物质，但在美国新泽西州的拉特格斯大学，我参观过一种竟然能在含20%硫酸铜和少量糖的稀硫酸中生长的霉菌，而这种微生物之所以存活，是因为它具有把铜阻挡在细胞壁外的新陈代谢机制。

关于微生物的许多化学活性及它们所能忍耐的有毒环境，我几乎可以永无休止地列举下去。然而，这样的罗列不仅是令人厌烦的，而且我现在也认识到，只有对普通多细胞生命的生化特性有了相当详尽的了解，大家才能真正懂得微生物行为多样性的重要意义，所以就此话题我不再赘言。地球上所有的生命基本上都有着相似的生化性质。它们用于合成和分解蛋白质、糖和脂肪的化学机制以及对这些过程的调控方式，甚至连它们利用和贮存能量的方式，在大部分化学细节上都是相似的，微生物也不例外（通常不包括病毒，它们利用宿主为自己完成这些过程）。微生物能使用独特而巧妙的方法获取能量以驱动常规的新陈代谢，还能在使高等生物丧命的环境下调整自身而继续进行新陈代谢——这是微生物与众不同的两个特征。地球上的任何地方都能找到微生物，即使是在人们看来最不可能的地方，它们也能生长并完成化学转化。正因为如此，微生物不仅对自然界的平衡，而且对人类生存和社会经济都有着尚未被认识到的深刻影响。作为一门纯科学，微生物学就是对微生物的研究，而本书所关注的是微生物学研究对人类和其他高等动物的影响，该学科有不同名称：应用（或工业）微生物学、经济微生物学或生物工程。我认为称为经济微生物学较为恰当，因为它体现出了微生物对我们经济上的多种影响。但“生物工程”这一名称在书面上也是可以使用的，尽管它主要涉及生产工艺而不一定涉及微生物。不管称呼如何，我最关注的微生物学问题都离不开一点，那就是纯科学能如何与技术相结合，并对我们日常生活产生重大影响。

第三章 微生物与社会

Chapter 3 Microbes and Man

第二章结尾处，我提到了纯粹科学理论与应用的相互关系，医学便是体现这种相关性的一个典型例子，它给人留下深刻的印象。尽管在英文中，医生和博士都叫doctor，但医学不算一门科学，而是一个技术的典范，它是各分支科学应用于人体的技术，是有史以来科学与其应用携手共进的最佳例证。即便在今天，医学在技术领域仍独树一帜，任何一个生物化学或物理实验室的基础理论被应用于医学实践的时间，都仅有几周，而不是几年。为什么呢?

原因很简单，无论我们是谁，医生、科学家、富豪抑或凡夫俗子，我们都不愿意生病，因而我们都怀着极大的热情去支持那些为治疗和减轻病痛而从事的研究，却对诸如类星体和浮游生物生态的研究没有多大兴趣。自身利益的驱动带来了医学研究的蓬勃，而微生物又是绝大多数疾病的病因，于是20世纪，微生物学发展迅猛，尤其是在医学领域。为此，微生物学家们确实怀有特殊的感激之情。但是，这种利益倾向也自然而然地导致了微生物学发展的失衡——非医学领域的微生物研究被相对忽视了，在以后的章节我将对此做出更详尽的阐述。尽管纯粹的微生物学家们经常批评他们医学同行的狭隘，但这绝对无法磨灭传统病理学家和细菌学家对整个微生物学的巨大贡献。

我不奢望能在本章对医学微生学做出一个全面的评述——其实就连浅显的叙述也是难以做到的。微生物会引起人、动物和植物的疾病，但并不是所有已知的疾病都是由微生物引发的。血吸虫病等疾病就是由较高等的动物（一种虫）引起的；肺癌等疾病由环境因素（如吸烟）引发；血友病等其他疾病则是遗传性疾病，起因于某些家族特有的遗传缺陷。我将在第六章叙述微生物如何被用来检测遗传病，甚至将来可能被用来治疗这些疾病。微生物引起我们日常的大多数病痛和严重疾患，但要弄清哪种微生物引起哪种病，读者就要去其他书中查阅对它们的分类表了，如医学、兽医学、农业和理论微生物学的专业资料。表2列举了一些疾患及其致病微生物。尽管结核病和腮腺炎等少数疾病均系单一类型的微生物引起，但相似的症状也可能是不同的微生物感染引起的——这是该表向我们传达的一个重要信息。一个很明显的例子就是腹泻，它能由细菌、病毒、原生动物或偶然由真菌引起，甚至连蓖麻油等无生命物质也可使之发生。疾病的名称（特别是那些早为人所知者）通常来源于其症状，而非致病微生物：肺炎是肺部的炎症，由细菌、病毒或真菌等种种微生物之一引起；脑膜炎是脑膜的炎症，由细菌或病毒引起。针对所有的病例，医学诊断的第一步是根据症状的强度、复杂性和起源等详情来进行判断，接下来便是给出治疗措施，必要时提出进一步检查意见。然而，我并不打算在此提供一本诊断手册，只想就一些特定疾患及其致病微生物重点讨论微生物疾病的发生、传播及防治等问题。

表2　疾患及其致病微生物

以下是我们所熟悉的微生物疾病及其致病微生物，它们是本书的特色之处，并在本章得到充分展现。下列微生物均可使人致病，有些也可使其他动物患病。这些微生物中的几种均引起相似的病症，其中也包含对人无害的物种。

细菌性疾病

腹泻：为多种疾病的症状，如伤寒、痢疾、霍乱等重症。急性发作的病原菌包括沙门氏菌属、弯曲杆菌属、利斯特氏杆菌属的菌种或大肠杆菌属的某些菌株。

肺炎：多种疾病有此症状，两种最常见的肺炎是由肺炎链球菌所引起的“传统型”肺炎和由军团杆菌所引起的军团病。

结核病：由结核分歧杆菌引起。

麻风病：由相关的麻风分枝杆菌引起。

百日咳：由百日咳博德特氏菌引起。

瘟疫：由鼠疫巴斯德菌引起。

梅毒：由梅毒螺旋体引起。

淋病：由淋病奈瑟氏菌引起。

扁桃体炎：由酿脓链球菌引起，该菌也可引起咽炎、猩红热或红斑病。

疖、斑疹和脓疱：由金黄色葡萄球菌引起。和该菌同在一属的白色葡萄球菌生活在皮肤上，对人无害。

病毒性疾病

腹泻：由多种统称为肠道病毒引起。

肺炎：由几种病毒引起。

腮腺炎：由一种粘病毒引起。

麻疹：由一种麻疹病毒引起。

流感：由多种粘病毒引起。

普通感冒：主要由鼻病毒引起。

天花：由天花病毒引起。

艾滋病：由人免疫缺陷病毒引起（见第72页）。

真菌性疾病

鹅口疮：由假丝酵母引起。

金钱癣：由一类称为小孢子菌的真菌引起（见第93页）。

肺炎：由卡氏肺囊虫引起，症状与艾滋病相似。

原生动物引发的疾病

腹泻：由包括隐孢子虫在内的几类原虫引起。其中阿米巴痢疾是热带地区的一种严重疾病。

疟疾：由疟原虫引起。

嗜睡症：由锥虫引起。

疾病是一种寄生现象，那些寄生在人的皮肤、口腔和肠道的微生物依靠宿主提供的食物和能量生存，对宿主却毫无贡献（某些肠道细菌可以为宿主生产维生素B，因而称作共生，我将在第五章讨论这种现象）。尽管皮肤、口腔和肠道中细菌的过度繁殖会导致人身体不适，但这些细菌通常对人是无害的，相反，它们可能会因为消耗掉某些恶性致病菌所需的养分而抑制其生长，从而对人有好处。作为寄生者，这些微生物与宿主互相适应、相安无事，这种现象广泛存在于所有生物体内。而疾病的发生是由于一种微生物侵入宿主或宿主的某一身体部位，随后大量繁殖且与宿主不相适应。这时，宿主自身的生物防御功能就被激发了。当防御抵抗失败或抵抗过度时，宿主便会病倒甚至死亡。很明显，正是这种不成功的寄生杀死了宿主。从发展的角度看，宿主的死亡意味着寄生者的寄宿微环境遭到破坏，继而所有依赖于宿主的寄生生物都会死掉。如前所述，那些与宿主相互适应、和平共处的微生物是可以长久地寄生下去的，而那些适应能力差且毛手毛脚的微生物就往往是危险甚至致命的。

如果说某些疾病的发生是由于寄生的微生物找错了宿主或在错误的部位繁殖，那么在另一种宿主或同一宿主的其他部位，该微生物一定能与宿主相安无事地共同生活。这样的例子是很多的。百日咳博德特氏菌通常能从健康人的咽喉中分离而得；引起咽炎和扁桃体炎的链球菌属也会出现在健康人身上。宿主与这些微生物和平共处，似乎能毫不费力地将后者控制住，只有当宿主自身状况发生变化时，这种平衡才会被打破从而引发疾病。以百日咳为例，年幼的儿童虽然很容易感染此病，但而后便产生了免疫力，于是在日后的生活中，他们即便再次被感染，也只是轻症而不会被察觉。这得归功于初次感染时身体所建立的对付博德特氏菌的防御机制，它们可被以后的感染激发而恢复功能。该详细机理我将在后面讨论。

引起“典型性”肺炎的肺炎链球菌，在显微镜下看起来像一串球形的念珠，经常能从健康人的咽喉部位分离出来。一些菌株引起人冬季咽喉疼痛，却很少危及生命。有些品种，如酿脓链球菌，也栖息在健康人的咽喉部，它引起第58页表2注明的一些疾患，也在极少数情况下酿成一种罕见而可怕疾病——坏死性筋膜炎（恶性溃疡）——仅几小时内患者肉体的溃烂就蔓延开来。幸好，链球菌感染对适合的抗生素或药物反应良好。另有一种偶尔引发危险的珠状细菌则是细菌性脑膜炎的病原，叫作脑膜炎奈瑟氏菌，俗称脑膜炎双球菌。它似乎也与健康人共生，栖息于宿主的鼻部和咽喉，但平常不会造成任何明显的危害。然而，也在极少数情况下，它仍会引起来势凶猛且通常致命的疾病（顺便提一下，虽然近来因偶尔在学生中暴发而引起了新闻媒体的注意，但此病大多发生于婴儿）。细菌性脑膜炎发展迅速，给医疗带来了极大的困难：其实不乏效果好的治疗药物，只要能够快速做出诊断，链球菌感染就能得到抑制，但由于该病的早期症状与病情温和的流感颇为相似，及时确诊不是件容易事。科学家在好几年前就制出了针对多种脑膜炎的预防菌苗，通常用于此病的接触者（虽然实际上本病不是很容易实现人际传播）。为什么这些平常温顺或（即使治病也）致病力不强的细菌会在某些不走运的人身上毒力大增，这点一直令人不解。虽然在极少数情况下（我再重复一遍），坏死性筋膜炎和细菌性脑膜炎才会暴发，但它们仍普遍引起恐慌。

一个情况好得多的例子，是在皮肤和鼻腔滋生的葡萄球菌，一种微小的球形病菌，在显微镜下可见到它们长成一团一团。其中的多数是白色葡萄球菌（菌体呈白色），但有时也能从中分离出它们的黄色兄弟——金黄色葡萄球菌；前者是完全无害的，后者则能引起粉刺、疖子及更严重的皮肤疾患。由于某种不明的原因（此类皮肤感染在青春期很普遍，故这或许是出于宿主身体状况的变化，而非微生物本身的变化），毛囊或汗腺会受到黄色化脓球菌感染，然后出疹、发炎、大量脓液和污物流出等一系列令人烦恼的常见症状就相继出现了。

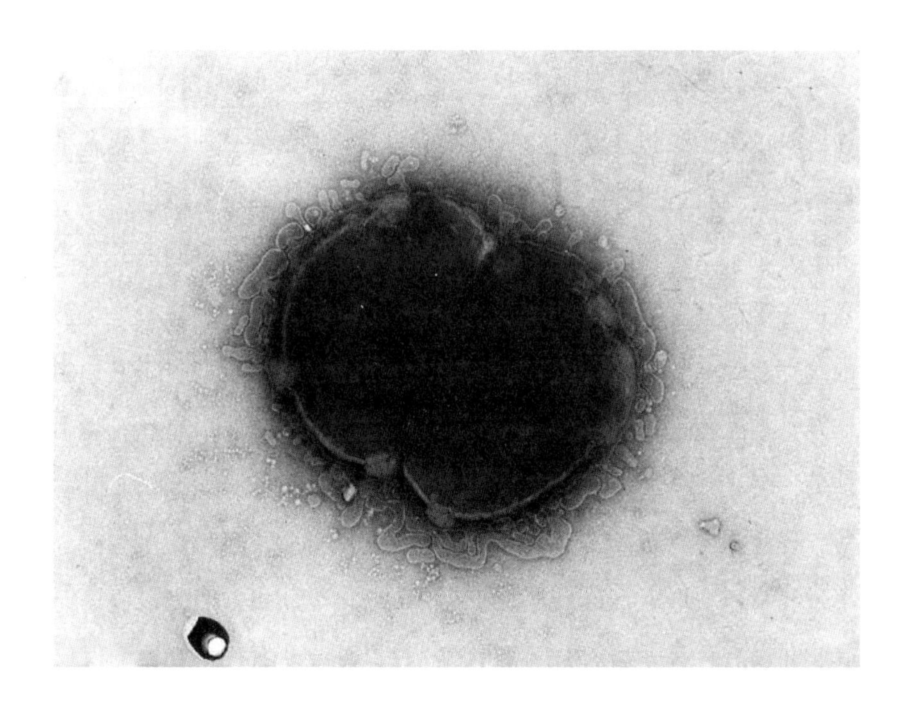

●脑膜炎奈瑟氏菌的电子显微镜照片。在易感人群中引起脑膜炎的细菌，系直径约7微米的成对球体（故称双球菌）。在细胞周围膜中的突起或小泡里含有引发疾病症状的毒素。［蒙C. A. 哈特（C. A. Hart）教授和J. R. 桑德斯（J. R. Saunders）教授特许］

我们的肠道中存在着一个相当平衡的微生物群体，尽管食品加工中采用了现代消毒技术且公众普遍具有良好的卫生习惯，这些微生物无疑还是在家庭和社区中从一个人传给另一个人的。因此，我们对本地的微生物产生了免疫力，能够与其和平共处。一个新生儿几乎是无菌的，仅带有从母亲子宫获得的细菌，不久后又从母乳中获得了乳杆菌，继而发展为成年后的混合菌群，包括大肠杆菌、梭菌、拟杆菌、乳酸菌、假丝酵母等。可以说，这些成员碰巧对我们有益，因为它们排挤了我们不希望有的微生物。一些权威人士主张用适当的细菌培养物的“益生作用”来缓解恢复期病人的胃肠道紊乱及控制畜群中疾病的流行。

平时，我们和自身的微生物相安无事，但当我们到另一个国家旅游时，由于最初几天饮食不慎，我们的肠道菌群往往会经历灾难性的重新分布。那些来自巴黎、罗马、开罗或孟买的大肠杆菌，与来自芬奇利、伦敦的大肠杆菌在人体引发的免疫力是不同的，旅游者由于不清楚这一点，因而屡屡在品尝美味佳肴后大倒胃口！尽管的确存在一些惹是生非的外国肠道细菌，它们引起痢疾、伤寒和副伤寒，甚至霍乱，但大多数游客所患的水土不服并非由恶性致病菌造成，而是那些在当地无害却击破了游客免疫防线的普通细菌。

现在我要离题片刻，给大家讲讲降低这类肠道感染的小窍门。不过我得声明一下，这只是些江湖医术，因为我可没有行医资格。其实并没有什么办法能够避免接触这些微生物，我们所能做的仅仅是尽量少接触它们，还要避免非微生物引发的肠道功能紊乱，以便在免受痛苦的情况下获得免疫力。具体措施就是，在初到一个地方的头几天不要饮食过量，少喝些当地的水，选择新鲜烹调的菜肴，水果要洗净，等等。如此几天后，你便可以津津有味地大嚼当地的美食，而不必担心那些肠胃不适了。

大肠杆菌是多数哺乳动物（包括我们自己）肠道下段的主要居民，它们完全正常。每天，成万亿的大肠杆菌被我们排入污水系统，然后很快在那儿死去。它们是否在河流、土壤和食物中出现，是判断是否发生粪便污染的微生物学试验依据——该项检验被公共卫生实验室广泛采用。大肠杆菌的绝大多数品系都对我们无害，但如上所述，当我们在遥远的异国他乡遇到陌生的大肠杆菌品系时，麻烦就来了。同理，来自其他哺乳动物的大肠杆菌有时也会对我们不利。例如，近20年以来，大肠杆菌0157品系就成了一个棘手的问题。有资料显示，它来源于拉丁美洲，现已在全世界牛群中传播开来。当屠宰后的动物被切开时，大肠杆菌0157很容易从动物的肠道跑到切割开的肉表面，而如果以后活菌沾到人手上被吃了下去，就会引发急性出血性腹泻，甚至使少数病人罹患肾衰竭或死亡。20世纪90年代暴发了几次严重的疾病：第一次于1992～1993年发生在美国，经追查，罪魁是未熟的汉堡包；第二次于1996年发生在日本，问题出在统一分发的学校用餐上；第三次于1996～1997年发生在苏格兰，系生熟肉盘的交叉感染惹的祸。在日本的疾病暴发中，重病约1万人，死亡13人；苏格兰的暴发仅使500人患病，但有18人死亡。大量处理农产品特别是新鲜肉类时，严格注意卫生是一项重要的预防措施，也就是说，对肉类的烹调务必彻底。对此，我在本章后面还会更多地谈及。

我们与自身肠道微生物间的关系有时会变得紧张。多年来，人们一直认为十二指肠溃疡是由精神压力导致的疾患，即由焦虑、工作压力、饮食不规律和疲劳过度引起的自己对自己身体的损伤，这种病在尽职尽责的雄心勃勃者身上的确很常见。此病在过去无法根治：饮食限制、镇静剂或对某些不走运者施行根治性手术是仅有的可行措施。然而，近15年来，医学家们认识到（起初还不太相信），此病的常见病因是现在被称为幽门螺旋杆菌的细菌。它进入年轻人体内（此菌可能来源于家蝇），在十二指肠（有时于胃）内表层定居并潜伏下来，极难被检测出。它们虽沉默却依然活着，并产生某种刺激物（大概是氨）致内表层发炎。大多数受感染者似乎都能适应这种处境，除慢性消化不良外没觉其他不适，但在少数人中，炎症导致了溃疡和其他后果。受螺旋杆菌感染者十分常见（因此向广大民众推销抗消化不良药剂似乎是有利可图的），但有个问题一直为专家们所争论，即为什么有些人病情严重、身体衰弱，而另一些人仅较多出现嗳气症状。可喜的是，现今，多数患者经两周左右的抗生素鸡尾酒治疗即可痊愈。

关于螺旋杆菌的报道表明，病原微生物栖息在我们身体中某些特定部位，使人染上旷日持久但多半进展缓慢的微恙，而不会引起急症。很早以前，人们就知道分枝杆菌能引起结核病：20世纪中期，大量X光片检查结果表明，一些人能在为期数年的轻度感染后，不知不觉得以自然恢复。然而在多数病人中，结核病“进展”十分迅速。另一种能引起某种慢性但传播广泛的“压力疾病”的微生物疑为衣原体属，此种细菌曾一度被认为是大型病毒，但它其实很小。该病原体古怪得很，它们有一种具传染性的自由生存形式，但在侵入宿主细胞后则以另一种形式存活下来，并就地发挥作用。好多种衣原体都可以侵犯眼、肺和泌尿系统的细胞，通常引起急性病患，但证据表明，有一种衣原体栖息在动脉壁，促使脂肪在局部日渐沉积，最终导致心脏病发作。上述情况尚无病例证实，但确有少数慢性病系细菌引起，这就使人不禁好奇，究竟有多少使人迷惑的疾患（像关节炎和慢性疲劳综合征）是由微生物长期作用所造成。

现在让我们回到致病菌的传播这个主题上来。那些具有免疫力的健康人会把致病菌带至各处，他们一旦携带了致命微生物（如引发伤寒的细菌），就成为极度危险的传染源，应当予以隔离。伤寒玛丽就是医学史上一个抹不掉的记忆。玛丽是纽约的一名厨师，她本人对伤寒具有免疫力，却使20世纪20年代无数的美国人受到伤害，而她不相信自己是罪魁祸首，于是更名换姓以便重操旧业，从而导致了灾难性后果。在玛丽被确认为伤寒病原携带者的23年中，她一直逍遥在外，最后才被隔离起来。今天，应用抗体通常可以治愈伤寒病菌携带者，但治疗过程漫长而烦琐，因此那些自觉良好的携带者是很不情愿接受这项治疗的。

动物往往是人类疾病的传染源流。流产布鲁氏菌所引起的波状热是通过牛传播的；土拉弗朗西斯（前称巴斯德）菌是罕见而极度致命的土拉菌病的病原菌，它通过某些啮齿类动物（如加州地鼠）传播并经扁虱叮咬而感染人类；布氏包柔氏螺旋体，能引起名为李姆氏病的罕见关节病变，在赤鹿、小鼠或鸟类中传播，也是经由扁虱叮咬传染的。嗜睡病是由两类寄生性原生动物中的一种锥虫引发的，该病在非洲是牛身上的一种疾病，但也通过采采蝇的叮咬而传染人类。疟原虫属包括引起疟疾的几个种类，人们如今已知道它是由蚊子在人群中传播的。病毒病——几种类型的登革热——也是通过蚊子传播的。

啮齿动物，如大鼠和小鼠，可携带并传播引起胃肠炎的微生物。而淋巴腺鼠疫由鼠疫巴斯德菌（亦称鼠疫耶尔森氏菌）引起，这种细菌和大鼠之间的联系已载入史册。1665年，一场大瘟疫席卷伦敦，无数人死于这种在中世纪被称为黑死病的淋巴腺鼠疫。一些人相信童谣“围绕玫瑰花”中推崇的民间医药偏方，以为用那些有香味的花草来掩盖尸体腐烂的恶臭可以多少保护人们不受瘟疫袭击。事实上，鼠类仅仅将瘟疫从一个地方带到了另一个地方，而真正将疾病从患病老鼠传染给人的，是老鼠身上的跳蚤。直至今日，淋巴腺鼠疫在亚洲某些地区仍时有发生。越战期间，该病成为一个严重问题。1965年上半年，南越便有2000个病例被确诊。战争、冲突和瘟疫总是结伴而行，1947年印度独立后的动乱时期，仅一个州就有57000人死于瘟疫。

当然，动物也可能是病毒性疾患的携带者。口蹄疫偶由牛类传染人。狂犬病（早期称为恐水症）对人类的威胁极大，但对某些哺乳动物（如松鼠、吸血蝙蝠）而言则仅仅是一种地方性流行病。该病于20世纪前半叶才基本在欧洲绝迹，但随后又开始悄悄地由东方回到欧洲，而狐狸是主要的病原携带者。英国没有此病，这要归功于多项严格的检疫制度。最近，人们把掺了口服狂犬疫苗的狐狸诱饵故意散布出去。这一举措取得了令人鼓舞的成功，患狂犬病的狐狸在欧洲大陆得到了控制，甚至在某些区域已经消失。或许不久，英国检疫条例的限制就会放宽。

尽管在许多病例中，动物、昆虫和病人均扮演着传染源的角色，但并不是所有传染源都是有生命的。土壤、水源中就含有各种致病微生物，比如霍乱就是由栖息于河口的具致病力的细菌引起的。这些非生命传染源中也包含了被微生物学家称为条件病原体的微生物：它们通常并不致病，只有找到受伤（如有溃烂面或新近出现裂口）的宿主时才繁殖起来，从而推迟伤口愈合，甚至造成疾病。破伤风和气性坏疽就是这一类病，引起这类病的微生物通常生活在不同的环境中，它们并不侵染健康组织，只是在受伤部位繁殖从而造成可怕的后果。我要再简短地介绍一下这类疾病。已知许多温和的条件病原菌通常被我们自身的免疫系统迅速制服而不被察觉。1976年，一种意想不到的传染源引发了著名的军团菌肺炎。在费城，美国军团的一次集结后，许多人死于神秘的肺炎。这种病后来被命名为军团病。致病微生物在实验室很难被培养出来，并无法与已知病原微生物进行比较。尽管如此，它最终在1979年被鉴定并命名为军团杆菌，随后便在世界各地传播开来。在英国，2%～3%的肺炎明显属于军团菌肺炎，而且50岁以上的人易患此病。总体上说，这仍是一种温和性疾病，它们可能在许多发病的年轻人身上未被诊断出来，而被当作不明流感来对待了。

这种新的病原菌到底从何而来呢？微生物学检测证实它来自水源，尽管数量较少，但常常出现在家庭、旅馆和医院的供水系统，尤其是温水系统中。用氯气处理和加热便可杀死病原菌，因此自来水和沸水中找不到这种菌。凉水和温水因氯气挥发掉以后，尤其当贮水器有水垢时，往往军团杆菌就出现了。空调系统的贮水器，公共淋浴和洗衣设备的水池都属于这类容器，尤其在停用一段时间后更是如此。这种病在费城的初次暴发是由于空调中的存水被污染，带有军团杆菌的细小水滴（气溶胶）被不断地吹进会议大厅，而军团集会的大多数成员年龄都相当大，故而发病率很高。自1979年以来，人们又发现了其他几个类似的案例，比如地中海酒店的淋浴供水器、医院和办公室的空调系统、加湿系统和冷却系统遭污染而致病。幸运的是，即使是易感人群，也要在吸入相当量的军团杆菌后才可能发病，而且此病一旦确诊就很容易治愈。依上所述，我们可以得出怎样的结论呢？那就是军团杆菌存活于地球的时间也许和人类一样长，甚至更久远，但现代化生活给予了它侵染人类的新机会。

然而，并非所有疾病都有如此明确的传染源。性病、病毒感染（如普通感冒）、脊髓灰质炎、流感等疾病似乎就没有。这些疾病之所以发生，也许是因为普通人群里始终存在着一些有临床症状的携带者。为数不多的权威人士相信，由螺旋体引起的一种性病——梅毒——是15世纪末由哥伦布的船员从海地带回欧洲的。这种病显然又在1769年库克船长率领的侵略者占领南海岛之后传染给了当地岛民。梅毒几乎只能通过性交传播，欧洲人将它引入波利尼西亚后，该病迅速成为当地的地方性疾病，并给当地居民带来了永久的肉体痛苦和精神创伤。普通感冒可能由那些在夏季染上轻症的人传播，在特殊环境下也可能会销声匿迹。尽管南极考察站的气候很恶劣，但是在那儿待了一两年的人通常好几周都不会感冒，直到一条刚到的供给船引发全体工作人员新一轮的感冒。特里斯坦·达库尼亚群岛的居民因当地火山活动频繁而于1961年迁居英国，他们此后对感冒和支气管疾病特别敏感，城市生活的紧张和摇滚乐的喧闹曾一度令他们厌倦，这些疾病恐怕越发让他们向往回归故土吧！

任何在人口密集的社会潜伏的病原微生物都会令我们恐慌，为人熟知的病毒疾病尚且如此，更别提那些来历不明的了。患者遭受该病毒侵袭后会产生某种免疫反应，而科学家们可以通过该免疫反应类型来识别流感病毒。然而，人们在过去的几十年里逐步发现，引起从小感冒到流行性感冒的一系列呼吸道感染疾病的病毒不止一种，而是为数众多的各类病毒。此外，研究还发现了许多不致病的病毒种类。鉴于感冒是人们最为关注的话题，尤其是在严寒的冬季，我将打算就此问题提出一些看法。

咽喉可以藏匿大量病毒，这些病毒分为三类。第一类是腺病毒，主要在扁桃体上繁殖，可引起咽喉炎，到1975年已经鉴定出31个不同的类型；第二类是通常存在于覆盖鼻腔和喉咙的黏液中的粘病毒，其中包括流感病毒、腮腺炎病毒及引起温和感冒和流感样疾病的病毒，由于这类病毒可引起血球凝集，故在实验室较容易被鉴定；第三类是数不清的各种小病毒，被称作小RNA病毒及其亚型——鼻病毒，其中包含引起普通感冒的病原体。不幸的是，鼻病毒至少有90种。另一类小RNA病毒是肠病毒，尽管它是在肠道中被发现并从肠道中分离出来的，但咽喉中也有这种病毒。一些病毒可引起咽喉炎和胸部感染，例如已知的30个类型的柯萨奇病毒（这是以美国的柯萨奇小镇命名的）；另一些病毒（如艾柯病毒）要么引起呼吸道感染，要么不引起任何不良反应。所以我们可以得出这样的结论，即病毒存在大量不同的类型，但只有少数是致病的。与那些一种菌引起一种病的较大型微生物不同的是，许多不同类型的小病毒会引起相似的疾病。从建立免疫防御的角度来说，这个结论是令人沮丧的：因为一个人可能患30种不同类型的感冒，而且对每种感冒的免疫力都只能持续很短的时间，这是一场反复而琐碎的旷日持久战，我们有机会打赢吗？答案是肯定的，但进展显然是缓慢的。

对于流行性感冒，情况有所不同，但也十分不好对付。第一次世界大战刚结束，流行性感冒病毒的一个致病力特别强的毒株就在全世界传播开来，在1918～1919年间引起约2000万人死亡。猪显然是该疾病的传染源，后来不知怎么就传给了人类，由于没有任何人对其有免疫力，该病迅速地四处蔓延。这一毒株以往只偶然引发疾病，此前从未引起过如此激烈的全球性大流行。还有一些大流行发生于远东，比如1956～1957年的“亚洲流感”大流行，其病情较轻，而病源大概是相同的。不过猪并非流感病毒的唯一来源；1997年的鸡流感中，人一旦受染就迅速死亡；当时，香港受染者18人，其中6人死亡。幸好采取了包括清除受染鸡在内的封锁措施，疾病的蔓延才得到控制。

禽流感确实引起了鸡的死亡。然而，尽管著名的全球性大流行疾病让人们付出了惨重的死亡代价，但人类的流行性感冒很少致人死亡。此种感染经常是通过加重我们的非特异性免疫负担，从而为更致命的感染铺路的。有些医生给流感患者施以抗生素，他们清楚，包括流感在内的病毒性疾患对抗生素并不敏感，只是在我们机体自身抵抗病毒感染时，这些药物可以阻止细菌性继发感染。所以，如果你只是得了流感，就别指望抗生素有什么神奇的疗效！

麻疹和流感等许多我们熟悉的病毒性疾患在几天之内就会发病，且大多没有明确发病部位：它们引发的是头疼、鼻塞、发烧等全身性症候群。但是，有些病毒感染则发病缓慢且针对特定部位。最常见的例子是寻常疣。疣是由乳头状瘤病毒引发的，通过接触传染，经6个月左右形成的一可见瘤块。皮肤寻常疣实际上传染性不强：病毒只有进入皮肤最表层下的组织层才能繁殖起来，因此，它在抵达目的地前往往已脱落或被清洗掉。人类乳头状瘤病毒造成的皮损除影响美观外别无大碍。它时而出现时而消失，反复无常。但是，其中有一个感染生殖器的亚群则是危险的：现已清楚，它与子宫颈癌有关；无论怎样防止其流行，该病还是在全世界造成了妇女的早亡。数目繁多的各类乳头状瘤病毒能感染多种哺乳动物、鸟类甚至爬行动物；它们一般不在各种宿主之间传播。

关于许多外来的疾病，我已经说过，国际旅行既是人们的一项广泛社交活动，又是微生物的一次大串联。当地的病原体会从游客中寻找新的易感宿主。许多病原体引起的疾患虽然使人烦恼却为时短暂：它们早晚会被不情愿得病的宿主之天然抵抗力（有时借助于现代药物）制服。但是，像疟疾和某些热带腹泻之类的其他疾病却顽固而危险。上述情况一直变化不大，但近几十年来，由于遥远的异国景点已向游客开放，危险更易扩散，而且，便捷的空中旅游更增加了体内潜伏病毒的旅游者把区域性疾病带至世界各处的危险性。

在20世纪50～60年代，我曾四处旅游。当时，我的护照上附有一小本对天花、伤寒、霍乱及黄热病等区域性疾患的免疫接种证明，这些是对可预知疾病的普通预防措施。然而，患不可预知疾病的危险依然存在。埃博拉病就是其中之一，它的暴发引起了人们极大的关注。此病由丝状病毒引起，自1976年起就为人所知，当时，扎伊尔某代表团的护士中出现了第一例患者，到最后总计受感染者不低于278人，其中死亡者达90%；同年，苏丹也出现了此病。1995年初，埃博拉病又一次在扎伊尔暴发，疾病受控前死亡人数超过170人。针对该病尚无可靠的治疗措施或预防疫苗，患埃博拉病者死亡极快，其惨状令人毛骨悚然。患者死亡极快意味着，埃博拉在人口稀少或与外界较隔绝的地区暴发后，其传播会受到一定的限制。不过1995年，一位患者离开埃博拉病暴发地后，于确诊及隔离前乘飞机旅游到了南非，此事自然引起了公众的巨大恐慌，因为像扎伊尔埃博拉这样致命的疾病，要是蔓延到人口密集的社区，其后果之严重性读者们可想而知（以这种后果为主题的畅销小说作品，在1994～1995年至少有两部）。封锁措施不是没有，但能否及时发现疫情并采取行动，一直是困扰着专家们的问题。不用说，对这类微生物的研究困难而危险，还需要具备最严格的防护措施。

埃博拉病毒来自何处？当地另有两种致死性非常强的病毒——拉沙热病毒和马堡病毒——它们分别来自啮齿动物和非洲绿猴，均于1967年被送至德国制备脊髓灰质炎疫苗。但埃博拉的天然传染源尚不为人所知。猴属于嫌疑之列，但该病对其致死性与对人的几乎相同，故它们还不像是原初的携带者。看来，非洲总有奇闻发生[①]——恐怕别处也不例外。1989年，多种埃博拉（幸好对人不怎么致病）造成一群由亚洲进口的猕猴死亡。

病毒甚至能够摧毁免疫系统。1981年，一种破坏免疫系统的疾病被发现于美国西海岸的同性恋男子身上，患者最终因感染其他微生物而死亡。该病的患者可因已知的95种以上的感染而死掉，最常见的是由条件致病菌引起的感染，例如真菌性肺炎，一种健康人能够抵抗的疾病（见第58页）。这种造成人体免疫力丧失的微生物被吕克·蒙塔涅（Luc Montagnier）教授和罗伯特·盖罗（Robert

① “ex Africa semper aliquid novi”。引自古罗马博物学家老普林尼。——译校者

Gallo）教授分别在法国和美国几乎同时被确认为病毒，并得名人类免疫缺陷病毒（HIV）。HIV侵染人体后可潜伏若干年，最终发展为艾滋病（获得性免疫缺陷综合征，AIDS）并导致死亡。HIV存在于患者的血液、精液和唾液中，一般情况下不会发生接触传染，只有当患者的体液进入新宿主体内时才会传染，如男性同性恋者在肛交时精液与血液混合而发生传染。20世纪80年代中期，虽然起初人数不多，但北美和欧洲的异性恋者也开始被感染，病毒先由双性恋者传给妇女，尤其是妓女，而后传播开来；那些共用注射器静脉注射毒品的瘾君子们也会相互传播。艾滋病在北半球蔓延的同时，一种类似的疾病在近撒哈拉的非洲地区流行开来，也同样侵染异性恋男女。非洲HIV与美国的明显不同，说明HIV与流感病毒一样容易变异。有证据表明，HIV／艾滋病源于20世纪50年代的非洲，是由灵长类传染给人类的一种新型疾病。

20世纪80～90年代，引起艾滋病的HIV感染成为对全世界公众健康的一大威胁，想必大多数读者对此都很清楚。HIV持续蔓延，尤其是在异性恋人群中；奇怪的是，在人群中传播的HIV更常见者现已改为非洲变种，疾病流行头10年间的那种HIV在同性群体内散布的情况也反倒罕见了。艾滋病之所以引起公众的极大忧虑，不仅是因为它冲击了人类道德和禁忌的底线，更在于到目前为止，它仍然无药可医。到了20世纪90年代中期，情况有所改善，至少在富裕的国家是如此；当时，药物组合疗法可以使HIV阳性患者的艾滋病发作延迟好几年，但是长期用药产生的令人难以忍受的副作用依然是个问题。就世界范围而论，HIV／艾滋病在头十几年里还是比较次要的流行病，但20世纪90年代以后，它开始在非洲暴发，据联合国统计，1997年，非洲230万死亡者中9成因艾滋病而死。据说在博茨瓦纳和津巴布韦，HIV阳性者占总人口的1／4，这一非洲疾病似乎已同疟疾和结核病相匹敌，成为重大的全球性灾难。由于医疗费用昂贵、疗效短暂，本病依然是不治之症；也许预防是治疗HIV感染的唯一办法，但它涉及改变人们的行为和态度等难以驾驭的问题。

有几种较温和的病毒性疾患容易使患者发生次级感染。感染后疲劳综合征是一大类疾病的总称，其中有一种肌痛性脑脊髓炎（简称ME，曾被误称为“雅皮症”），患者容易患口疮和阴道炎，而病原菌却是本来在他们体内无甚害处的白色假丝酵母。这样的免疫缺陷症在动物中也会发生。1988年，一场著名的流行病袭击了北海的包括灰色和普通种在内的各种海豹，造成共约14000只海豹死亡。该病被证实是由一种迄今尚未识别的病毒引起的，这种病毒与犬瘟热病毒类似，但海豹最终其实是死于一系列的继发性细菌感染，病毒只是削弱了海豹的免疫力。这场灾难激发了公众的想象力，新闻界也借此散播各种臆测推论，声称废水污染、过度捕鱼、有机氯残留或全球变暖等问题造成了这次流行病的发生。然而，到了1989年，疾病消失了，海豹的数量逐渐恢复，但环境因素并未改变，因此疾病真正的起因仍是一个谜。

为什么微生物能够在咽喉、肠道或其他地方滋生呢？总的说来，这个问题的答案尚未可知，但至少我们搞清了个别案例的奥秘。我们前面提到过流产布鲁杆菌，它使人患波状热，更易引起牛的传染性流产，患病的母牛会早产出依然活着的牛胚胎。流产发生时，连接胚胎与子宫的母牛胎盘是流产布鲁杆菌唯一存在的地方，

●一头死于海豹犬瘟热的海豹。这是一头于 1988 年该病毒病流行时拾到的海豹。这次流行病使仅英国北海岸就损失了大约 3000 头海豹。（由海洋哺乳动物研究会提供）

而母牛和子牛身体其他部位都未发现这种病原菌。20世纪60年代，哈里·史密斯（Harry Smith）教授和他的同事们找到了答案。原来流产布鲁杆菌的正常生长需要大量的维生素和其他微量物质，其中一种是与蔗糖类似的物质，名为赤藓醇。赤藓醇在动物组织中含量甚微，却不知何故在胎盘中含量很高。因此流产布鲁杆菌便在胎盘繁衍滋生，而不是其他部位，当胎盘——连接胚胎和母体的生命线被感染而坏死时，母体就会将其排出体外。

导致传染性流产的布鲁杆菌是感染专一性的一个典例：事实上，微生物疾病通常发生在特定的部位。史密斯教授和他的同事们发现，给实验动物注射赤藓醇可以诱导出全身性布鲁杆菌病。微生物之所以在特定的部位生长并引发疾病，是因为这些部位有它们所需要的养分或者没有它们不喜欢的某些物质。感染专一性的另一个例子是肾棒杆菌，它能引起牛的肾脏疾病。这种菌只在肾脏部位繁殖，因为它们尤其喜欢尿液中的尿素成分，而这种成分主要集中在肾脏。气性坏疽则是由于某个部位缺少它不喜欢的物质而大量繁殖的例子，这在本章前面已经提到过。这种病发生于严重外伤后的伤口腐烂。引起坏疽的韦氏梭状芽孢杆菌在污染的水源及土壤中广泛存在，但通常无害，因为它是厌氧微生物，有氧的条件下不能生长（见第二章）。然而，它产生的孢子却能在空气中长期存活。受伤组织由于伤口发炎而肿胀，使小血管受挤压而供血不良，进而引发伤口供氧不足，且伤口越深缺氧越严重。此时，若韦氏梭状芽孢杆菌的孢子恰好进入伤口，它们就会寻找到适合的生活环境并繁殖起来，这些细菌不经意地产生了一种对人体剧毒的物质并造成伤害迅速蔓延。

无害的厌氧菌通常能够在缺氧组织中繁殖，这一规律在20世纪60年代中期曾被应用于癌症治疗。癌瘤组织会因生长速度过快而缺氧，用丁酸梭状芽孢杆菌感染癌瘤组织，则可使癌瘤缩小，但其治疗效果不尽如人意，并且无法根治。到了20世纪90年代，这一思路以新的方式卷土重来：通过基因操作给细菌植入基因，使后者产生对癌瘤细胞有毒的物质。这样，平常无害的微生物就变成了选择性抗癌因子。在实验室组织培养中，沿此途径进行的实验显然已取得成功，不过，由此到真正应用于人还有很长的路程要走。

为何特定的微生物只侵袭特定的部位呢？对于这一点，科学家们现在掌握了相当的信息。但是，我并不想留下这样的印象：即每一种疾病都由某种特定的致病微生物所引发。例如，肺炎可由细菌（链球菌、军团杆菌，以及很少见的克雷伯氏菌等）和病毒引发，而对患有免疫缺陷病（如艾滋病）的人来说，一种叫作卡氏肺囊虫的真菌也能引发肺炎。相反，致病菌酿脓链球菌除了出现于化脓的伤口里，还可以引起至少三种疾病：扁桃体炎、猩红热或丹毒。

现在让我们回到坏疽的问题上来。这种病的病原菌属于条件致病菌，换句话说，它是非寄生微生物，并不刻意寻找宿主，它产生的对宿主有害的物质是其生长过程的副产物，对细菌本身无关紧要。破伤风是由破伤风梭状芽孢杆菌引起的，其来源也是土壤。这种细菌在伤口的缺氧环境中繁殖，附带产生一种毒素，能使受染者罹患破伤风，当症状开始显露时，患者一般就离死亡不远了。正因如此，那些在乡间或农场受伤且伤口很深的人必须立即去打抵抗破伤风的预防针，除非他们像如今大多数农村孩子那样，已经接种了免疫疫苗。

另一个极端的例子是肉毒中毒症。引起该病的厌氧菌名为肉毒梭状芽孢杆菌，它并不在宿主体内繁殖，而是在腌制的罐装鱼、肉中，在繁殖过程中产生一种人类已知的最厉害的毒素，可迅速致服食者于死地。幸运的是，现代食品保藏方法使肉毒中毒症变得很少见了，否则我们就都得注射肉毒毒素的疫苗了。

我曾不经意地提到过人体对微生物的抵抗机制和对感染的免疫力，那么这到底是什么呢？答案很复杂。事实上，人体至少有4道防线。第1道防线是一种称为溶菌酶的酶，存在于唾液、眼泪和鼻腔黏膜，能够溶解许多细菌。第2道防线是一组统称为干扰素的物质，是由被病毒感染的细胞所产生的干扰病毒生长的蛋白质。人体的第3道防线是血液中存在的白细胞，长得很像变形虫。有几种不同的白细胞涉及我们免疫反应的不同阶段。其中一种被称为吞噬细胞，它的确可以摄入外来颗粒，还能杀死并消化进入血液中的微生物。把摄进的微生物处死的方式颇为有趣：巨噬细胞（吞噬细胞之一型）会产生一种简单却很不稳定的化合物——一氧化氮，一种强力的杀菌剂（在普通人体生理学中，经证实，一氧化氮为一种很重要的物质，能松弛血管壁、促进血流和降低血压；或许还可破坏癌瘤细胞）。如果负有轻伤，受损的组织会吸引这些巨噬细胞聚集到伤口周围来防范感染。人体还有一套集中在肝脏上的细胞系统，名为网状内皮系统，可以在需要时产生后备巨噬细胞。

上述防范措施固然很好，但当细菌感染血液并繁殖起来时，上亿个微生物将会产生，远远超过了巨噬细胞的应付能力。那么身体怎样应付这种局面呢？答案很简单：无能为力，起码在最初感染阶段是这样的。大规模的细菌繁殖发生在身体的初级防御被摧垮时，随后患者病情就加重了，如果这时细菌产生出致命的毒素，那么患者很可能就一命呜呼了。倘若病人恢复了健康，那是因为人体的第4道防线发挥了作用：身体产生了某种名为抗体的蛋白质，它溶于血液中，与入侵微生物相互作用并使之凝聚成团，从而使微生物无法继续危害人体，并且更易被巨噬细胞吞食。这时，人的血清便具有对该种微生物的免疫力，且这种免疫力通常可以延续几个月、几年，甚至终生。普通感冒和流感只产生短期免疫力，而流行性腮腺炎、麻疹等在童年感染的疾病则可以使人获得终身免疫。免疫是高度专一的，身体对流行性腮腺炎产生的免疫力就对脊髓灰质炎丝毫不起作用，尽管这两种病同是黏液病毒引发的。但也存在一些例外，比如牛痘和天花的交叉免疫。预防接种最初就是用完全灭活的牛痘病毒感染人体使之产生免疫力，从而抵抗致命的天花病毒的（这里面的更多故事，我很快就要谈及）。针对结核病的卡介苗免疫，是把弱毒的活结核杆菌接种到人体，以使人产生抵抗天然、致命的结核菌的免疫力。萨宾脊髓灰质炎疫苗则是活的非致病病毒株。简言之，医学免疫的原理就是将微生物以某种方式灭活后再接种人体，诱导人体产生抵抗该种致病微生物的能力。伤寒和白喉就是采用这种手段进行免疫预防的。

预防免疫除针对微生物自身外，还可针对微生物产生的毒素，该种被诱导产生免疫力的血清含有抗毒素，或被称为该毒素的抗血清。破伤风和肉毒毒素的抗血清是通过诱导马而产生的，可以在有发病危险的紧要关头使用，但是抗血清仅仅用来对付这种紧急情况，并不能使病人对该病产生永久免疫力。

20世纪的大部分时间里，针对流行性腮腺炎、麻疹和流感等疾病还没有可靠的抗血清，不过由于大多数人在大多数时候已对这些病产生了免疫力，因此从人群中收集的混合血清并注射给患者，便可以提供暂时免疫并在很大程度上减轻病症。γ-球蛋白是从血清库中提取的免疫球蛋白的一种，被用于治疗那些经历自然患病过程会出危险的患者，如成年腮腺炎患者或感染风疹的孕妇。然而，近10～20年中，防范这类疾病的有效疫苗已被研制出来，因而从混合血清中提取的γ-球蛋白已经很少用了。

免疫是我们抵抗大多数疾病的主要武器，但免疫本身也会造成危险。当环境中的某些物质引发免疫应答并使身体系统反应过激时，过敏就发生了。引起过敏反应的原因很多，但尚不完全为人所知。蚊虫叮咬、蜜蜂蜇咬就是这种情况。叮咬本身并不引人注意，但身体对叮咬时注入的物质会产生局部过敏免疫反应，出现肿胀、发炎、发热等症状，十分恼人。人体对微生物也会产生过激反应。一些病并不是由外来侵染物所产生的某种物质引起的，而是身体在抵抗这种物质时过度免疫所致。结核病与肺鼠疫都有这种特点，幸而这两种病今天已经很少见了。然而，类似的病例仍有发生。中毒性休克综合征是一种对金黄色葡萄球菌的急性过敏反应，患者主要是妇女，因为使用卫生巾而感染的病例尤其多。这种病很少见但病情严重，直至1970年病因才被查明，结束了此前给医学界造成的极大恐慌。

免疫反应的特异性对微生物学家而言非常有价值。事实上，在某些时候，它为鉴别某种微生物提供了唯一有用的方法。1964年，英国阿伯丁暴发的一次可怕的伤寒流行就是例证。表面看来，疾病发生的原因是机械切肉刀切了被污染的罐装腌牛肉后，又切了其他熟肉制品而使后者受到污染，于是这些污染微生物经由该食品店的顾客广泛传播，疫情最终得到控制时已有500多人感染致病。这次事件其实是由一连串令人难以置信的灾祸组成的。照理说，最初被污染的牛肉即使没有明显变质也应该是受到严重感染的，然而不可思议的是，在之后的实验中，故意只用伤寒细菌感染的听装肉在长达3个月里仍然看起来十分完好，显然，那个熟肉柜台才是祸根。寻找到这个传染源的过程，也是这次污染调查工作中令人印象深刻的一个片段（例如，在一个家庭中，有一人不吃腌牛肉，因而这个人没有染上伤寒，其余的人却无一幸免）。然而最令非科学家们难以忘记的，则是这次伤寒的致病菌被鉴定为南美菌株这一点。人们随后便发现，牛肉之所以被感染，是因为在南美工厂最初加工时，冷却罐头盒里的水没有用氯气消毒。菌株鉴定工作的一部分采用了抗血清的方法，因为不同的伤寒菌（伤寒沙门氏菌）会使人体产生完全不同的抗体，已知的各种伤寒菌抗血清则保存在位于伦敦北部的肠道参照品政府实验室里。因此一旦分离得到在阿伯丁流行的伤寒菌株，确认的工作也就成了常规操作项目了。虽然这只起到辅助作用，但菌株对噬菌体的敏感性这一特征也被用于鉴定工作。

微生物与抗血清相互作用的方式及其产生的抗体种类，被微生物学家们称为血清型（抗原型），微生物学家已收集到包括医学与非医学细菌在内的各种抗血清，并用来鉴定和分类各种微生物。一株微生物的血清型类似于鉴定人的身份时所用的指纹。只要一个人将其指纹留在了文件的某个地方，那么确立罪犯身份的可能性就很大了。

一旦找到了阿伯丁伤寒大流行的根源，它们传播的途径就显而易见了。人们在吃进那些被切肉刀污染了的冷肉时也吃进了细菌，这些细菌进入人体后开始繁殖并引发了发烧、呕吐、腹泻等症状。

不论化学治疗取得的进展有多巨大，在同病原微生物的战斗中，通过疫苗接种或相应的免疫措施来刺激机体的免疫反应，仍然是强大的医学预防武器。

关于天花，虽近10多年来公众已相当了解，但这里仍值得我再概述一番，因为它很好地印证了疫苗接种的重要性。直到18世纪末，天花在欧洲（包括英国）还十分普遍，10个儿童中至少有一个死于此病，而在欧洲的某些地区，把孩子的起名推迟到他们患天花复原后已成惯例。在4个人（孩子或成人）中就有一个会死于天花；大多数人会在某个时候染上该病；许多人会失明，而所有的幸存者都会因痘痕而一定程度上被毁容。痘痕不像同样可怕的疫斑那样发出后会消失，而会一直保留，终生给人带来巨大的痛苦。1796年6月，在怀疑此病是微生物作怪之前，一位乡村医生——爱德华·詹纳（Edward Jenner）提取了一位挤奶女工萨拉·尼尔姆斯（Sarah Nelmes）手上的牛痘脓疱里的物质，并故意用其感染一位未受过感染的男孩詹姆斯·菲普斯（James Phipps），后来这个男孩就没有患上天花。这次实验多半基于直觉和传闻（如今绝不会得到实验室安全或医学伦理委员会的支持！），但其成功是可复制的。种痘很快被推广开来，虽然在19世纪经历一些起伏波折，但总算是一项巨大的成功。20世纪前半叶，由于制备和操作牛痘病毒的方法有所改进，接种就更可靠了。在英国，由于1920～1950年推行的一项对少年几乎是强制性的预防接种计划，并结合让外国旅游者接受法定义务的常规辅助接种，天花得以被消灭。即便偶尔有病例意外出现，也往往是来自远东或非洲的旅游者（他们在抵达时体内已潜伏了病毒），不过至少有一次（于1973年）是从研究室中扩散出来的！该病已知的传播方式是身体接触传染，但也可通过一种未经接触的未知方式传播。天花是一种传染性疾病，其扩散方式随机而不确定。世界卫生组织在20世纪中叶启动了一项旨在消灭天花的全球免疫接种计划。到1980年5月，世界卫生组织自豪地宣告了这一计划的成功：天花的自然传播不复存在了。出于进一步研究的目的，这种天花病毒先在很少数实验室中保存，直到20世纪90年代早期，这世界上最后遗存的标本只在两个专门的实验室（一个在美国亚特兰大，另一个在俄罗斯西伯利亚）里经严格的安全措施保存，世界卫生组织对此表示满意。以下是由大多数微生物学家提议，并经世界卫生组织的执行委员会做出的严肃决定：务必在1996年销毁这最后的标本。然而，并非所有病毒学家都同意这个决定；一些学者坚持认为，对活病毒的进一步研究能为几种病毒性疾患的研究提供新的重

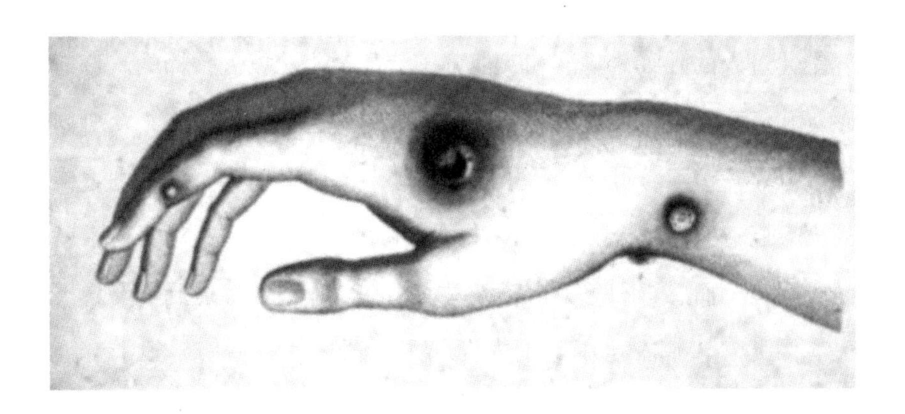

●萨拉·尼尔姆斯（Sarah Nelmes）手的版画，示出爱德华·詹纳（Edward Jenner）1976年给詹姆斯·菲普斯（James Phipps）接种用的牛痘脓疱。本图源自1798年詹纳的报告。［蒙巴克斯比（Baxby）博士特许］

要信息。因此，世界卫生组织把原决定的执行期推迟到了1999年6月30日。人们希望新的决定能顺利执行，因为既已放弃了常规的预防接种，人类现在就成了容易被疾病命中的目标。即便有最严格的安全措施，也不能完全排除由于人类的疏忽或自然灾害而引起病原逃逸的危险。令人遗憾的是，世界卫生组织于1999年又再度把销毁样品的时间延迟到了2002年。

预防接种已根除了天花这一自然灾害。世界卫生组织的下一个目标是脊髓灰质炎，有望通过相应的全球免疫计划到2000年将其消灭[①]。资料表明，我们已经取得了良好的进展：该组织于1996年宣告，美洲已消灭了脊髓灰质炎，该洲最后一个病例出现于1991年的秘鲁。在别处，局部战争给此病的根除带来了困难，但在我撰写本书时，世界卫生组织并未放弃千禧年的目标。脊髓灰质炎与天花性质类似，夏末与秋季是该病的高发期，至少在北半球气候温和的国家是这样，而且当一群人或一家人均暴露于感染之下时，往往只有一个人被传染致病。它的传染途径尚不明了，但似乎是病毒在空气中通过人的呼吸、唾液和其他分泌液的干飞沫四处传播的。普通感冒和流感无疑是通过上述方式传播的，并且传染性很强，众所周知，只要一个流着鼻涕的孩子对准大家“阿嚏”一声，那些围着他的大人们就会一个个病倒。20世纪40年代早期，英国战时工业本就处于困境，而感冒和呼吸道感染又使之在工作时间上遭到了严重损失。因此，人们在全国范围内发起了一项运动，栅墙、报纸、列车、诊室甚至学校的布告牌上都登出了这一口号：“咳嗽和喷嚏传播

① 此项计划已于2000年完成。脊髓灰质炎，即小儿麻痹症，是继天花之后第二种被人类消灭的病毒病。——译校者

疾病——手帕上带有病菌！”这是一项明智之举（尽管一些童心未泯的抄写员情不自禁地把“手帕（handkerchiefs）”一词改成了与其谐音的杜撰干酪名“handkercheeses”），因为一张手帕通过挡住飞沫能够在一定程度上起到保护他人的作用，然而，如果一个感冒的人在手绢里留下了鼻涕，那么鼻涕在干燥后很长一段时间里仍有传染力，并能使这个人再次患感冒。不仅如此，就连与感冒患者握手也是有风险的。许多家庭都有这样的经历：在一个糟糕的冬季，从11月至次年4月，全家人一个接一个地患着似乎同样的感冒。对家庭之外的亲友来说，他们简直就是一群流着鼻涕的红鼻头危险分子。然而，当索尔兹伯里的感冒研究部门（已于1993年关闭）试图在实验室条件下重现这一传播过程时，他们发现这相当困难。难道一个家庭真的在整个冬天重复患一种感冒吗？又或许是他们对正在流行的各式感冒异乎寻常地敏感？情绪会影响一个人患感冒的概率吗（我常常这样想）？所有这些问题的答案貌似都是肯定的，但负责任地说，我们其实还不了解真相。所以当下我们要做的就是，当一个人得了感冒后，他应改用纸巾并在用后烧掉它们，而不是丢弃进垃圾桶、废纸篓里。

许多细菌性疾病和大多数病毒性疾病是有传染性的。咳嗽和喷嚏产生的液滴中的黏液蛋白可以保护微生物免受干燥的损伤，大多数喉部的葡萄球菌感染就是这样传播的。另一个重要的传染途径就是通过肠道传染，了解这一点后，大家就会明白，为什么在现代相对卫生的年代，我们仍要遵守社会和家庭的许多行为准则。

发达国家的大多数人会在咳嗽时捂住嘴，或在打喷嚏时用手绢盖住，他们这样做是防止咳嗽和喷嚏形成的气溶胶将病菌传染给他人。明白便后必须洗手的人相对少些，但也不在少数。手纸是可以渗透细菌的，而粪便其实就是一团细菌和病毒，且其中大多数都是潜在致病的。尽管如此，几乎没有人意识到，当我们冲马桶时，粪便和水飞溅而出的情形和打喷嚏时是一样的。任何一个厕所的墙壁、天花板、门把手以及坐桶的四周和下方都能分离得到粪便中的梭状芽孢杆菌和链球菌。英式抽水马桶肯定会产生这样的感染性气溶胶，而在美国，那种依靠旋转水流而不是冲击水流的旋涡式马桶，则不易在室内造成粪便中微生物的扩散，因而更受欢迎。此外，许多家庭和公共厕所将马桶与洗手盆分置两个房间，这样做虽便于两个人同时使用这两种设施，但也使得如厕者不得不用脏手来操作冲刷设备及开门。美国人和北欧人普遍认同将上述两种设施同置一室，而这种观念在英国却很难推广。一次偶然的机会，我在瑞典见到了一种设计巧妙、独一无二的卫生纸：它的双层纸卷的其中一层与英式传统的光洁不透水型卫生纸相同（尽管这一层毫不起作用），另一层是越来越畅销的柔软高吸水型纸（这一层将吸满细菌）；二者恰当地结合使之成为最卫生的纸材。

既然已经开启了这个虽令人不悦却十分重要的话题，就让我再来考察一下男士的公共小便池的情况。尿液在正常情况下是无菌液体，除非来自那些尿路及肾脏感染者。新鲜尿液毫无细菌。伟大的医疗实践及外科基础卫生学创始人——利斯特（Lord Lister）就曾在他研究空气细菌传播的重要实验中使用了新鲜的尿液作为现成的无菌液体培养基。然而，小便池远非无菌：事实上其中长满细菌，尤其是那些能在尿液中生长并分解尿素释放氨的细菌。常见的那类小便池的设计形状会使细菌回溅到使用者的裤腿及鞋子上，从而使各种有害和无害菌四处传播。从卫生的角度看，杯状小便池能减少液体飞溅，将会更受欢迎。

每一个向西或向北旅行过的人都会说英国人不怎么讲卫生。然而，那些向东或向南旅行的人则会得出相反的结论。英国人有不卫生的坏名声，他们在公共场所乱扔东西且弄脏公共设施。尽管如此，就世界卫生标准而言，英国人已经达到了很高的水准。其他国家的人则显然是靠强壮的体格来抵御污秽的——偶尔沾上点粪便沫就真的那么要紧吗？难道我们不能建立自身免疫力来抵抗那些可能使我们患病的感染吗？我们当然可以对这类事情大发议论。适当接触感染源对获得免疫力确实是必不可少的，但想想看，那些比我们卫生条件差的国家仍然有伤寒、痢疾、霍乱等流行病，而还算可以的卫生水准则使我们免受这些苦痛的折磨。但是，随着跨国旅游的自由发展，这类流行病也随之更加容易地回流到曾经将其消灭了的国家。看来，至少在20世纪，要消除粪便微生物引起的交叉感染是不太可能了，但是，英国人要是希望不受肠道传染病的困扰，就必须有意识地设计并正确使用方便设施。

事实上，我们总在吃进和喝进微生物，有时量很大（发酵食品和饮料），但更多时候是少量或者微量摄入，这是正常的食物和饮料不小心被污染所致。从口而入的微生物立即进入消化道，大多数被唾液中的溶菌酶和胃酸杀死并消化掉；当食品被严重污染时，有一部分微生物可以存活下来，如果它们是有害的，那么我们就会病倒。伤寒、霍乱和痢疾的流行都是因为饮用水沾染了粪便中的微生物，纵观历史，这3种疾病在对城市及人口密集区都对人们的生命构成了致命威胁。随着19世纪公共健康和卫生的进步，情况有所好转。英国在1866年经历了它的最后一次霍乱流行，其他欧洲国家在19世纪和20世纪之交仍有严重的霍乱爆发，而一些热带及亚热带国家则在20世纪仍未根除该病。上述3种流行病虽呈下降趋势，但当战争爆发、灾害降临时，它们还会死灰复燃。1991年初，秘鲁暴发霍乱，尽管疫情被很快发现，但由于未能采取措施对饮水设施进行消毒处理，疫情最终恶化并殃及邻国。虽然应用抗生素和抗脱水治疗等现代手段可以降低霍乱的死亡率，但是要想阻止大多数腹泻性疾患的发生，归根结底还需改善公共卫生。

经饮水传播的疾病在英国和大多数西方国家是罕见的。公共健康当局花费了很大的精力来监控水源的粪便污染情况，自来水公司也有专门的细菌控制实验室，以便随时就这类问题给予早期预警。尽管偶尔遇到棘手的情况，但是依靠过滤和氯气消毒，现代供水系统通常可以自如地应付污染问题。干旱发生时，某些特殊的蓝细菌会在水库少量的剩水中滋生，这些微生物能够轻易被过滤掉，但它们产生的令人作呕的毒素却不能。1988～1989年，牛津郡的水源被一种名为隐孢子虫的相当罕见的原虫污染了。该原虫在牛类中较为常见，也能引起人腹泻。它们对氯气处理有着异乎寻常的抵抗力（不过臭氧还是管用的），但能经煮沸杀灭，因此在彻底清除它们之前的几个月里，当地人不得不将水烧开饮用。1993年，美国密尔沃基市的水源也受到隐孢子虫的污染，致使40万人患病。虽然此病尚无特效药物治疗，但好在健康者染病后的腹泻仅持续两周左右；然而，患者在患病期间若不注意卫生，就会直接传染其他人。在牛津，感染可能源于泄入水源的农场废物。隐孢子虫有两个特点：一是它不容易在实验室培养基中生长而难于被发现，二是其中只有很少数会致病。所以，相当多的人在病原确定前都无法摆脱困境。近年来，应用抗血清技术，隐孢子虫的检测就要容易些了。

食物传播疾病的发生频率为饮水所致者的6～7倍，不过，由于较完备的现代食品配送手段，它们的发生频率总体来说还是很低的。我想，在因食物而引起的疾病中，最广为人知的要算沙门氏菌病了，这是一类与伤寒相关但病情较轻的肠道感染的统称。一般来说，家畜是很多致病菌的携带者，但臭名昭著的沙门氏菌则栖身于家禽。加热即可迅速杀灭该菌，而沙门氏菌病之所以发生，最常见的原因是鸡肉没加工熟，或死鸡处理不当而污染了其他食物。在我的童年记忆中，大人是不准我们吃鸭蛋的，他们总吓唬说："鸭蛋会让你得伤寒的。"尽管烤鸭蛋很受欢迎，但由于几例归咎于鸭蛋的腹泻，这样的警告便产生了。我从不理会这些，因为我爱吃鸭蛋。第二次世界大战期间，虽然进口的鸡蛋粉中时有沙门氏菌，但饥饿的人们不会因可能得一下不太厉害的副伤寒而放弃食用它们。1988年前后，一种新型沙门氏菌（肠炎沙门氏菌的一种）在用于烧烤的禽类中广泛传播并感染了它们的蛋，于是一度享有盛誉的英国鸡蛋从此无人问津。虽然一位部长由于对生蛋问题言论不慎而引发了1988～1989年的一度恐慌（这位部长后来因此辞职），但事实上，只要人们遵守常规——不吃陈蛋，不将蛋黄酱、奶油冻和蛋白泡沫等蛋制品在较热的条件下放置太久——那么因食用未煮熟的甚至生的鸡蛋而染上伤寒的可能性是很小的。

除了食物中的沙门氏菌外，其他细菌（如弯曲杆菌、利斯特氏菌、某些梭菌以及芽孢杆菌）连同病毒均可引起轻度及偶尔重度的恶心、腹泻或发烧。弯曲杆菌是在20世纪70年代中期被发现与腹泻有关的，如今已知，空肠弯曲杆菌与沙门氏菌一样，常引起肠道的轻度功能紊乱。弯曲杆菌的感染通常是暂时的，腹泻和恶心呕吐很少持续一周以上，大多数患者能完全恢复，但疾病若其经久不愈，则会使人丧失劳动能力。弯曲杆菌的天然来源不明，但常见于农家院周围，鸡的肠道内，而且似乎对鸡完全无害。在鸡舍和商店之间，鸡肉难免要受到肠道微生物的污染，因此，由于沙门氏菌和弯曲杆菌的侵染，生鸡肉常常是很具传染性的烹饪原料；烤鸡房及散养的家禽也是这样。幸运的是，这两类细菌都易于被消毒剂或加热杀灭。由此可见，烹饪时必须牢记以下两条基本原则：（1）鸡肉只有经过充分的烹煮，才是十分安全和卫生的食品；（2）如果你触摸过生鸡肉（或其他生肉），在做任何别的事情（特别是制作像沙拉这类生食品）前，请充分清洗你的双手、炊事手套、餐具和桌面。

近20多年来，市场经营的变化给微生物性食物中毒带来了新的问题。单核细胞增生利斯特氏菌可在低温下生长，它们在冷柜中出售的加热即食的成品食物中繁殖，从而带来了很大麻烦。利斯特氏菌在诸如奶酪、沙拉等食物中已存在多年，大多数人对它已有免疫力，或感染症状轻微以至于根本不足以引起注意。但是那些身体欠佳或免疫力低下的人会因此严重患病，所以，虽然利斯特氏菌现只被用于判断成品食物的货架寿命，但人们明智的做法仍是将那些需要重新加热的食物彻底加热后再食用。

顺便说一下，除了军团杆菌、螺旋杆菌、包柔氏螺旋体和某些其他细菌外，弯曲杆菌和利斯特氏菌，是仅在最近由于检测方法的改进才得以确立的新型致病菌；二者可能已经存在了几个世纪，与肠道不适的产生或误诊有关。

从饲养场到厨房的一个或多个环节卫生状况不佳，是发达国家食物引起疾病的主要原因。某些国家比其他国家问题更严重：在瑞典，进口控制与严格的屠宰政策显然保证了该国数量较少的家禽群远离了沙门氏菌。但是，问题不仅仅在于卫生方面，还在于一些其他的因素，像公众对食品添加剂日益增长的担忧；有的人要求食品工业大幅度减少抗微生物防腐剂的使用量。自然，人们常对此掉以轻心；他们只是让备餐工人们去注意职工厕所里“便后洗手”的告示。这方面的内容已太多涉及食品技术的机理，我不拟在此做进一步讨论。

就英国而言，近几十年来，随着时间的推移，英国平民的厨房确实有所改变。洗碗机、微波炉、冰箱、低温冷柜等厨具已经很普及；合成洗净剂代替了肥皂；桌面由木制变为塑料涂层。但当代厨房的卫生问题却与我们祖辈的没多大差别（人们以前用开水浇烫奶罐和器皿；木桌和滴干板则先以黄色太阳牌肥皂涂抹，然后进行擦洗），当今的许多预防措施也依然很一般。有裂纹的杯子的缝隙中会藏匿口腔病原体；受感染的伤指能把病原性葡萄球菌传到食品上而引起食物中毒；旧时家中常用的擦碗布给新洗的杯盘带来的细菌比洗净剂除掉的还要多。所幸的是，擦碗布上的细菌大多不致病。不过，近几十年来，有一个危险在明显增大，在此有必要强调。各种各样的方便食品（冷藏的，冰冻的，半成品的，以特殊气体、真空或各种添加剂保存的）现已如此普及，因此人们必须时刻记住，接触过未熟肉类就不要再去摸那些食品。为什么？因为不仅是家禽，各种未熟肉类都常常受到微生物的污染，不论这些肉类系鲜品还是来自冷冻库的化冻物。这些微生物过半是细菌且大多无害，在食品加工过程中，在饲养场、屠宰场、分发中心和商店，它们不可避免地沾染到鲜肉上。好在这些微生物在鲜肉表面繁殖缓慢，经烹煮后即被杀灭。但是，一旦微生物到了熟食（特别是熟肉）上，它们就会开心地增多起来。一片冷羊肉、少许馅饼、一些温热的煎蛋或诸如此类的食品，都是微生物喜爱的栖息地。不幸的是，存在于鲜肉上的各种细菌中，常有人类的病原体：沙门氏菌、弯曲杆菌或我在前文中谈及的大肠杆菌的一些不良品系。对所有的鲜肉（像每种禽品），不论其外观多么干净和卫生，明智之举是将它们视为已受令人厌恶的微生物污染，并进行烹煮。之前我曾做过的劝告，有必要再次强调如下：触摸过生肉后，请勿进食、饮水、吸烟或舐你的手指；在做别的事以前，请用手或戴着炊事手套对已接触过生肉的所有用具、桌面、器皿，进行清洗或开水浇烫。请别忘了，鲜肉包装物的内面也受了污染！

上述这些措施似乎有些过头了；你或许会争辩说，人们世世代代吃马马虎虎处理的肉，不照样长得很健壮吗？的确如此；多数人是这样的。但是当前的问题在于，集中饲养技术的采用，批量包装、分发和处理，加之方便食品的普及，虽然总体上舒适了我们的日常生活，却也为食源性疾病的扩散增添了便利。其实我们只要在厨房里稍加注意，就大大有助于免疫系统彻底抵御这些疾病。

食物和饮水所引起的感染，一旦发生就难以对付，有时甚至十分严重，而令人可悲的是，这类疾病还在增多。不过，乐观一点看，如我前文所述，我们这个人满为患的社会的食物分配系统之复杂性十分惊人，考虑到这一点，这类疾病的发生已经不算太多了。

以皮肤病为代表的某些疾病是具有传染性的，它们通过患者的病变部位与健康人易感部位相接触而传染。金钱癣和常见的足癣就是这类病，它们是由统称为小孢子菌的多种真菌引起的。在诸多传染病中，给社会带来最大麻烦的恐怕要属性病了，它感染生殖器官并通过性交传播。由奈瑟氏菌属的脆弱球菌引起的淋病，就是一种令人痛苦不堪的性病。它虽然可用化学药物轻易治愈，但在临近"二战"结束的某些战役中，自我给药治疗的过多实行导致耐药菌的产生，要不是抵抗耐药菌的新药物被及时研制了出来，这种病险些造成非常严峻的后果。另一种由梅毒密螺旋体引起的性病——梅毒则严重得多。因为该病不易发现，一旦病情恶化，最终将使人的肉体、神经乃至精神彻底崩溃。我在前面叙述过梅毒是怎样在18世纪从欧洲传至南海岛屿的。很长时间内，梅毒的活动范围仅限于部分地区，使那里的社会发展缓慢，也给那些满怀热情地投入这片性自由土地的旅游者们设下了一个危险的陷阱。性病本可以早发现、早治愈，但限于西方社会的性习俗与性禁忌，该病成为公共卫生的一大难题。在西方，那些可能染上了性病的人往往并不在意性病的早期症状，也不坚持治疗，而且不负责任地将疾病传播出去。因此，那些流民和流浪汉聚居地或码头边成了性病坚守的阵地，令社会工作者、医生和卫生部门的官员们束手无策。不仅如此，在过去的几十年里，成年人开始对西方社会的宗教、社会和性准则产生怀疑，这与20世纪20～30年代人们对政治的不信任类似。"新道德观"的一个直接后果就是明显的性自由，以及由此在成人中引发的性病流行。世界各地的不同社会阶层都有轻微的性病患者，而且有些性病日趋普遍，例如由衣原体引起的尿道炎及病毒性生殖器疱疹。至于"新道德观"应被废除还是大加提倡，这不是本书讨论的范围，我们只能希望，无论它带来什么样的进步，性卫生教育应当是其中的内容之一。

一般说来，传染病的传播是偶然发生的，但也有故意传染的情况。风疹对儿童而言是一种轻度感染，但一个怀孕早期的妇女若感染风疹则会造成胎儿畸形，所以那些有小女孩的家长们总是鼓励自己的孩子去和得风疹的孩子一起玩，期望他们早一些得这种病而获得免疫力。我也曾这样做过。我的女儿们在经历了几个月的患病痛苦后都顽强地恢复了健康。有些人对流行性腮腺炎采取了相同的态度，因为这种病在成年人身上的症状比儿童要厉害得多，虽然我没有鼓励孩子们去主动染上腮腺炎，但这种病却自己找上他们并最终传染了我。.

流行病在人间的有意传播未能幸免用于军事目的，可能成为一种战争武器。中世纪时，淋巴腺鼠疫在某些社区致9/10的人死亡，因而在敌军中散播相类似的瘟疫就可以有效地摧毁敌人的战斗力，并能保持工业及社会财富的相对完整性。有这样一个故事，讲述的是美国的早期探险者如何残暴地对付美洲印第安人。探险者们深知那些人对天花没有免疫力，于是将染有天花的毯子卖给了他们。生物战，严格地说应包含涂抹了生物毒（如植物的生物碱及蛇毒类）的刀剑或飞箭的使用，这些是古代及现代的原始部落都采用过的，但当今，生物战通常指的是病原微生物或微生物毒素的散布。用于生物战的微生物要有高毒力，作用迅速且致命，同时本国军队及本国人民能够获得免疫力。那么这些微生物有哪些呢？鼠疫杆菌（鼠疫耶尔森氏菌）曾被考虑过，它毒力强且具致死性；炭疽杆菌的孢子韧性强且作用持久，可以被装入炮弹或导弹中发射出去；各种致病性病毒不会受抗生素或药物影响；还有肉毒梭状芽孢杆菌之纯毒素，系已知毒性最强的物质之一。所选毒剂能够以气溶胶的形式在空气中传播，其感染范围大，还比经食物、水、昆虫或鼠类的传播更难排除，敌方有所察觉时往往为时已晚。这种武器价格便宜，技术要求不高：一个中等大小的实验室在基本实验条件下就能制造出来。不过，散播它所需的费用和技术则要另当别论了。

然而，生物武器存在一些附加的困难。即使某些军事机构财力雄厚，要准备足够的微生物制剂、保持微生物的活性和毒力、对全体国民预防免疫，并将这些微生物制剂以气溶胶形式沿正确路线散播出去，其中所存在的问题仍是巨大的。此类武器若风向改变则会像曲棍硬木飞镖那样被吹回，不及时使用又会失活失效，也难以按军事意图施行。另外（我还将简要谈及），大多数细菌在空气中会被阳光杀死，因此，有效的生物战只能在短暂的黑夜发挥作用。也许人们还会发现一些新的病原体，或通过基因操作改善现有的微生物，从而造出更可怕的、更难被察觉的武器，但是，要克服这些具体操作问题仍非易事。

在核武器大屠杀危机日渐逼近的时代，生物战反倒显得更仁慈一些。因为无论生物武器多么致命，迄今为止还没有一种疾病能够击倒所有的人，总有一些抵抗力强者幸免于难。核战争就不是这样了，从理论上说，它可以使地球在几十年里都无法恢复到适宜高等动物生存的环境。依我看，生物武器，以及死亡射线、中子弹、相弹等武器只适合出现在战争小说和科幻作品里，而非常规的战争中。

不过，恐怖主义则完全是另一回事了。作为滥杀无辜、引起社会恐慌从而实现政治敲诈的手段，生物武器已经成为一个真正的威胁。尽管1925年签订的国际公约禁止了这类武器的使用，但在过去的几十年间，仍有少数国家及一些国家的好战集团对其进行贮存，或许还有使用，至少在伊拉克是如此。人类愚蠢行为的源泉似乎永无枯竭之日，在资助有关生物武器的研究工作时，文明的政府只有以探寻补救措施为目的，或以监督和强制执行生物武器禁令为目的，才堪称明智。

前面刚提到，以气溶胶形式存在的微生物会被阳光杀死，这一事实引出了疾病的季节性问题。这个问题可以从多方面分析。首先，人的抵抗力取决于他的营养状况和身体的紧张程度（包括精神压力），有关这方面的研究结果并不能支持一个流行观点，即阴冷潮湿会增加人患病的可能性，而可能性更大的是，潮湿环境似乎有助于延长空气中微生物的寿命，而缺少光照也有同样的效果。因此，在冬天，空气潮湿而且日照变短，人们就会接触到比夏天多得多的细菌，从而更容易得病。尽管孢子在阳光下死得较慢，但绝大多数存在于干燥颗粒中的致病菌都会很快在常温下被光线杀死。光线中起杀菌作用的是太阳辐射的紫外线，而手术室、制药车间和微生物实验室等地也都采用紫外灯来杀灭室内细菌。散射的部分光线也包含杀菌的有效波长，只不过其中绝大部分不能穿透玻璃。能够抵抗光照的细菌当然也有存在的，它们含有大量的胡萝卜素，这种物质在植物中起保护叶片中稳定性较差的叶绿素不受光照伤害的作用。幸而这些抗紫外线的细菌通常是不致病的。已知的致病微生物绝大多数不形成孢子，因此即使是在冬天，沐浴阳光的户外也是相当安全的。晴天时的雪地紫外线辐射很强，空气是最干净的，这也解释了为什么某些地方极其严寒但阳光灿烂的冬天比英国典型的阴湿冬季更不易引发呼吸道感染。

干燥也会加速空气中微生物的死亡，尽管它们在干燥条件下能够活一会儿，但其死亡速度远远大于潮湿环境。在人群密集的地区，影响感染传播的一个有趣的因素是放电。伦敦地铁在冬季本应是各种疾病的一个温床，因为每天两次都有上百万人拥挤其中，然而事实并非如此，各条线路中的空气几乎都是无菌的。原因似乎是，火车放电产生的臭氧和氧化氮均是很好的空气消毒剂。1908年，地铁的中央线路专门安装了臭氧发生器，但这些装置逐渐遭废弃并于1956年全部被撤掉。杰出的化学微生物学家伍兹（D. D. Woods）教授曾叙述过他的经历。他在早年参加工作时曾惊讶地发现，自己位于伦敦一家医院的实验室本该有各种孢子和微生物随时飘入，但事实是，这间实验室即使开着窗户也完全无菌，原因就在于他的窗户靠近伦敦地铁的主要通风口。都市生活的方方面面似乎都增加了患病的危险，然而塞翁失马又焉知非福呢！如今，地铁中的臭氧浓度与外面空气无甚区别，保护乘客的也许是氮的氧化物。让我们设想一下，若这个大都市的地铁系统不再用电而是选择其他能源，这个支气管炎频发的岛国也许就会出现呼吸系统疾病的空前大流行，多么不可思议啊！

到此为止，我已经讨论过了致病微生物的来源、致病原因、传播途径以及人体的天然防御作用。这一章，我已经花费了太多笔墨叙述人体对致病微生物的抵抗，也许是时候提一下那些广泛存在于人群中的无害微生物了。例如，我们的皮肤上住着一群微生物，其中有名为假单胞菌的短杆状细菌、本章前面提及的无害白色葡萄球菌以及各种通常不惹麻烦的酵母菌，它们随时通过皮肤接触在人群中活跃地交换位置。但是，这些舒适地存活于我们体表的菌种也会变得令人生厌。瓶形酵母菌通常十分温和，但若在头皮上长得过多就会刺激皮肤产生头皮屑。多汗的地方更容易滋生微生物，如腋窝或脚趾缝，这些地方特有的馊汗味，就源于微生物对汗液的作用；汗液含抗微生物成分，能抑制它们，但并不完全管用。除臭剂实际上并不能直接除臭，而是其中的抗菌剂抑制了那些产味微生物的生长，从而发挥了除臭作用。

正常人的鼻腔和喉咙里有一种微球菌，通过血清学检验可以将其分为不同的类型。这些微球菌揭示了一个事实：一个人身上特有的微生物类型在数年内是不变的。当一个人在早期获得了一种微球菌后，人体就会以一种神秘的方式排斥其他人身上的微球菌。人的口腔有一菌丛，含有牛奶中的乳杆菌（第五章）和一些面目狰狞却显然完全无害的口腔钩端螺旋体。这些菌丛上养育着一种名为齿龈内变形虫的原生动物，它的作用是维持微生物的正常数量。正常牙齿和牙龈上长有一薄层，名为牙菌斑，由包藏于某种胶质中的微生物组成，人们可以通过刷牙将其清除掉。牙菌斑是经某些细菌（主要是链球菌）作用，由食物中的碳水化合物形成的。糖类是这些细菌喜爱的食物，因而促进了牙菌斑的生成；牙医相当反对人们进食甜点和含糖饮料，理由就在于此。

在显微镜下，从健康口腔牙面揩下的标本显示出的景象令外行震惊，但对于那些了解这类呈杆状、短线状、点状及偶见瓶塞钻状的忙碌微观成员的人来说，这景象则是非常迷人的。但情况不全是这样。龋齿是牙齿腐坏的一种常见形式，是由于某种名为突变体链球菌的口腔细菌产生的酸侵蚀牙釉质而造成的。突变体链球菌在健康牙上难得见到，但在龋蚀处周围却很多。然而，大多数别的口腔细菌也产酸却不一定引起龋齿，故龋齿的产生原因绝非如此简单，可能主要是由于宿主无法对付正常菌群，而非出现新致病菌之故。氟化物的缺乏（尤其是在幼年），会使人的牙齿抵抗细菌产生的酸的能力下降。氟化物主要是从饮水中摄取的，现在人们已经弄清，英国的大多数水源中氟化物含量均不足。然而，某些地方的一小撮时髦人士却反对在饮用水中添加氟化物——这可能会导致下一代人牙齿的毁坏。

●牙齿表面的细菌。从这张放大800倍的牙齿表面的电镜照片可以看到，牙齿上附着了数不清的杆状细菌，这些细菌也许是无害的，但它们聚在一起覆盖牙齿表面的许多地方，形成牙菌斑而加速牙齿的腐坏。（由科学照片图书馆提供）

我将在第五章叙述肠道中正常存在的细菌对营养摄取的重要性，这也许是与我们共处的微生物最大价值之体现。本章前面也曾讲到，肠道中还有数不清的无害病毒。尿道是无菌的，但女性的阴道分泌物中通常含有无害的微球菌。婴儿臀部的尿布疹不是尿本身刺激皮肤所致，而是由于细菌在残留尿液中生长并产氨，而氨对皮肤有强烈刺激性从而引起皮疹。我们实际上与一大群自己独有的微生物生活在一起，只要我们遵守卫生习惯，它们是不会对我们不利的。

本书讲述的是微生物和我们人类的关系，但这种关系是错综复杂的。我们的生存归根结底依赖于与我们共享这个生物圈的动物和植物，而微生物与动植物的相互作用则以各种方式影响着我们的社会，农业和环境领域尤为明显。这种相互作用之宏大，使我无法像前文对待人类那样来概括动植物的微生物病害或其与微生物的联系。我只能说，有一条原则是相同的，即各种微生物对动植物的生物学和生态学影响与其对人类的作用并无二致。针对动物和人的致病菌则多是细菌，而对植物而言，真菌是常见的致病菌。这是因为真菌的孢子随风和气流随意散播，故植物的保护会出现不同于人和动物保健的问题。烧荒是年复一年消灭谷物真菌感染的最佳方法，却给粮食耕种区带来严重的环境污染，散发出难闻的气味和烟雾，同时烧死了许多与植物生活在一起的完全无害的各种生物。风并不是传播植物疾病的唯一方式，刺吸式口器的和树生的昆虫也经常是真菌和病毒的携带者。最惨的例子要属榆树枯萎病，它在过去的30年里几乎毁掉了我们所有的榆树而使得英国乡村不得不改头换面。微生物自身也会得病，致病的是第二章中提到的蛭弧菌——一种寄生并杀死自己兄长们的小细菌；或者是噬菌体——一种侵染细

●榆树枯萎病的严重后果。一株成年的榆树被一种烈性真菌杀死了。这种真菌由一种在树皮上钻洞的甲虫传播。砍断的病树枝杈要烧掉，否则在很长的时间内还会有传染性。（蒙森林委员会特许）

菌的病毒。

在短暂地讲述了我们的动植物伙伴同样跟微生物有千丝万缕的联系后，我要转到化学治疗这个主题上，论述一下如何协助自然免疫机制来抵抗微生物的侵染。

相信某些物质可以治病的信念由来已久。尽管这种信念纯属人们的臆想，但草药提取物、磨碎的贝壳以及酒精对发烧和瘟热病有疗效这一观点，已经在民间传统医学中根深蒂固，并一直延续至今日。在17～18世纪的烹调书中，除美味佳肴的烹饪方法外，各种可能治病的菜谱也十分常见。许多年以前，我就在一本17世纪的烹调书中遇到过一个令人不快的例子。书中建议用长时间浸泡活蜗牛的水来治疗结核病。某些民间疗法无疑是有用的，但直至19世纪末，这些疗法几乎没有任何理论依据。当疾病的细菌学说被普遍接受而结构有机化学又以不可思议的速度迅猛发展时，化学疗法出现了，以科学的方法用某种化合物控制疾病的时代到来了。德国人保罗·埃里希（Paul Ehrlich）堪称化学治疗之父，他在1910年惊人地发现了洒尔佛散，也称埃里希606，一种治疗梅毒的特效药。在此以前，梅毒的唯一疗法就是给患者服用水银的衍生物，这种治疗方法危险性极大而且不一定奏效。若病人活过来了，那么螺旋体就很可能被杀死了，治疗也就成功了。治疗锥虫病（嗜睡病，由原生动物引起）的方法与上类似，只不过用的是砷化物。埃里希本来打算配制一种含砷的有机物，使之既能有效杀死锥虫，又对人体毒害较小。洒尔佛散是他研究中的第606个化合物，虽然对锥虫病并不那么管用，却对梅毒极其有效。

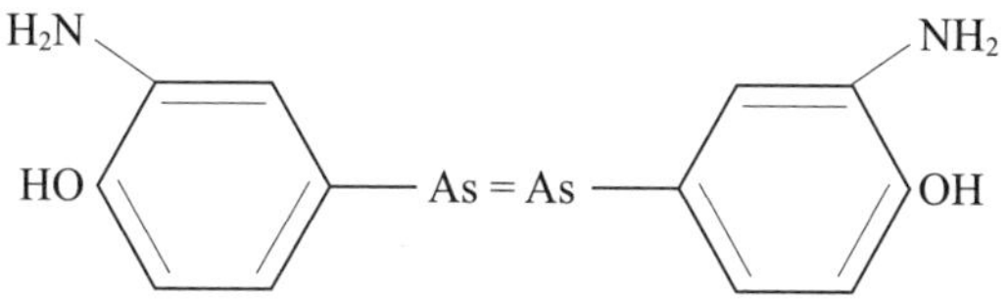

洒尔佛散

埃里希注意到，为了在显微镜下便于观察，细菌学家会给细菌染色，而用于染色的染料能够被细菌大量吸收。如果可以把这些染料改造得具有毒性，那不就能用来治疗人的细菌性疾病吗？于是，一种至今仍被用来处理浅层及表皮伤口的黄色染料——吖啶黄被埃里希选中了。它虽然是很强的杀菌剂，但毒性太大不宜内服。其他染料（像亚甲蓝等）也被证明有部分杀菌作用（它们仍偶尔被使用），但同样毒性相当大。1935年，多马克（Domagk）因研制了第一个高效抗菌的化学治疗药物百浪多息，而使这个研究领域有了惊人的进步。这种药物的精妙之处在于，它虽具有染料的化学结构，却不显色。多马克和他的同事们认识到，这种药物的化学治疗特性取决于它能不能被微生物大量吸收，而不是显不显颜色。当发现百浪多息在肝脏中被降解为虽不是染料但抗菌活性依旧的对氨基苯磺酰胺之后，人们对化学药物才有了真正的认识。这一发现像打开了泄洪的闸门，导致了一大批有效的抗菌药物的涌现。这些药物被统称为磺胺药。它们在化学实验室中被科学家们“量体裁衣”以满足其滞留于胃肠道或被吸收入血液的不同需要；它们往往比最初的百浪多息更有效，而且其中许多药物的毒性都小于原来的制剂。

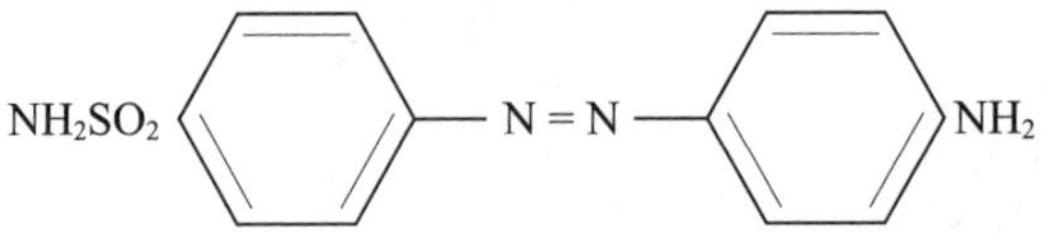

NH_2SO_2 — N = N — NH_2

百浪多息

磺胺药的确是化学治疗工作者的一大胜利。今天，几乎无人再提及1935～1937年磺胺药的重要贡献；作为20世纪英国主要杀手的肺炎一下子变得微不足道起来；曾经时常在妇产医院流行的由酿脓链球菌引发的全身性感染产褥热，其发病率和死亡率也都大大降低了。

然而科学家们仍有一些小疑问。这种与染料毫不沾边的药物怎么会有如此奇妙的效果呢？20世纪40年代，在保罗·法尔兹（Paul Fildes）爵士实验室工作的伍兹找到了答案。

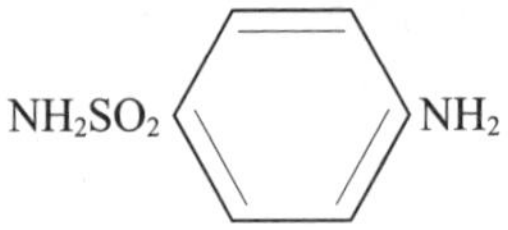

NH_2SO_2 NH_2

对氨基苯磺酰胺

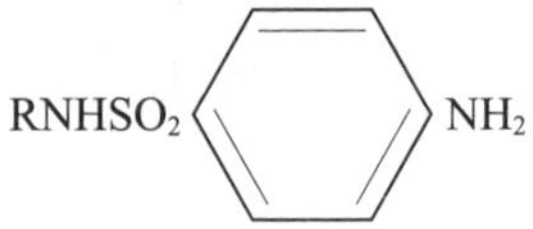

$RNHSO_2$ NH_2

磺胺类

一个十分出人意料的答案。伍兹在血清等物质中发现了一种能使细菌抵制磺胺药的物质，并最终分离得到了它。这是一种简单的化合物，名为对氨基苯甲酸（p-AB）：

HOOC NH_2

对氨基苯甲酸（p-AB）

p-AB作用的奇特之处在于，当只有少量磺胺药时，少量p-AB便足以抵消其对细菌的作用；而当磺胺药量多时，p-AB的需要量也大。就微生物而言，在磺胺药和p-AB之间似乎存在着一种竞争效应。伍兹还注意到，p-AB的结构与磺胺药的结构非常相似。因此，他提出了这样的推论：假定所有细菌的生长都需要p-AB，而对细菌而言，磺胺药很像p-AB，因此它们试图用磺胺药来代替p-AB，结果就不能生长了。由这个理论可以得到这样两个结论：第一，磺胺药并不杀死细菌，而仅仅是阻止其生长；第二，科学家们早晚会发现某些微生物，它们不能制造p-AB而需额外从外界获取。在第二种情况下，p-AB对某些微生物来说就是一种维生素。

以上两个推论都被证明是完全正确的。磺胺药并不杀死细菌，而是使患者体内的细菌停止生长，从而为身体的防御系统争取了时间来对付它们。如今，已知几种微生物是需要p-AB作为维生素的。p-AB作为维生素这一发现极大地推动了微生物化学和普通生物化学的发展，并影响到生物合成化学领域。从医学角度，它为化学疗法提供了新的可行途径。一旦我们了解了微生物所需的维生素和生长因子，就可以在实验室合成与它们类似的化合物（化学术语称结构类似物），并期待这些化合物能够抑制微生物的生长从而成为有效的治疗药物。

上述理论在大多数方面都得到了充分证实。20世纪40～50年代初期成为深入研究微生物营养的时期，科学家们发现、提取维生素和类维生素，继而制备出它们的结构类似物，然后进行试管检验，并屡次证明了它们能够以类似磺胺药的竞争抑制方式来阻止微生物的生长。然而，我们却不得不记录下这样的事实，那就是这样制造出的药物无一具备实际治疗价值：有的药对人的毒副作用太大；有的会被肾脏彻底清除；有的因组织和血液中维生素含量太高而抵消了它们的作用；有的则不为感染的微生物所需要。依据这一理性思路设计出的为数不多的成功药物之一，反而是完全违背上述设计理论的。这种药物是从研究许多微生物都需要的维生素B_2之类似物入手的。帝国化学工业实验室的研究人员通过各种不同的方式改造类似物，最终发明了一种针对疟疾的特效药物——白乐君。不过，由于对这种药物的改变太大，它与维生素B_2已完全没有竞争作用了。

化学治疗的另一重大进展是以完全不同的方式展现的。这项工作真正开始于20世纪30年代初期。大多数人对青霉素的故事耳熟能详：故事从弗莱明（Fleming）观察到一种寄生霉菌开始，这种霉菌在培养微球菌的平板上生长，能够溶解微球菌的菌落；于是弗莱明意识到青霉素的存在并尝试分离这种活性物质，后来却因失败而放弃；再后来，一名在牛津工作的流亡学者钱恩（Chain）接手研究这个问题并成功地提取出这种物质；经证实，这种物质的活性高得惊人，超过了迄今为止已知的任何一种药物，人们在牛津用搅乳机将其制备了出来；然而由于“二战”，这项药物的开发工作转移至美国，以致战后英国人都要为使用这项技术而付专利费；“二战”后，青霉素得到广泛应用，却从此出现了青霉素抗性菌株及过敏病人。以上这些故事在政治、人性、既定利益乃至粗心大意等话题上的延伸，就不属于本书的讨论范围了。青霉素是由霉菌产生的一类物质——抗生素的其中一种。它们有很强的抗细菌作用，而这一特性对自然界霉菌的生活是很重要的，因为霉菌往往会和细菌争夺同类营养成分。

青霉素的发现、研制以及成功引发了制药业的热情研究，研发人员筛选了成千上万的霉菌、放线菌，乃至细菌和藻类，以期找到抗微生物活性的物质。过去的40年间，上百种抗生素被用于医学治疗。我将在第六章对此进行详细阐述，而基于本章的目的，我想提醒大家注意，抗生素与磺胺药类似，不杀死细菌而只抑制其生长。当然，它们的作用方式各不相同，某些抗生素干扰微生物的遗传结构，而青霉素则是阻止细菌细胞壁的正常合成。

我还要就曾在第二章所提到过的微生物抗药性多说两句。当药物剂量小时，微生物可以调节自身，以适应磺胺和抗生素这类物质，于是不受药物影响的突变体会自发产生（见第六章）。因此，有一点在用药时十分重要，那就是首次给药应该是患者能接受的最大剂量，并且在治疗中也应维持高水平药量。微生物还有另一种获得抗药性的方式，即经基因转移从另一天然具有抗性的生物体获得。这第二种方式将涉及质粒这一遗传因子的生物学问题，我会在第六章中详细论述。现在要讲的是，通过基因转移，微生物有时可以同时获得对多种抗菌药物的抗药性。当患者旧病复发或经过化学药物治疗后感染了另一种疾病时，为防止侵染的微生物对早先用过的药物已经产生抗性，应当对患者使用一种完全不同的药物来治疗，而且要尽可能地确定，微生物不会通过基因转移从对第一种药物的抗性中获得对新药物的抗性。由于微生物对所有药物均有抗性的概率远远小于对其中一种有抗性的概率，因此医生们现在试图采用“鸡尾酒”式的混合物来进行治疗。我在前面提到过，第二次世界大战中因考虑不周而使用磺胺药来治疗淋病所带来的灾难性后果。这就是为什么要凭医生处方才能拿到磺胺药和抗生素。不幸的是，某些国家没有这项规定，从而导致某些产生抗药性的病菌四处作乱。现实中遇到的青霉素抗性菌与实验室中的不同，它们似乎能破坏青霉素。最近这些年里，对破坏青霉素的酶——青霉素酶不敏感的半合成青霉素已进入工业化生产。这些新产品对天然抗性菌株是有效的，抗性问题至此终于得到了缓解。然而，微生物对疟疾药物的抗性又成了一个严重的问题。"二战"以来，传统治疟药物奎宁已被两种合成药——氯奎和氨达奎所取代。这两种药兼有治疗和预防作用，在采用后20年中获得很大的成功。但是20世纪60年代中期，相距甚远的不同地方（如巴西、哥伦比亚、马来西亚、柬埔寨和越南）均报道了对这些药物及其类似物具有抗药性的疟疾的发生。其基本原因可能是治疗中用药不慎。如今，在许多地区，传统抗疟药奎宁又变得必不可少了，因为它很少引起抗药性。如今，抗药性已经成为化学治疗研究关注的焦点之一。

不管怎样，在20世纪中叶，化学疗法至少在细菌和原虫感染的治疗方面向前迈了一大步。回顾其发展，就好像在看一部错误百出的喜剧。埃里希因关注锥虫病而在长达两年内忽视了洒尔佛散的重要性，是他的同事哈塔（Hata）意识到此药对梅毒的作用；作为染料而研制成的磺胺药也是歪打正着；结构类似物理论虽然完全正确，却是在反其道而行时发挥了作用；而最好的抗生素——青霉素反而是最先被发现的。然而，这些阴差阳错成就了人类历史上成果最丰硕的一部喜剧，化学疗法不仅使医学、生物化学和化学领域取得了惊人的进步，而且使得细菌和原虫疾病得到了很大程度的控制。只要诊断准确且医疗条件得当，结核、肺炎、伤寒、鼠疫、炭疽、霍乱等疾病都可被治愈，甚至连最令人无望的麻风病也能得到控制（世界卫生组织有一个疾病“打击清单”，旨在将这些疾病像天花那样从地球上消灭，而麻风病在其中名列前茅），只不过用的是化学疗法而不是疫苗。

化学疗法和免疫疗法，加上各方面卫生条件的改善（请记住，要对付微生物需预先对其行为有一个基本的了解），给疾病的社会模式带来了戏剧性的变化。20世纪初期，主要的疾病杀手是细菌性的，如肺炎、结核病和腹泻；而如今，它们则是心脏病、癌症和中风。不过，虽然细菌性疾病不再是人间灾难，但我们也没有理由太乐观。

结核病的现代史向我们敲起了警钟。人们早已了解到，曾引起人类微生物灾难的细菌（结核分枝杆菌）之致病效应是有选择性的。当20世纪前半叶“结核病”还在流行时，结核分枝杆菌常被发现于完全健康者的呼吸道中。这些人属于带菌者，他们的自身免疫系统能完全控制住所受的感染。1994年，人们发现连月使用抗菌性链霉素能治愈结核病，这使医疗状况大为改观；其后10年左右，增强疗效和缩短疗程的辅助药物也被研制出来，到了20世纪60年代中期，结核病已成为罕见且不特别严重的疾患。由于与结核病患者接触的机会更少，带菌者的数量也降了下来；绵延了几个世纪的“白色瘟疫”终于渐渐销声匿迹。但是，新的问题又来了。由于治疗费用不菲，在一些贫困落后地区，比如非洲和亚洲的旧城区和边远地区，结核病人依然不少。而且，由于惯常采用的药物“鸡尾酒”疗法历时一年之久才能根除疾病，而患者一年中大部分时间感觉良好，于是他们就打算放弃治疗（特别是那些来自贫困地区的、为谋生忙碌的或有药物滥用背景的病人）。过早停用抗生素治疗无疑会引起耐抗生素病原体的产生；近10年来就曾有过抗药物鸡尾酒的结核分枝杆菌品系出现的报道。人类免疫缺陷病毒（HIV）对免疫系统的损害加上结核分枝杆菌的感染，曾带来灾难性的后果：带菌者因免疫功能丧失而发病，于是感染蔓延，然后制造了新的感染源。到了20世纪80年代，抗药性和人类免疫缺陷病毒引起了世界范围内（特别是非洲）结核病例的激增浪潮，但像纽约和爱丁堡这类城市显然不在此列。1993年，世界卫生组织宣告此病为“全球性紧急事件”——这显然是忽略了一个事实，即人们早已从科学上对该病了如指掌，只要应对得当便能将其治愈。

结核病面临的困境同样困扰着其他完全可控制的疾病：有免疫缺陷的患者及具抗药性的病原体数量均在增加。这些关系重大的问题往往是社会问题，而非医学难题：人们需要的是一些基础设施，包括交通、卫生、充分的教育、令人满意的食物和饮水，自然还有适当的医疗救助。然而在世界上某些地区，特别是那些受种族和宗教冲突所累之处，由于对化学治疗的干扰、中断和疏忽，这些设施仍十分贫乏。

1996年，全球因霍乱、伤寒和痢疾等腹泻疾患而死亡的人数约为310万，其中大多数来自发展中国家，而结核病致死人数与此相当，仅次于肺炎（病毒或细菌性的，导致约440万人丧命）。让我来列一个较完善的重大全球性疾病的目录。据世界卫生组织报道，1996年，全世界由于微生感染而死亡的总人数为1700万，其中由原生动物疾患疟疾引起者为210万，在其他650万主要由病毒致死的人中，患乙型肝炎的约100万，居于首位。在全球，艾滋病后来居上，迅速加入了主要杀手的行列，而人类免疫缺陷病毒阳性患者免疫功能的损伤，会使他们所患的结核病和各种肺炎等疾病经久不愈而令患者终生受罪。

贫穷、战争、掠夺及人类免疫缺陷病毒都多多少少促进了某些细菌性疾病的回升，但最令人头疼的依然是病毒性疾病。磺胺类和抗生素类药物通过干扰微生物的增殖而发挥作用：它们阻止细菌细胞的生长和分裂。在感染过程中，入侵的微生物迅速分裂，而受害者的细胞即使处于生长状态也相对慢得多。因此，当药物作用于微生物和宿主时，只有微生物的生长会受到严重影响，而宿主则会恢复。然而，病毒的生活方式与其他微生物大相径庭。病毒在进入宿主细胞后使其新陈代谢紊乱，引起细胞对自身机制的控制失调，从而使代谢系统制造错误的产物。细胞最终无法得到修复，却生产出很多病毒。换句话说，基因结构控制细胞的功能，这意味着基因的精密化学组成编码了细胞的生命过程。基因是由名为核酸的物质组成的，大多数病毒也是如此。病毒感染通过操纵细胞产生更多的病毒，因此化学治疗很难对付病毒性疾病，因为任何有效的药物同样也会伤害健康的细胞。但希望并未破灭，核酸类似物已被用于疱疹和各型亚洲流感的治疗，而且显示出了效果，不仅如此，治疗艾滋病的类似药物也有望得到发明。当然，在抵御病毒侵袭时，我们主要还得依靠自身的天然防御系统，尤其是干扰素和免疫力；即便这个防御系统会随英国湿冷的冬季而变得郁郁沉沉。

第四章

插曲：如何进行微生物操作

Chapter 4

Microbes and Man

我想该谈一谈前面谈到过的知识是怎么得来的了。在同类题材的书籍中，作者常常只告诉读者科学进展的结果，勾画当代知识的全景，却对得到这些进展和知识的方法只字不提。你可能会说，这不正好：普通的读者要听的就是这些，反正科学家的话都是权威的，书中所载的每一件事也都是以设计周密而可靠的实验为依据的。

真是这样就好了！科学的麻烦之处就在于它的变化无常。虽然偶尔会有重大而显著的进展，但研究和应用的实验通常是重复而单调的，得到的结果又常常是否定或无用的。科学家想要的结果往往需要经历漫长的时日才能出现。科学发现没有百分之百可信的，应用方面的观察结果多数有90%以上的可信度。今天，我们生活的社会有赖于高度发达的技术，所以十分重要的是，作为普通人也要以批判的眼光去看待科学研究的结果，或至少以批判的眼光看待新闻工作者、科学家或科学管理人员所提出的主张。科学知识的更新能快到什么程度呢？我打个比方，如果这本书在出版之前没有任何信息被证伪，那将是十分令人吃惊的。既然如此，人们如何去判断哪些信息可靠，哪些不可靠呢？

答案是要对论题找到一种感觉，不论科学家还是普通人皆如此。这种说法似乎很不科学，但我不会为此表示歉意，因为这种说法并不像听起来那样不科学。如果人们对实验方法有一定的了解，就能够区分出哪些是严格精确的，而哪些是纯粹建议性的。这两方面科学家都会用到，所以某个论题所依据的实验知识自然而然地会给人们以某种直觉，即哪些看法是可靠的，哪些只能持保留意见，因为后者可能会在进一步的实验中被修改或推翻。

整个微生物学是建立在这样一种基本观念上的：即生命物质不会从非生命物质中无中生有。例如，一份经过彻底灭菌的肉汤，如果保持不受微生物污染，就绝不会变质。这种看法在19世纪后叶才被广泛接受。它的依据是一些很简单的实验：在一个设计巧妙的容器中装入灭过菌的肉汤，使之接触空气并保温，同时又不让空气中的微生物进入。20世纪60年代，在伦敦皇家研究所中还能见到约翰·丁德尔（John Tyndall）于19世纪后期配制的陈年肉汤。然而，正如我将在第十章中谈到的，生命很可能是在过去的某一时刻自发出现在这个星球上的，自然发生眼下没有出现并不意味着它从未出现过。所以这一基本观念仅仅意味着：在当今时代，生命无中生有的可能性微乎其微，因此出于科学研究的目的可以忽略不计。

灭过菌的物质在适当保护下将保持无菌状态，除非有人去感染它。这是微生物学的基本原理。微生物学家制备出灭菌肉汤（有时制成胶冻状），使微生物能够在其中生长，然后引入单一品种，以保持微生物的“纯一”（指没有其他微生物污染）。这些就叫作微生物培养物，微生物学家有时把小部分群体转移进大量的肉汤或胶冻中以保种和繁育。这种肉汤的成分多种多样，从只含有少量化合物的简单溶液，到含有肉汁和牛奶的制剂，再到含有血液、肉类和维生素添加物的十分复杂的制品，应有尽有。另有专门介绍制备方法的教科书，我就不在此赘述了，但我还是要讲一讲设计这类肉汤的一些至关紧要的基本原理。首先，我要介绍一个微生物学中常用的术语——培养基。培养基常被称作肉汤或胶冻，微生物可以在其内部或表面生长。为了生长，许多微生物需要某种溶液，其中需含有少量的铁、镁、磷、钠、钾、钙等元素，铵盐之类的氮源，以及某种碳水化合物（如糖类）。举个例子，种花时使用的营养均衡的混合化肥，加上少许糖类，就可制成适于多种细菌生长的培养基精品，如果用少许土壤去感染这种溶液并放置于温暖的场所，那么确定无疑，一群土壤细菌成员（主要是呈小杆状的假单胞菌属类）就会迅速地长出来。它们利用溶解氧去氧化糖类，所以培养基里储存的空气（不包括液面部分）会迅速被耗尽，以至于像梭菌属这类的厌氧细菌便开始在其深层生长起来。不久，培养基就会散发出一股可怕的恶臭，还有一个个气泡冒出来，这是厌氧菌分解糖类产生的二氧化碳。而其中的微生物群体将是一个形形色色的大杂烩，对于希望了解其中有机体类型的人说来并没有什么用处。

为了获得单一类型微生物的培养物，微生物学家采用了两种通用技术。第一种为富集培养，这要用到选择性培养基。例如，若想得到某些固氮细菌，则可选用没有铵盐的含糖培养基。在这种条件下，若以少量土壤感染，便只有那些能够利用大气氮的微生物得以生长，因此该培养物就会富含固氮细菌。自然，当它们开始生长时，部分被固定下来的氮就会为土壤接种物中的其他细菌所利用，而随着后者的生长，细菌群体将变得相当混杂。但至少在培养初期，培养物中是富含固氮细菌的。若想得到硫细菌，可在培养基中保留铵盐，并以硫取代糖；以硫酸铁代替糖则会助长铁细菌之生长。还可以采用不变更培养基组成而只改变酸度的办法，弱酸性含糖培养基有利于酵母菌和霉菌的生长，细菌却不然。或者通过隔绝空气的措施（简便方法是把液体培养基装满到瓶口并塞紧）来富集厌氧菌。然而，对于含糖培养基来说，这并不是一种很好的办法，因为培养梭菌时常因产气而崩掉瓶塞。在此类培养基中，少量的硫酸盐可使群体富含硫酸盐还原菌，硝酸盐可用于选择脱氮菌。高温处理则可选择出嗜热菌：在接种进培养基前加热土壤，结果是只有那些能形成抗热芽孢的微生物得以生长。

显然，富集培养有无限的可能性。读者可亲自设计培养基，以便充分利用酒精、消毒剂、橡胶、鞋革、塑料等物品来富集培养微生物。并非所有的培养基都可用于富集培养，自然界某些微生物就对简单的富集技术无动于衷。但一般说来，富集培养乃是科学家们寻求微生物纯培养的第一步。

然而，医学微生物学家不太采用富集培养方法。原因很简单，因为富集过程早已进行完毕。一位受感染的患者就是一份富集培养物，因此医学科学家可立即进行第二步工作，即从已经富集的微生物中把纯菌株分离出来。

一旦得到了富集的群体（也就是说，微生物培养物中大多数是人们所寻求的微生物），你该如何使群体纯化呢？最容易的办法就是使用一种胶冻状的培养基，把一细滴培养物涂布在上面，设法使微生物个体彼此充分分离。每个分离的微生物在胶冻状培养基中生长时，都将繁殖出一个同类微生物的群落，而这些彼此相隔离的菌落主要来自富集培养物中占优势的那些微生物。接下来的操作很简单，即从一个纯化了的菌落取一小块接种到新的培养基上，然后你就可以获得一个纯的微生物培养物了。

以上是平板培养法的原理。微生物学家通常使用叫作皮氏培养皿的带盖平皿。皿中的培养基含有一种名为琼脂的胶状海草提取物，它们使培养基凝固成一个平面，以便进行平板培养。培养厌氧菌则需采用装有凝固琼脂的培养基试管。其他方法也可以获得纯培养物，例如在显微镜下用微针挑取单个细胞。这些方法都有赖于从大群体中得到单个微生物，以便形成彼此充分分离的子孙群落。

平板培养要想取得成功，培养基的组成就必须适合微生物的需要，而且培养基、玻璃器皿和器械必须是无菌的。此外，操作中要尽量把空气中微生物的污染减至最小。微生物学家把这种技术叫作无菌技术。它要求工作环境不通风，培养基和玻璃器皿必须经过加压蒸煮或在烤箱中烘烤若干时间进行灭菌。不是所有的培养基都能耐受高压蒸汽处理，因为蒸煮可使其成分分解而不适于那些挑三拣四的微生物之生长。遇到这种情况，可以用孔径很细的滤器除去外源微生物，也可以采用γ-射线或紫外线进行辐射灭菌。微生物学家使用射线给塑料器皿灭菌，因为塑料虽然价廉且使用方便，却几乎不耐高温。温度在50℃以上即可杀死大部分微生物，那么高温烘烤

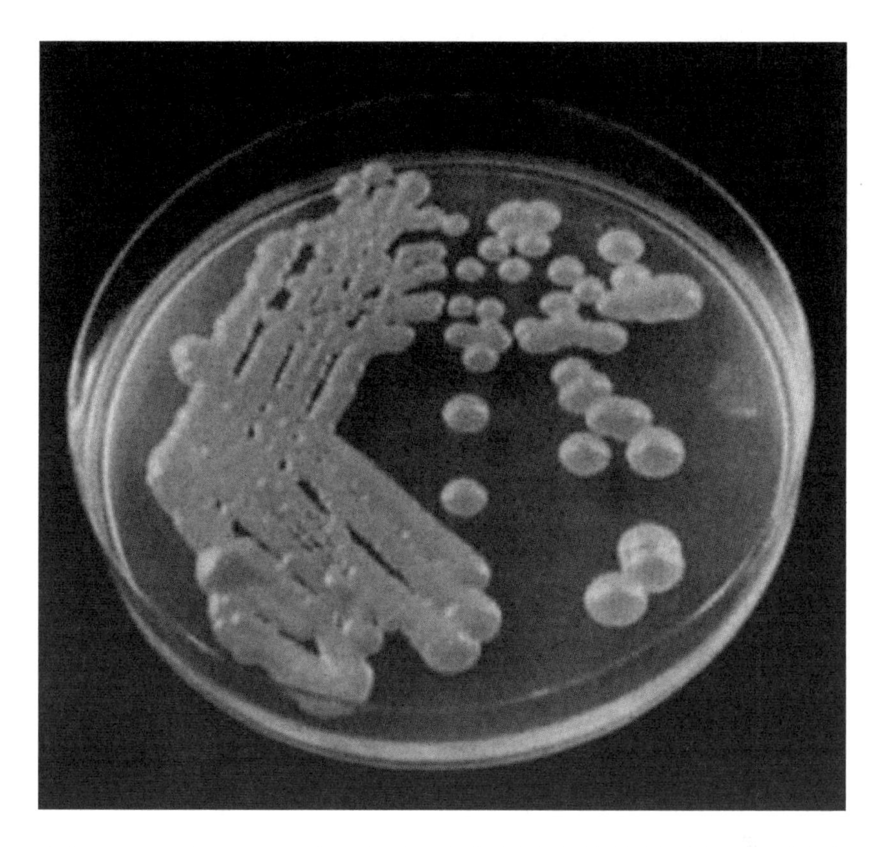

●实验室中的细菌菌落。用灭菌的器具把一小滴微生物的培养物涂布在合适的凝胶状表面。保温之后，出现互相分开的细菌群体数量较稀少的菌落。图中的细菌是从热带土壤中分离的胶德克斯氏菌（Derxia gummosa）。

或者在高于水沸点的热蒸汽中进行高压蒸煮的方法似乎小题大做了；但是我们必须这么做，因为某些微生物的芽孢具有很强的抗热能力，而有时空气里偏偏恰好就有最顽强的产芽孢细菌。

重要的是，我们不仅要明白样品材料中有什么微生物，而且要知道它们有多少。在培养皿或无气试管的凝胶状培养基上培养菌落，就可以实现这个目的：把一定量的样品材料（必要时可进行匀浆和稀释）分散在适当的培养基内部或表面并进行培养后，就可以对出现的微生物群落数进行计数了。这是微生物学的一项基本技术，精巧而繁复，但本书并非一本实用手册，恕不就此赘述了；上述操作的目的，在于通过菌落来查明微生物的种类和估计微生物的数量，操作的耗时取决于菌落的生长速度，大肠杆菌只需隔夜便可得到结果，换作是结核分枝杆菌则要耗时数周。微生物学信息的取得有时就是十分缓慢。

对于能够在实验室培养基中生长的大多数微生物来说，富集培养和单菌落分离就能得到纯培养物，但有些微生物就不那么容易驯服了。可引起麻风病的麻风分枝杆菌离开了活组织就再不能生长，而想得到原生动物的纯培养物只能靠喂饲它们所需的活菌。对于军团杆菌的研究曾经停顿了好几年，因为它在实验室中长不好，只有在较复杂的环境（比如发育着的鸡蛋卵黄囊）中才能生长。一种实验室培养基的出现结束了这一局面。尽管这种培养基结构复杂，但它的出现加速了研究的进展，还促成了另一项重大发现，即军团菌属对于红霉素和利福平等抗生素颇为敏感。在人工培养方面，更不好伺候的要数病毒了，它们只能在活组织中生长。从细菌和其他微生物将其分离出来并非难事：孔径适宜的滤器可以让病毒通过，而把较大的微生物阻留下来。但滤过之后，病毒需要活的宿主才能够繁殖。最常使用的宿主有组织培养物、童子鸡的蛋或细菌培养物；有时动物宿主也是必要的，至少在培养普通感冒病毒时，人类志愿者是最佳环境。分离这类纯系病毒的关键，在于把富集群体稀释到仅保留少量的感染单位，这样一来，由于当初群体已经富集，所以可认为这些少量的感染单位就代表了占优势的病毒类型。不过对于一些顽固的病毒来说，这类分离方法很难奏效，甚至有时不可能实现。事实上，微生物学家不得不接受这一可悲的现实，即相较于自然界中实际存在的病毒，实验室里能培养的实在少得可怜。如今，科学家能从各种生物中提取和检测遗传物质（特别是脱氧核糖核酸），并在脱氧核糖核酸中发现了一些化学结构，有的结构是其所在物种独有的，有的则是其所属纲目共有的。在后文涉及生物工程的两章里，我将更多地谈及这些结构的特性；这里我要告诉大家的是，通过比较结构特点，来自病毒或细菌的脱氧核糖核酸是易于同其他高等生物相区别的。借助这类方法，科学家在猪和人这类高等生物的基因组里发现了呈休止状态的病毒样结构，相应地，从含水沉积物或土壤这类富含细菌的自然环境中提取的脱氧核糖核酸告诉我们，自然界中存在着实验室里培养不出来的一些细菌，它们无法被归类于任何已知物种。

自然界似乎还有一大群微生物活跃在外，只是传统的微生物学研究和操作无法将其揭示出来。有时，从这些行踪不定的微生物对环境的作用中，我们可以了解到它们的作用。例如，1950年，当我还是一位比较年轻的研究者时，传统的富集和分离方法只能得到2～3种硫酸盐还原菌，但有迹象表明，某些特殊地点其实存在某些品系，只是它们常常狡猾地避开了检测。后来探寻这类细菌的新培养基和新方法被开发出来，于是直到1955年，50多个品种进一步得到识别。微生物有时就是爱玩捉迷藏；与此同时，微生物学家能否确定，实验室中培养的微生物与自然界中存在者，两者的行为在多大程度上相一致呢？答案是他们不能确定。一位卓越的荷兰微生物学家——已故的克鲁维（Kluyver）教授向来认为，所有的细菌培养物均是实验室的人工产物，为了适应实验室的生长条件，这些微生物的特性已经起了变化。他的看法十分正确。微生物具有惊人的适应性，而微生物学家必须牢记，不要把他们实验室中微生物材料的表现误认为是其在自然环境中的表现。一个简单的例子就是引起伤寒的细菌——伤寒沙门氏菌。新近从伤寒患者处将其分离时，科学家常常需要在培养基中提供色氨酸等氨基酸以促使其生长。但这种细菌在实验室中很快就能改变自身特性，轻而易举地学会自己制造色氨酸；只有当用该菌株去感染实验动物并再度将其分离时，它才会恢复从外界获得色氨酸的特性。

由于微生物能够致病，此类问题在医学微生物学尤为重要。患者身上的微生物真的能致病吗？这点在某些疾患中没多大疑问，比如从本该无菌的血液中发现的细菌显然可以看作败血症的病原。但是，例如在口腔疾患中，由于这个部位原已存在种类繁多的微生物，以至于除非有十分不寻常的类型出现，否则人们难于确定哪种微生物才是罪魁祸首。究竟哪种微生物与龋齿的发生有关？其实人们一直没能就这个问题达成共识。最早期的细菌学家之一——柏林的罗伯特·科赫（Robert Koch）博士提出了一套科赫法则，具备如下条件的微生物可以被看作病原：（1）发病的当时当地数量异常，（2）能够从患者体内分离出来，（3）接种给健康者时能引发疾病。这些条件显然难于付诸实践，不过若不坚持它们，科学家就会茫然失措。普通感冒（现在知道它是一种病毒感染）引起分泌物增多，而后者又促进了多种细菌（有些无害，有些具有刺激性）的生长。20世纪初期，科学家曾认为这些细菌是各种伤风的病因，还提供了多种抗菌制剂用于医治。现在真相已经水落石出，这些伤风乃是由原发性病毒感染诱生的继发性细菌感染。肠道紊乱引起的肠内微生物的明显改变，常常是疾病的结果而不是原因。科赫氏假设适用于整个微生物学界，而绝不限于医学领域：在第七章中我将讨论石料的腐蚀问题，由于硫细菌的参与，这种现象肯定能够发生，但又常与该种细菌没有直接联系。遗憾的是，科赫氏假设时常被人们遗忘，甚至连最该采用这种假设的人们也是如此。

在获得微生物的纯培养物之后，人们要做的第一件事通常就是进行观察。微生物究竟是杆状的、球形的、螺旋形的，还是像个逗点？它们会游泳吗？它们呈链状排列还是堆成葡萄状？它们有鞭毛吗？它们产生孢子吗？它们的内部结构带核还是呈颗粒状？进行培养试验时，它们能够在牛奶、肉汤、简单的糖盐混合物中生长吗？它们产气还是产酸？它们在胶状培养基上的群落是什么样子的？1884年，克里斯琴·革兰（Christian Gram）设计了一项重要的细菌检验法，用来检验经过杀死、染色和碘处理的细菌机体是否能在用酒精或丙酮冲洗后保留染料的颜色。这项试验叫革兰氏染色，它可以把细菌分为两大类，在细菌学中意义非凡。由于某种至今未明的巧合，此两类细菌分别对应着其他几种重要的性质，例如能够保留染料的革兰氏阳性细菌对青霉素和磺胺类药物特别敏感，并具有一些其他共同的生理学特征。通过观察外部形态、培养物的状况和染色反应，并借助于指导读本，微生物学家对微生物的特性不难有所了解，如果想进一步钻研，他们会使用更多的检验方法（包括使用抗血清）沿这些线索穷追到底，并对微生物进行彻底的鉴别。但是，我必须再次强调前面提到过的一些不确定因素：对于那些常见的重要微生物（如沙门氏菌等），精细的鉴别是有可能的，但对于那些栖息于土壤中的无数种类的细菌，我们恐怕只能做出颇为笼统的分类了。

有时，某种微生物能做些有用的事，比如制造抗生素、维生素或其他化合物，为此，科学家可能希望大量繁殖它们。以生产规模大量培养微生物的行为，叫作发酵。这其实是一个错误的叫法，因为严格地说，发酵指的是在缺乏空气的环境中由微生物生长所引起的物质转化，经典的例子是酵母菌使糖转化为酒精的发酵作用。但是，不管通空气与否，当今的工业微生物学家把任何大规模的培养过程都叫作发酵。原则上说，所有发酵都是规模放大了的实验室培养过程，但说来容易做起来甚难。因为这项工程十分庞杂，要把大批的培养物装进发酵罐中并进行灭菌操作，还要培养、收获和提取产物，以至于名曰生物化学工程的一整套技术应运而生。仅仅就给几千加仑微生物培养液中供应空气这点来说，其工艺之复杂就出乎人们意料，在这样的大规模生产中，工程师们的给氧措施很难跟上微生物的耗氧速度。抗生素制品的开发使工业微生物学变得热门，进而使生物化学工程成为一门独立的学科。我在这里不打算多讲，只想谈谈当今生化工程师普遍接受的一个重要概念：连续培养。

现在，假设你是一位为面包工业生产酵母菌的实业家。按照传统的方法，你必须保存酵母的原始培养物，用它繁殖出大量的种子培养物，还要为你的发酵罐准备成千上万加仑的培养基，灭菌、接种，等其生长之后再进行收获。然后，你还必须把发酵罐清洗干净以便再次进行生产。是不是很麻烦？如果培养物能连续不断地生长出来该有多好啊！要做到这点，我们就得依靠连续培养：给发酵罐设计一根输液管道，通过它泵进灭菌的液体培养基，而进液的速度应该略慢于使微生物实现最快生长的速度。待一切准备就绪，培养物就可以连续不断地流入收集容器，进而连续不断地被采集。可以这样说：微生物的生长和培养基的供给速度相等。这种工艺的优越性是能够对生产程序进行自动控制，使工厂昼夜不停地工作，而且比起传统工艺来更不易受到污染。但是发酵工业的经营者们已经对一批批发酵罐大量投资，因而不愿废弃那些一直能够使用的昂贵设备。这个颇为现实的原因使连续培养装置迟迟无法投入使用。

连续培养在科学研究上也有巨大的价值。既然微生物的生长速度与补料速度相等，那么我们就可以选择让哪种营养素充当微生物繁殖的限制因素。当采用简单的由糖和无机盐配成的培养基来培养细菌时，通过降低糖浓度而保持足量的无机盐，细菌就有望把供给的糖分用尽。于是，通过培养基中所提供的糖的浓度，我们就可以推测出培养物中细菌的浓度。按微生物学家的术语说，糖是细菌生长的限制因子。如果我们使用足量的糖并限制氨的供应来培养同样的细菌，那么就可得到受氨限制的有机体。微生物学家已经发现，这些细菌在几个方面有所区别。它们富含碳水化合物且生命力强，不会轻易死亡。它们的酶系统和化学组成均有所改变。通过采用不同的营养限制措施，微生物的生物化学状况可以发生显著变化。这使微生物学家得以对其研究材料的生理状况进行实验控制，这一生物学上的独特方法一直推动着基础理论研究的进步。

连续培养的事实依据在于：微生物需要某些养分来进行繁殖，而通过对这些养分的调节可以达到控制微生物生长的目的。许多微生物需要十分复杂的养料，例如氨基酸或维生素等。对分析化学家来说，要分析食品或其他材料中是否含有这类化合物有时是相当困难的。但是微生物学家已经利用微生物来进行这类分析了。例如，倘若人们有一种含维生素的材料并希望了解它的含量如何，一种最不复杂的方法就是将少量样品加入需要维生素B_{12}的微生物的培养物中，然后观察微生物的生长状况如何。这种方法叫作微生物检测法，是测量某些维生素含量的唯一办法。微生物检测法的问世与一个意外发现有关，即污泥是获得维生素B_{12}的最丰富来源之一，而原生动物对维生素B_{12}的检测又特别有用。20世纪40年代，大多数氨基酸靠微生物来进行检测，但今天，随着化学分析方法的不断进步，氨基酸的微生物学测定法已被淘汰。

像一切生物一样，微生物也会死亡。因此，为了保持微生物菌株的活性，你需要一代接一代地培养它们。如果你保存有一大群微生物，这样的工作显然令人不胜其烦。然而，有两种保存微生物的方法可以免去反复的培养操作，那就是深低温冷冻或冷冻干燥。这两种操作都要用相当特殊的方式来进行。如果处理得当，微生物将进入假死状态而可望长期储存。例如，为了对活的细菌培养物进行深低温冷冻，你需要把微生物机体悬浮在较浓（20%～50%）的甘油溶液或其他许多非极性的化合物溶液中。当这样的悬浮液被冷冻时，几乎所有的细菌均能继续存活，要是换作普通培养基，多数细菌则会死亡。如果把微生物保存在极低的温度中（-70℃，或者最好到-200℃），它们的寿命也会延长。在这方面，它们十分类似于组织和血液的细胞，后者被冷冻于甘油中入库存储，以备外科手术或输血之用，而几乎所有活的微生物都能接受这种储存方式。只有原生动物是个例外，也许是由于其内部结构更为复杂，所以难以耐受此类储存过程。

蛋白质（如蛋清或血清）也能抵御冷冻的损伤，糖类亦不例外。把细菌悬浮在血清和葡萄糖的混合物中，那么我们不仅可以进行无损伤冷冻，还能对其做干燥处理。冷冻混合物中的冰必须在高真空条件下进行升华。而这种名为冷冻干燥的方法用处很大，因为一旦干燥之后，培养物就无须冷藏。英国食品工业和海洋细菌菌种保藏中心（NCIMB）等培养物保藏机构用的就是此种方法。若要从它们那里订购某一细菌培养物，你会得到一个小的安瓿，其中含有一小片休眠微生物的血清-糖类干燥混合物，一旦把它们移到适宜的无菌液体培养基里，微生物就会复活，并且繁殖起来。

微生物冷冻干燥法被广泛接受只有约50年的历史[①]，据了解，即使是冷冻干燥，有些种类的微生物过几年后也会死绝，但有些在1950年冷冻干燥的微生物至今还一直活着。

微生物学家、实业家以及研究人员都希望他们的微生物保持活力，但在日常生活的许多场合，期望却是相反的——人们想知道怎样杀灭微生物。本章自始至终贯穿着灭菌问题。那么我们究竟该如何给某些东西灭菌呢？我曾谈到加压蒸煮和烘烤，还提及了过滤和射线辐照，但这些方法都很有局限性。在普通卫生学中，消毒是一个非同小可的问题，但操作起来常常效率低下，所以我将在此做一概述。为求其完整性，我将重述几种已经提及的处理过程。

加压蒸煮　在医院和实验室中，器械、培养基和受过感染的材料均在充满蒸汽的大压力锅（高压灭菌器）中进行灭菌，每件物品要在120℃的高温下蒸煮至少15分钟，这样的温度和时间已经足够杀灭最耐热的孢子。但我们必须记住，即便是在加压蒸汽中，成堆的毯子或大瓶的液体内部，仍然需要延长处理时间才能达到蒸汽的温度。

① 本书最后一次修订于2000年，距今实为70年。——译校者

蒸汽灭菌　所有没有形成芽孢的微生物营养体通通可以被杀死。因此，用蒸汽处理过某种材料后，我们应该为那些没有被杀死的芽孢提供机会，让它们萌发成营养体，然后再用蒸汽灭菌一次。但是如果芽孢不萌发就不好办了。这种方法适合那些经不起高压高温处理的材料，通常要用蒸汽处理3次。这种方法又叫作间歇灭菌法。

煮沸　在水中煮沸是给器具灭菌的一个简便方法。外科和牙科器具灭菌通常采用这种方法，这也是家庭中最适用的应急方法。

巴斯德灭菌法　牛奶和某些其他食品在用蒸汽处理之后会变味。如果短时间加热到70℃左右，则微生物的营养体都可以被杀死，只有芽孢会存活。经过这样处理的牛奶虽然不是完全无菌的，但能比不处理的牛奶保存时间更长。啤酒、牛奶和奶酪常用这种方法灭菌。

超高温灭菌　经煮沸或巴斯德灭菌法处理后，牛奶的味道依然会改变，这个缺点被超高温处理巧妙地克服了。把牛奶或奶油加热到沸点以上，维持大约4秒钟后迅速冷却，就可以杀灭所有细菌。由于加热时间非常短，所以牛奶等食品的质量难以觉察到有什么变化。经过这样处理的牛奶被装进充分灭菌的容器中后，可以在几个月内保持原汁原味。

紫外线辐照　在第三章我谈到过日光对空气微生物的致死效应。最有效的射线波长是在260纳米左右的短波紫外区域。用紫外光灯照射就可使透明的样品灭菌。对手术室、瓶装植物和制药厂的空气，都可以采用这种方式灭菌。应当注意的是，紫外线会明显伤害皮肤，尤其是眼睛。

γ-射线辐照　γ-射线辐照可以杀死任何生物，微生物也不例外，不过有的细菌对射线有高度抵抗性，如耐辐射微球菌的微球菌。这种灭菌方法可以用于那些不透明且不耐热的物品（如电子元件），也可以用于实验室用品（如培养皿）。宇宙飞船的部件也可以用这种方法处理，从而消除星际空间的微生物污染。用γ-射线辐照处理新鲜蔬菜等食品能够延长它们的货架寿命。这种方法处理食品的效果极好，几乎不影响食品的风味。可悲的是，有人用这种技术去处理不合格的甚至变质的食品。

过滤　孔径极细的滤器可滤除微生物而使液体无菌。但除了制备注射用的血清外，实验室外很少用到这种方法。

化学灭菌法　用酚（石炭酸）及其多种衍生物等消毒剂灭菌。这些消毒剂其实就是毒药，只不过对微生物的致死作用比对人或动物更强罢了。

人们可以根据场合选用不同的灭菌方法，具体案例我在每种方法中都介绍过了。100年前，微生物学家在处理微生物时是相当随便的，难怪现在的微生物学界流传着一个笑话：19世纪那些伟大的微生物学家的胡须，是微生物不为人知的安乐窝。当时，和微生物打交道是相当危险的，微生物学家受研究对象感染（时有死亡）的事故并不少见，病原微生物从实验室中逃逸的情况也曾发生。这种事故现在已经比较少了，因为针对微生物的安全问题，一套合理的技术规范已经建立起来。

让我们来想想，一个运转良好的手术室需要多少技术。手术室的首要任务是保护患者不受病原菌的侵害。病原菌在医院中必然有很多，空气中、墙壁和天花板上、器械上、医务人员的体表和体内都有可能带菌。因此，送进手术室的空气要经过过滤，还要设置好通风装置，使室内的气压稍高于室外，以免带有灰尘和微生物的室外空气经过门缝被吸进室内。墙壁、天花板和其他设施均要用化学消毒剂擦拭，除去前次使用时留下的微生物，还要用紫外光灯消灭任何漏网的或人为活动带进来的微生物。手术室工作人员要穿上经过高压蒸汽灭菌的衣服、口罩和发套，以防他们身上携带的微生物向周围散播，他们还要带上经过γ-射线辐照灭菌的塑胶手套，以及使用蒸汽处理过的器械。患者要穿经过高压蒸汽灭菌的衣服，手术部位的皮肤要用化学消毒剂擦拭，以杀灭在该部位皮肤上栖息的微生物。手术结束后，用过的物资和废弃的物品要灭菌或焚毁，手术室要进行消毒以便接待下一位患者。

无菌技术对医院工作的各方面都极其重要。抗生素时代的一个麻烦是，由于抗生素的效果相当好，以至于医务工作者连“日常”感染都要靠它来对付。这令医学微生物学家们有些担心，因为现在在医院的日常工作中，微生物学的标准已经不像以前那样严格了，医院内部感染比实际应该发生得更加频繁，而且这些感染时常是由耐受抗生素的菌种引发的；在第九章中我还要谈到这个问题。抗二甲氧基苯青霉素（或多种抗生素）的金黄色葡萄球菌（MRSA）就是特别难对付的致病菌。它是普通金黄色葡萄球菌的一个特殊品系，后者起源于20世纪70年代的澳大利亚，曾扰乱过包括英国在内的世界上许多地区的医院。这些菌株所获得的抗药性不仅针对经过化学修饰的另派用场的青霉素——二甲氧基苯青霉素，还指向半打与青霉素无关的抗生素。这类葡萄球菌对健康人危害不大，但能在有创伤或免疫力减弱的患者身上引起很严重的（有时甚至致命的）毒血性感染。它在每次外科手术（即使是小手术）中都要造成创伤。因此，一旦在医院中发现了MRSA，工作人员常要将病房封闭并行彻底消毒。直到1997年，一道新的防御线终于出现了：这种细菌对名叫万古霉素的抗生素敏感。但可悲的是，同年5月，日本便报道了一种对万古霉素也有抗性的细菌亚系。正如广泛预见的那样（甚至本书的上一版也提到过），这类细菌的出现只是时间早晚的事，若未阻止其传播，后果将不堪设想。

对病原体进行操作的微生物学研究工作者的想法却有些不同。他们关心的是自身保护，以及如何防止他们所研究的微生物逃离实验室。手术室中应当遵循的许多注意事项在实验室中也同样适用，不过有一点是截然不同的，那就是实验室的空气压力应当比室外低。在用危害性极大的病原菌做实验时，防护用具、全身防护服、消毒剂淋浴等措施是不可少的。

幸运的是，大多数微生物是无害的。研究工作者关心的，是如何保护自己的培养物免受空气和呼吸带来的"陌生小家伙"的污染。预防措施是必需的，但不必过于苛刻。现在，大多数国家的卫生安全部门都为各类微生物学研究制定了详细的注意条款（称为生物安全防护等级）。

自然，把这类条款搬到家里就成了啰唆的纸上空谈。但是灭菌措施有时还是必要的，而化学消毒剂是最适宜的。氯是一种很好的消毒剂。如前文所述，家庭用水就是用它消毒的。即使施用的浓度不足以使饮用水完全灭菌，也可以使微生物基本得到抑制。在游泳池中，氯被用来在拥挤的人群中防止交叉感染；为了防止感染在成人和哺乳婴儿间传播，人们也要用到氯。但整个处理过程一定要得当。我曾见到这样一位母亲，她用一种消毒剂认真地为奶瓶和奶嘴消毒，用巴斯德法给牛奶灭菌，但在最后，她用手或嘴唇触碰奶嘴，想试试温度是否合适。这样一来，她就把皮肤或口腔的微生物接种到了她的宝宝身上。请大家务必记住，可以滴下一滴牛奶来试温度，切勿接触奶嘴。

石炭酸（酚）是良好的通用杀菌剂，用它擦拭天花板和墙壁一般是没什么问题的，但它的腐蚀性很强，应避免接触皮肤和食品。多数人认为，它们并不能除臭，这是因为它们本身就具有强烈的臭味。但它们是可以的，杀灭了相应的细菌，腐败气味自然就不再产生了。普通肥皂和去污剂只有微弱的消毒作用，要想对皮肤进行消毒，另有一类去污剂效果非常明显，即被称为第四代去污剂的阳离子去污剂。许多专用的洗涤膏就是用它们制成的。我在第三章已经说过，消毒粉是除臭膏和除臭粉的基本原料，它们可以杀灭使汗液发酵产生异味的微生物。

铜盐等某些简单的化合物也具有消毒作用，园艺中使用的波尔多液（即把硫酸铜加到石灰乳中配成的杀菌剂）就含有它们。它们的毒性相当强。

消毒剂需要经过一定时间才能发挥作用。所以说，把石炭酸倒进一个发臭的污水槽中然后立即洗掉的做法就欠妥；同样，给抽水马桶加氯后立刻冲走也在浪费金钱。因为消毒剂是有选择性的，难以立即生效。第四代去污剂似乎违反了上述规则，如果有需要，我们可以让它们立即发挥作用。不过，较为明智的做法仍然是，在使用某种消毒剂时，还是要合理地延长处理时间。此外，因为它们是以化学方式对活的微生物起作用，所以环境中若有许多其他的物质与消毒剂发生反应，则真正用于杀灭微生物的消毒剂剂量就会减少。要杀灭土壤中1000万个微生物所需的石炭酸量或许远大于杀灭水中同样数量的微生物。道理很简单，因为大量石炭酸会同土壤颗粒发生反应而失效，便无法消灭微生物了。回到家中，与清洁的婴儿奶瓶相比，积有牛奶皮的奶瓶就需要更多的米尔顿消毒液（Milton）来灭菌。因为氯同结壳的牛奶反应并不比同微生物作用更难。因此，每个诊所都坚持只用米尔顿处理洁净的奶瓶。

从作用原理上说，消毒剂是十分不同于抗生素和化学治疗药物的。消毒剂是一般的生物学毒物，它杀灭微生物的作用比杀灭高等生物更强。用微生物学家的术语来说，它们是杀微生物剂，类似于杀虫剂，而许多抗生素和药物其实根本不能杀死微生物，只不过抑制它们繁殖而已。虽然消毒剂是文明社会中保持日常卫生的重要必需品，但我们不能对它过于痴迷。如我曾经指出的，我们还是需要受到某些感染，以便对疾病产生抗性。从这个角度看，与一想到微生物就如临大敌的我们相比，那位用嘴唇接触奶嘴的母亲是不是更明智呢？回答是否定的。因为她那样做是出于无知，万一她患了齿龈炎呢？明智的人应当清楚自己正在做什么，以及为什么这么做。只有知道这些，才能得心应手地同微生物打交道；而无知地对待微生物，准会招灾惹祸。这些话是不是听着耳熟？没错，它们也同样适用于原子弹，请记住，即便比起政治家或家庭主妇，科学家对自己的专业已经了解甚多，但他们仍旧觉得自己其实非常无知。科学已经在20世纪书写了传奇，但是我们所掌握的知识只是拼图一角，还有无穷的奥秘等待我们去探索。

第五章

微生物与营养

Chapter 5

Microbes and Man

在啤酒、果酒、干酪等食品的生产中，微生物的作用恐怕已无人不知，而食品的变质是微生物所为，这一点更是家喻户晓。但是，在与人和动物的营养有关的整个领域中，微生物这两种作用还不算特别重要。本章的内容自然要涉及食品的制作；食品的变质问题我将留到第七章中讨论。我首先要谈及的话题与上述内容大相径庭，但它或许是营养中一个最重要的阶段，即食物的同化作用。

同化作用是个生物化学名词，是指生物体内紧跟消化作用之后的过程。食物一经摄入，消化作用就开始进行。口腔、胃和肠道中的各种酶类把食物分解成化合物的片段，以便机体能够将其吸收入血液，用来进行随后的生物化学反应。碳水化合物降解成糖，蛋白质降解为氨基酸，脂肪则一部分被降解，另一部分被乳化。食物中的某些成分（如木质素）不易为消化酶分解，微生物则乘虚而入。

羊和牛这样的反刍类哺乳动物有瘤胃（又叫第一胃），这类动物吃进去的唯一食物——牧草在其中无声无息地进行着发酵作用。瘤胃中有厌氧微生物（包括原生动物和细菌）的连续性培养物，这些微生物协同发酵牧草中的淀粉和纤维素，生成脂肪酸、甲烷和二氧化碳。瘤胃液中的微生物数量通常达每毫升10^{10}个，这些微生物非常活跃：一只普通的牛每天产生150～200公升气体，而一只喂饱的大型乳牛每天竟可产气达500公升，如同一座步行的气体工厂。这些气体通过嗳气从口中逸失，而不是从肛门排出。其中某些微生物在实验室中很难培养，因为它们对空气十分敏感。在气体产生过程中，瘤胃中的液体完全保持厌氧状态。培养物不断被动物唾液和吃进的牧草中的水分所稀释，这样，羊的瘤胃内容物每天要更新一次。瘤胃把主要由细菌、脂肪酸、气体和一些未能发酵的食物碎片构成的混合物排入肠中。动物几乎能完全同化脂肪酸和死亡微生物碎片；由于脂肪酸与碳水化合物作用相当，所以说，是微生物把维生素及氨基酸供给了动物以维持其生长。瘤胃中的硫酸盐还原菌能由随牧草摄入的硫酸盐产生硫化物，而羊显然能利用该硫化物以形成其部分蛋白质。

袋鼠、树懒和其他几种动物也用前肠发酵。依我看来，最令人称奇的动物之一是麝雉，一种大小适中的委内瑞拉鸟（麝雉亚目麝雉）。该鸟系素食者，它的嗉囊和食道一同起着瘤胃的作用，为特别善于使植物碱解毒的发酵微生物群提供活动场所。这样，鸟就能够广泛享用包括植物叶（对多数别的生物有毒）在内的食物。麝雉，羽毛奇特动人，十分漂亮，据说系野生生物中罕见的温顺者。不过它有个毛病，至少对人来说是个毛病：该鸟的反刍习性使它带有牛身上令人不快的气味，还为它博得了“臭牛鸟”或“臭雉”的别名。不过，我倒从未闻到过这种气味。

●在巢上的麝雉或臭牛鸟。（纽卡斯尔大学探险队，1992 年 / 世界鸟类生活）

麝雉具有瘤胃或解剖学所谓的前肠而呈现出微妙的优势：友好的微生物可以在那里面消灭使宿主中毒的物质。植物靠一些毒物（如生物碱、酚类物质和名为植物血凝素的蛋白质）保护它们自身免受大型食肉动物、寄生虫以及微生物病原体的侵害；公平地说，大部分植物对多数动物总有一定程度的毒性。比如豆科树银合欢，它对热带的林业和农业十分有用，因为它生长很快又是一种可再生燃料，而且其根里藏有与之共生的固氮细菌故无须另施氮肥。由于固氮细菌的作用，此树的树叶天然富含氮，凋落腐败后就是优质肥料。该树叶也理应是反刍动物的营养佳品，但在澳大利亚，经证实，它们对山羊有毒。显然，它们含有某种物质，在胃里转化成了一种称作二羟基吡啶的强烈毒物。不过，这种树叶对夏威山羊却不致命。据20世纪80年代后期的调查，夏威夷山羊瘤胃的菌群含有某些细菌，能破坏二羟基吡啶而使之无害。相关细菌很快在实验室中被分离和培养出来，而后它们被注入澳大利亚山羊的瘤胃，在里面定居下来，从而使山羊得以安全地进食银合欢树叶。此外，被给予必要的微生物后，澳大利亚绵羊也可以吃有毒的银合欢树叶了，这是一个成功的事例。琼斯氏共生菌这种微生物如今已特意为澳大利亚牧民所采用。为保护草食动物免受植物毒素伤害，也为了帮助它们以更多方式取得营养，天然的或经遗传学操作杂交出的肠道微生物的开发，乃是农业和兽医科学大有可为的新研究方向。

白蚁这类食木质的昆虫，主要靠其肠中分解纤维素的菌群分解木质，以形成它们能同化的物质。船蛆是海洋软体动物，能使木船穿孔，其肠道外的腺体中也含有能分解纤维素的细菌。在原生动物盾长蝽短膜虫身上，我们也可以看到两种微生物在营养上相互依赖的有趣范例。这种单细胞微生物的细胞内（准确地说是原生质内）有一种共生细菌，后者把一种氨基酸（赖氨酸）供给前者以满足这位宿主的生长之需。这种细菌对青霉素敏感，而这种原生动物则不敏感。给盾长蝽短膜虫饲喂青霉素可抑制与其共生的细菌，但如果不同时补充赖氨酸，这种原生动物就会死亡。

肉食动物和杂食动物（比如人类），显然不太依赖微生物来维持营养。它们直接从牛羊肉中获取蛋白质，不需要把纤维素和淀粉转变为蛋白质。虽然它们也吃进植物性食物，但其主要成分纤维素几乎全部被排到体外。然而，人和动物的口腔与大肠仍然是微生物的小世界。例如，人的口腔和结肠内就存在连续性培养。在第三章中，我讨论过正常口腔内的微生物，这里的许多居民进入胃的酸性环境后得以幸存，并出现于大肠中，最常见的当属乳酸杆菌和链球菌。但是，这里也出现了一些新的微生物，比如呈杆状的大肠杆菌、产甲烷细菌、梭菌属的产气菌、随处可见的名为拟杆菌属的杆形厌氧菌，以及经常出现的酵母菌。这里还有一些新型的乳酸菌和链球菌，有时还有非致病性的原生动物。一餐淀粉类食物后，这些微生物的协同作用会引起人的不适，因为不完全的食物消化会引起腹胀及排气。这些气体（胃肠气）主要来自吞入的空气中的氮气，约25%为甲烷和氢气，还有少量的二氧化碳。硫酸盐还原菌虽不是人体大肠的常住居民，但有时也会出现，它们产生的硫化氢能抑制甲烷的生成，从而起到减轻腹胀的作用。遗憾的是，硫化氢的气味使胃肠气变得特别令人生厌。不过，正规的肠道细菌是有益的，因为它们在生长和发酵时会合成几种物质，对人体的营养价值极高。这些物质全是B族维生素的成员，故让正常、健康的个体缺乏B族维生素倒确非易事。第二次世界大战期间，志愿者好几周以精白米为食，几天后，本该患脚气病的他们却依然非常健康。如果短期给予志愿者磺胺类药物，则由于许多肠道微生物被杀灭，这些人迅速出现维生素缺乏症。因此，熟悉本行工作的医生，对使用抗生素的患者，务必注意其维生素缺乏问题：虽然抗生素作用的重要部位可能在别处，但该类药物对口腔和肠内微生物有着十分猛烈的效应。在一个疗程的抗生素使用之后，不可思议的肠道紊乱时常出现，其根源常常是类似的，即肠内微生物在恢复正常生长时会失衡，产生了使人苦恼的身体反应。

维生素B_{12}是人和动物肠内由微生物合成的重要维生素之一。这是一种含有金属钴的复杂化合物，与造血功能尤为相关。它的发现革新了恶性贫血的治疗。肠内既含着合成B_{12}的微生物，又带有破坏B_{12}的细菌，幼年动物体内实际生成的B_{12}量取决于这两类微生物间的平衡状态。有目共睹，在抗生素出现的早期，人们曾试着把生产抗生素的下脚料——霉菌菌丝体——作为一种卫生的植物性饲料来养猪喂鸡，结果这些动物成长快速且体重显著增加。这项新发现近乎奇迹，而且一举两得。虽然这些动物并未长成庞然大物，但它们能异常迅速地达到成年体重，经济上也很合算。抗生素废料宛如一种“上帝赐予的食物”。虽然其作用的精确机制尚未明确，但起作用的主要因素很简单：即破坏B_{12}的细菌较之于制造B_{12}者对抗生素更为敏感。用作饲料的废弃物含有微量的抗生素，结果使动物肠内的B_{12}平衡偏向对其同化作用有利的一边。除此之外，抗生素的副产物中常常就含有B_{12}，其化学结构虽与通常的细菌维生素稍有区别，却也有助于动物的营养。含有微量抗生素的残渣现已常规地用于集约畜牧业。事实证明其效果不凡。然而，抗生素下脚料的广泛应用无疑也带来了两项不愉快的后果。首先，抗药性病原菌出现了，在动物和人中引起抗药性疾患的流行。其次，微量的抗生素（如青霉素）进入了牛奶等动物制品中。在其广泛应用的头20年间，青霉素过敏患者的比例不断上升（1970年，美国约有7%的患者对此抗生素过敏）。过敏的根源可能在于过敏者不断从食物（如牛奶）中摄入少量的青霉素，于是当因病接受大剂量青霉素治疗时，变态反应就有可能发生。含抗生素食品的广泛使用是危险的，不仅因为具抗药性的细菌由于自然选择应运而生，而且因为我们用来对抗其他微生物的医药资源之有效性降低了。不过鉴于这种做法可以降低食物的生产成本，且可以让更多人的蛋白质摄入量达标，有人主张即便有问题也值得冒一下险；目前被广泛采纳的折中方案是：肉类生产中容许非医用抗生素的使用，但要避免其长期停留于制品中。

在农业领域，了解微生物的作用极其重要，一些家养动物疾病就是良好的例证。肠道疾患（通常病情轻微）常在家禽中流行，也能引起人患沙门氏菌病。虽然20世纪30年代的结核菌素试验显示，牛结核病几乎已经从牛群中消失，但它后来又不断出现。有非常充分的证据证明，獾是牛结核病的天然宿主。保守主义者反对毒杀獾的计划，因为獾的形象可爱，即便有一些不良的生活习惯，还是非常讨人喜爱。不过同情归同情，道义原则还是不容动摇的。口蹄疫和鸡瘟等病毒性疾病一经证实，人们就必须果断采取措施对付此类灾难，除了及时宰杀受感染的畜禽外别无他法——牛结核病也理当如此。

20世纪80年代，在英国健康牲畜中发生了一桩极其不幸的意外事件，即羊瘙痒症病原似乎获得了使牛受感染的能力。我用了“似乎”一词，是因为传播开来的疾病可能是一种罕见而未被认出的英国地方性牛搔痒证。这是一宗意外的事件，因为牛同患瘙痒症的羊已经共养两个多世纪，其间未曾发生过牛受感染的情况。这一新的疾患于1984年底首先在萨塞克斯被发现，得名牛海绵状脑病（简称BSE），因为它累及牛的脑和神经组织，使之成为海绵状；此病亦

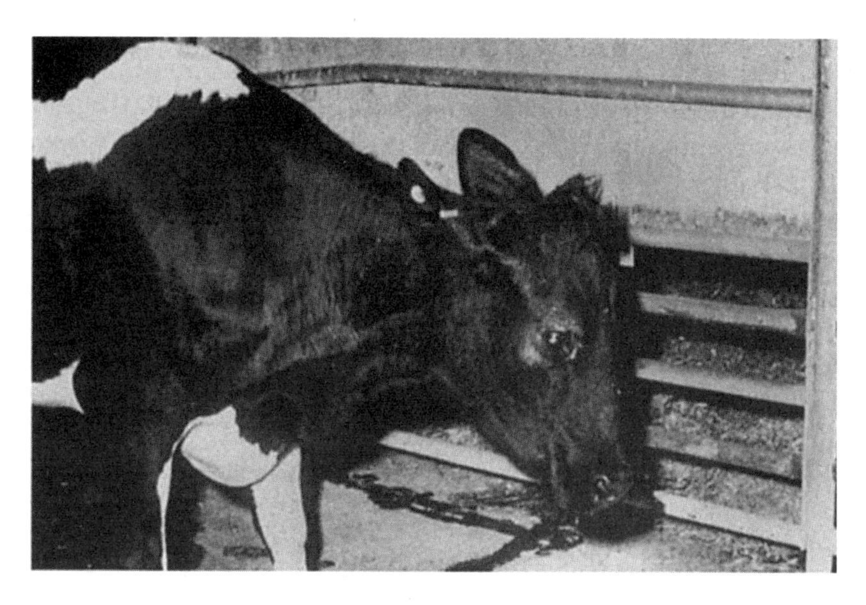

●牛海绵状脑病病例。照片中是一头表现海绵状脑病（疯牛病）症状的奶牛。它的头部下伸，双耳向后。［蒙中央兽医实验室韦尔斯（G. A. H. Wells）特许］

被报刊绰称“疯牛病”，因为它使牛共济失调，步履蹒跚，最终死亡。

该病是怎样发生的呢？科学家们一致认为，这归咎于一项错误的农业实践。供给牛含蛋白质的食物可促进其生长并增加肉的产量，于是20世纪50年代以后，英国和一些其他国家的农民用含有煮熟的杂碎（包括羊肉和牛肉在内）的精饲料来饲喂他们的牲畜。虽然对于素食的反刍动物来说这是一种很不自然的食物，但此种做法似乎还是合乎逻辑的，因为肉类蛋白质经过充分烹煮后大部分已经变性，而且草食动物对肉类蛋白并不完全陌生：它们通常会在其幼仔出生后把胎盘吃掉。然而，或许是由于这类精饲料制备技术的变化，未受损伤的羊瘙痒症病原在烹煮处理中幸存下来，后经肠道感染了一直具有免疫力的牛类。这种可能性后来才逐渐为人所了解，但用杂碎喂养牛的做法在1988年就已遭禁止，受感染牛也被宰杀。起初，这些措施的执行力度一直不够大，于是许多问题接踵而来。首先，本病的潜伏期至少5年，大量看似健康的牛群实则处于危险的境地；再则，处于BSE潜伏期的牛可能会感染它的牛犊——虽然此种情况实属罕见，但该可能性一直不能被完全排除。还有，一些人担心这种已经从羊“跳跃”到牛的感染因子（朊病毒，见第26页）也可能跳跃到其他物种身上——在动物园里以蛋白质浓缩物饲喂的一些羚羊中，人们就发现了疑似BSE早期的病例。此病将来会波及人类吗？

这种担忧极有可能成为现实，1994年查出的一种新型人海绵状脑病就是证据。该病与克罗伊茨费尔特-雅可布病（简称CJD，克-雅氏病）表现相同，但与普通型CJD不同的是，它的侵犯群体更年轻，引起的症状也相当不同，且致死更快。各类朊病毒的生化性质都非常相似，其间的区别只有靠将它们注射进敏感实验动物脑内后引发的反应来判断，此法显然费时而不能令人满意。不过，新型克-雅氏病（简称nvCJD）的制剂在实验小鼠中造成的疾病模式与BSE病原制剂所引发者无法区别，而普通型CJD制剂造成的疾病模式则不然。因此，结论似乎必然是：nvCJD的病原与BSE相同，而nvCJD的发生则是由于患者无意间食用了受BSE感染的牛肉。

直到1999年7月，nvCJD只有约41个病例，但这种病是致死的，且目前尚无法治疗。其潜伏期不明，可能很长，因为在1997年诊断出的一例nvCJD女患者在发病前已素食10年以上。就在我写下这些文字时，我担心英国人群中处于潜伏期的nvCJD患者其实多得很。

到了1996年1月，英国发生了BSE流行，据记录，病畜超过15万头，分布于33000个饲养场中；在高峰期，月增病畜达200头以上。法国、瑞士及西班牙等国家的确诊病畜较少，1996年总数仅百十头。然而，多数英国人应该都知道，BSE使西欧的牛肉消费量日渐减少，使英国的牛肉生产遭到毁灭性的打击，同时使经证实无BSE的牛肉供不应求。许多人不再吃牛肉。以下话题引发了最激烈的争论：屠宰牲畜时妥善处理其脑和神经组织的条款看似颇为严格，但政府是否真的严格执行了这些条款；欧洲共同体效仿美国禁止了英国牛肉和牛类的进口。而在英国国内，在牛的扑杀上怎样拿捏分寸、补偿金怎样付及由谁付等问题引起了政坛的一片混乱。

值得欣慰的是，牲畜的饲养、扑杀和屠宰条款似乎起了作用。已经或正在被扑杀的牛（其中许多几乎完全不具危险）数量庞大，到了1998年，BSE新病例的发生率明显降了下去。看来，我们有望在2005年前后把BSE从英国牛群中清除出去。

nvCJD的情况又怎样呢？我们周围还有其他不太烈性的新型朊病毒疾患吗？BSE会“跳”回羊群，带来更危险的脑病病原体，再传染给其他生物吗？在这方面的探索远未有明确的结果，因为对朊病毒的所作所为，我们知道得毕竟太少。科学研究总是跟不上社会形势，即便如此，我们还是应当尽量采取措施把BSE和羊瘙痒症从所有牧群中彻底清除出去——这项任务极其艰巨，却并非不可能完成。

已知的由微生物感染引起的家养动物疾病约200种，包括结核病、布鲁氏菌病、锥虫病和牛瘟等重症。1956年，美国农业部曾预估，如果发展中国家能充分控制传染性微生物感染，那么其牲畜数量将会翻一番。检疫措施和化学药物治疗使这些疾病得到一定程度的控制，但流行病仍时有发生，在其得到控制前情况不容乐观。20世纪60年代，猪霍乱（猪身上的一种病毒性感染）在非洲暴发，波及西班牙和葡萄牙，对欧洲的火腿生产也造成严重的威胁。1991年，引起母猪流产和仔猪夭折的“蓝耳病”出现在德国、荷兰和比利时，该疾病与鼠疫类似，可能是由病毒引起的，曾在美国的猪群中肆虐数年。非洲马疫曾在中东短暂流行，此症也是由南非口蹄疫毒株引起的。当今世界交通方便，人和动物流动迅捷，于是这些顽固的疫源地成为危险的传染源，不仅危及发展中国家，而且对相当发达的国家也构成威胁。对家畜疾病的控制已成为联合国粮农组织面临的紧迫课题之一。

对于上述情况，聪明的报纸读者应该多多少少有所了解。但是农作物生产中植物病原的重要性或许仍是鲜为人知的。昆虫传播、风力散布或土壤中根间转移所引起的植物病害，能够使农业遭受巨大损失。据估计，1965年，美国由植物病原造成的年经济损失达25亿美元。锈菌是一类原始类型的真菌，它引起的锈病会对谷类作物造成损害；1947～1948年间，锈病在新南威尔士毁坏的谷物足以供养300万人。1935年，由于真菌尖孢镰孢霉的病原性变种引起的巴拿马病，牙买加1/3的香蕉作物毁于一旦。1956年，由病毒引起的白叶病使委内瑞拉部分地区40%的水稻受到毁损。属于欧文氏菌属的细菌会使植物枯萎，引起可怕的果树“火疫病”。使树身矮小、果实畸形的柑橘类顽症，是由一种与柔膜体有亲缘关系的病原——柠檬螺原体引起的；它在1969年使加利福尼亚州100万株以上的果树受累。

这类惨剧似乎已成为遥远的历史而不必杞人忧天，但对于不发达的国家来说，它们仍会在大批人中引发饥饿甚至死亡。一般来说，农作物对病原有相当强的天然抵抗力，灾难性的病害若非管理不善所致，就只能归为不幸了。适当注意土壤的有机成分和酸碱度，常能防止感染的迅速传播。近年来，人们认真地考虑过给农作物施用抗生素的可能性。这种做法自然是有效的，但是抗生素的价格高昂，只有几个最富裕国家负担得起，而讽刺的是，这些国家对于抗生素其实没什么需求。在园艺和葡萄栽培中，为预防真菌性枯萎，人们使用的是一些传统制剂，比如硫黄制剂、波尔多合剂等等。颇为有趣的是，硫黄制剂仍然需要某种微生物的作用才能生效。我在第二章开头提到过硫杆菌属的硫细菌，它们在植物表面把硫黄缓慢氧化成硫酸，温和地创造了不适于粉孢属等真菌生长的酸性环境，但因其酸度不强，对葡萄不致有损伤。

因此，植物病原体不仅一直是农场主的一块心病，还是重大社会和经济灾祸的祸根。但是，每件事情都有它好的一面：在美国和澳大利亚，人们仔细挑选出病原性真菌，并将其成功地用于遏制野草生长。例如，一种名为绞杀藤的野草会损毁柑橘林，而另一种名为棕榈疫霉的真菌则可用于对它的控制，自20世纪80年代早期以来，后者已在佛罗里达州被推向市场。反之，侵害植物的真菌性病原体可以由某些芽孢杆菌品系产出抗生素来对抗，而这种方式已被成功应用于控制种子和幼苗的立枯病。

通过有意识地散布抗病害微生物来实现农业病害的生物防治，是科学家们眼下还在认真进行的探索。第二次世界大战后，非官方对家兔发起的生物战，就是一个用微生物进行生物控制的引人注目的例子。1952年5月，在法国的厄尔—卢瓦尔省，人们释放出一些感染了多发性黏液瘤这种病毒性疾患的家兔。1953年10月，疾病迅速蔓延，甚至从肯特的爱登布里季附近登陆英国。到这年年底，该病已在法国的26个县蔓延，并传播至比利时、荷兰、瑞士和德国，致使60%～90%的野兔死亡。目前，此疾已在整个欧洲流行。家兔要经过很长时间才能获得对该病的抗性，同时，虽然有抗性的个体数在增加，但乡村里仍然有局部流行出现。此病的症状令人厌恶，但人们非常确信，要是没有它，战后欧洲农业的复苏肯定十分缓慢——在某些地区，农作物的产量增长了3倍。当今，丰衣足食的欧洲村镇处处呈现迷人的景色，动物爱好者们对消灭家兔这一措施的疑虑也已一扫而光。而在英国，官方对故意散播多发性黏液瘤病仍有所顾忌。不过，农民对此已不再怀疑：据说，在1964年，一只染上了多发性黏液瘤的病兔在黑市上能卖到50英镑——这在当时可是一笔相当可观的收入。

19世纪中叶，家兔从欧洲流入澳大利亚。由于没有野生食肉动物，当地很快就闹起了兔灾。20世纪50年代，澳大利亚有意地引进了多发性黏液瘤，但好景不长，10年后不多久，兔群就获得了抗性。不过，到了20世纪90年代，一种在中欧地区流行、与上者全然不同的家兔病毒（名为杯状病毒）发挥了作用。1995年，在澳大利亚南海岸外的旺当岛被用来进行野外试验时，该病毒跑到了大陆，并在当地传播开来。它使几百万只家兔丧生，也给农场主们留下了极其深刻的印象——有谣传说，受此病毒感染的家兔每只转手可卖到400澳元。1996年夏季，不顾此病毒可能给环境带来副作用，人们在多处故意将其散播。出于对副作用的担忧，新西兰当局拒绝付诸实施，但不出所料，该病毒还是于1997年被人从澳大利亚偷运入境，眼下已经在新西兰落地生根。虽然温暖的气候通过对有助于杯状病毒传播的昆虫之影响，似乎减缓了病毒在澳大利亚的传播，但在家兔产生抗体之前，这种生物防控方式还是有价值的。

微生物也能用来防治一些不太起眼的病害。捕食生物的真菌可捕捉和消化土壤中的马铃薯小线虫，几种抗昆虫的细菌制剂也已经被生产出来并投入使用。经证实，苏云金芽孢杆菌对农业害虫的控制特别有效。它在形成孢子时也能产生某种蛋白质，对多种昆虫幼虫极其有毒。例如，毛虫如果不经意地食下了叶面上形成孢子的苏云金芽孢杆菌，就会迅速被杀灭。目前已知，苏云金芽孢杆菌有许多不同的品系，产生相应的各种毒素；你可以针对特定的害虫选择毒素。自20世纪70年代以来，市面上已有喷雾型苏云金芽孢杆菌制剂，而且此制剂只对某些昆虫有害，属从事绿色农业之佳品。尽管该剂的使用遍及全世界，但在目标昆虫中出现抗性的情况非常少。不过人们必须留意，所使用的微生物品系要纯：与苏云金芽孢杆菌很相似的蜡状芽孢杆菌就能致人发病（虽然鲜有发生）。

20世纪80年代，有一件事是很成功的，即用苏云金芽孢杆菌的变种——以色列芽孢杆菌去防治非洲热带地区的黑蝇。这种黑蝇是一种极易致残的疾患——河盲症（由某种线虫引起，而非微生物）的传播媒介，当该蝇对化学杀虫剂出现抗性时，以色列芽孢杆菌正好在以色列被发现。该菌在6年里成功地发挥了效用，直到1994年，约3000万人免患此疾。另外，1500公顷可耕地（这些土地因过去受疾病传染的威胁而无法使用）被开垦出来。耕作时，杀虫的细菌成为一种卓越的生物控制剂。近10年来，一个很有前途的开发项目，就是成功地应用遗传工程（关于此，我将在第六章中更多地谈及）来培养能自己产生苏云金芽孢杆菌毒素的植物，如此一来，它们的叶片本身就变得对毛虫或其他植物害虫具有毒性。不过，经常出现的情况是：毒素的喷洒对害虫系直接作用，而毒素本身会很快消失掉，但不断制造毒素的植物却在为抗药昆虫的出现提供理想的条件。

昆虫病毒也被成功地用于控制生物害虫（如森林里的锯蜂和舞毒蛾），它们的使用并不困难，人们可以安全地进行散布，也可巧妙地利用蜜蜂来对农作物施放病毒；但是，它们的制备存在些困难，因为人们需在目标昆虫的幼虫中培养并提取病毒，而这一操作耗资巨大。使昆虫生病的真菌亦已加入杀虫的行列，黄色绿僵菌的抗蝗虫活性就十分被人看好；要知道，为了治理蝗灾，1985～1989年间，单有机磷杀虫剂就开销超过4亿美元。针对这方面的研究相当及时，因为人们已开始意识到，一些（不是全部）化学杀虫剂作用持久，对人和自然生态都十分危险。

在第一章中，我已经谈过固氮细菌对农业的重要性。一般说来，这一重要的固氮过程是共生性的。微生物感染某种植物并形成一个小结节，在植物和微生物的联合作用下，氮被固定起来。最为人熟知的共生关系，当属豆科植物（如三叶草、豆类、紫花苜蓿等）与根瘤菌。根瘤菌的某些品系较其他品系形成的有效小结节更多，故农业实践中理应选用优良的根瘤菌品系接种给豆科植物。豆科作物加根瘤菌是农业上最理想的配对，但在自然界中，一些其他的共生系统可能占据了更重要的地位。赤杨树上存在一类名为弗兰克氏菌属（归于放线菌）的共生固氮微生物，后者使该树种能在荒芜的山区生长。水牛果属和沼泽番石榴是具有类似共生物的耐寒植物，它们可在贫瘠的土壤（灌木丛生的荒地或沼泽地）里生息，一旦扎下根来，就能创造出更加肥沃的环境，使其他植物也得以在此立足。据了解，近140种非豆科作物和灌木靠根瘤结节进行固氮。某些地衣是我在第二章提及的藻类和真菌的共生体。如果其中的藻类同伴是能够固氮的蓝细菌，那么这类地衣就能使瓦砌的屋顶变得十分肥沃，一般的显花植物就可生长其上，成为田园景色的美丽点缀。蓝细菌在自然界普遍存在，其中许多种类均有固氮作用。

●含有固氮细菌的根瘤图示豌豆植株的球状根瘤。在这些小结节中，共生菌豆科根瘤菌处于休眠状态，它能使大气中的氮气变成植物能利用的形式。[蒙约翰·贝林格（John Beringer）教授特许]

1883年，马来群岛的卡拉卡托火山岛爆发，造成了不同程度的伤害，致使上千人死亡；其后许多年里，由于大气尘埃之作用，壮丽的日落景观不时出现。火山喷发使该岛的生物灭绝，而待到大地复苏时，最先出现的物种就是固定氮的蓝细菌。由于它们使土壤重新变得肥沃，植物及鸟类、昆虫等动物得以慢慢出现，目前该岛已到处呈现勃勃生机。

固氮细菌向来是世界粮食生产的基础，除了高度发达的地区外，固氮细菌的活力几乎决定了所有乡村的粮食产量。许多固氮细菌并不是共生的，比如固氮菌属、巴氏固氮梭菌、克雷伯氏菌属和约80种其他自由生活的微生物，它们在没有植物宿主时也能固氮，且不必形成小结节。拜叶林克氏菌属是其中之一，曾一度被认为能使热带土壤变得肥沃。但真实情况似乎并非如此。它们消耗掉相当多的碳水化合物或类似的碳源，固定的氮却十分有限，因此，从农业角度来看，其用处不大。这类细菌之所以无法固定出足够的氮，是因为普通土壤里的含碳物质是不足的。而含碳物质即使不缺乏，也早被其他非固氮细菌消耗光了。这些细菌的固氮效率为何如此之低？原因颇为复杂。诚然，与实验室相比，自然界或许更有利于它们发挥作用，但农学家们明知这类细菌能耐不大，却坚持人为地把它们散布到土壤里，以期提高农业产量。固氮菌土壤肥料（即苏联使用的固氮菌素）曾被认为是一项重大的发现，但现在，俄罗斯和西方的科学家们对其应用价值均已产生怀疑。待治理的土壤十分贫瘠，单独施用泥炭土就能使情况大有改观，根本没必要再往里加固氮菌。固氮菌之所以给人提高产量的错觉，是由于它产生出了一种类似植物生长素的物质，这种物质只刺激植物生长，却不能提高氮含量，因而食物中的蛋白质含量无法得到提升。

就目前的知识水平而言，不过分看重自由生活的固氮细菌对人类经济的作用是较为稳妥的。然而，近北极地区的蓝细菌确实至关紧要，它们是该处主要的土壤肥源。在远东的水稻田中，它们为作物提供充分的氮源。在印度和日本，人们对蓝细菌的重要性已有很好的了解，并开发出了一项技术——培养蓝细菌以制作稻谷生产所需的绿肥。满江红属的一种细小水生羊齿植物和一种蓝细菌（满江红鱼腥藻）间的共生作用，对水稻种植特别有价值，人们由此生产出很有销路的富氮绿肥——这是目前已知效率最高的固氮系统之一。蓝细菌的固氮过程既有实用价值又有理论意义。微生物借助阳光，把大气中的二氧化碳和氮转化为基本的食物原料，滋养着东半球的人们。

关于微生物对农业的重要性、对土壤结构和肥效的影响及其在植物材料分解和再循环中的作用等问题，你可以在以往成本的著作中找到答案。已故的休·尼科尔（Hugh Nicol）教授多年前曾指出，农业的主要原料（土壤和肥料）不是微生物的产物就是微生物产物的代用品——诸如此类的论点还有很多，我只择要述之。话归正题，本章关注的是营养，虽说没有农业就没有营养科学，但除了面包和肉之外，还有些别的方面值得谈一谈。

就以啤酒为例。说来也怪，当我向普通人问起微生物在工业上的重要性时，他们首先想到的就是啤酒。酵母菌在发酵酒精饮料生产中的重要性世代为人所知。而在本书这类严肃的著作中，作者即便不能高估酒在营养上之重要性，也一定会承认，酒能增进人们进餐时的愉快情绪。

●绿肥市场。这是越南某市场的农民。一筐筐半干的满江红属植物和与其共生的固氮细菌正作为稻田肥料出售。［蒙渡边（I. Watanabe）博士特许］

啤酒的生产过程相当复杂，冷静思考之后，人们必定十分惊讶：这办法究竟是怎么想出来的。据1981年发现的碑文记载，某类啤酒是在大约公元前6000年由古巴比伦人制作出来的，而在没有钞票的埃及法老时代，啤酒显然是一种货币单位。在罗马人引进大麦之前，古不列颠人用发芽的小麦生产出了啤酒。啤酒的实际制作过程是这样的：把大麦用水浸泡2天，使之发芽，然后在温暖潮湿环境中放置2～6天，这道工序被称为麦芽制备，赤霉素（本章后面将谈及）常被用于此工序的控制；麦粒发芽并产生酶，把种子里的淀粉水解成糖；微微加热麦芽，使之停止生长，但由于酶未遭完全破坏，淀粉裂解成糖的过程仍在进行；再次浸麦芽于水中，使糖得以同氨基酸和矿物质一起被溶出，供酵母菌生长之需；接着，煮沸此浸出物（即麦芽汁），使残余的酶失活，然后加入啤酒花，使之产生苦味——啤酒花还带来了妨碍浸出物中细菌生长的物质，不过这一点直到20世纪50年代才为人所了解；待麦芽汁放凉，再加入酵母菌，发酵一周左右，其间不要搅动基质，这样一来，虽然酵母菌刚开始进行的是好氧性生长，但它们会迅速地耗尽氧气，使群体中的大部分个体生活在缺乏空气的条件下，在这样的环境中，麦芽汁中的糖被转化成酒精和二氧化碳气体；当酒精累积到足够的浓度而对酵母菌产生危害时，酵母菌停止生长；经过一段时间贮藏，酵母菌沉淀下来，发酵液就可供饮用了。

精制啤酒的手段很多，随酿造的种类而异，但适用的酵母菌其实只有两种——酿酒酵母及其近亲卡尔斯博酵母，这是通过比较其风味、澄清性能及对酒精的耐受性后挑选出来的。为了使啤酒稳定（因而经久不变）、保持其含气性和防止储藏中沉淀的产生，人们采用了种种措施。此外，酿造过程中还必须严格控制杂菌（乳杆菌和醋酸菌）的污染，因为它们会生成乳酸和醋酸而使啤酒变味。任凭方法多么先进，上述内容无非是一整套酿造工艺，而酿酒终究不是一门科学。

葡萄酒就是发酵过的葡萄汁，它的发酵过程与啤酒类似，但不需要制作麦芽的步骤。酿造葡萄酒的具体步骤如下：首先把葡萄压碎（传统的方法是赤脚踩压，而今已改用机械压榨），把葡萄汁收集起来；用水果上天然携带的或酒桶中年复一年沾染的野生酵母菌进行发酵，制酒专家们常称这些酵母菌为椭圆酵母，但它们通常是啤酒酵母的近亲，有些时候，人们还会使用纯系酵母菌（主要在加利福尼亚州）；用硫黄熏蒸法抑制杂菌生长，即用二氧化硫（或硫代硫酸钠，它同葡萄汁里的酸接触时即生成二氧化硫）处理葡萄汁，而二氧化硫之所以奏效，是因为它对细菌的毒性比对酵母菌更大。酿酒的技巧之一就在于掌握硫黄的用量，使之足以辅佐发酵，又不至于多到败坏酒的风味。早期生产白葡萄酒（由去了皮、核和梗的葡萄汁制成）时，硫黄的使用经常过量，这样生产出来的酒呈暗灰色，淡而无味。红葡萄酒（因发酵过程中带有果皮和果核，有色物质被浸出，故呈红色）在制作时不太会发生硫黄加过量的情况，这可能是因为其鞣酸含量较白葡萄酒高，而鞣酸有轻度抗菌作用，故需用硫黄量较小，不至超量。酿制玫瑰葡萄酒时，葡萄汁与葡萄碎块接触时间短，因此硫黄往往也会过量。对任何一个有自尊心的酒厂说来，混合红、白葡萄酒而制得玫瑰葡萄酒的想法都是很荒谬的。但是人们必定会发现，便宜的玫瑰葡萄酒不时就这样被轻率地造了出来。

与酿制啤酒一样，生产葡萄酒的主要步骤也是用酵母菌发酵糖溶液。某些葡萄酒（特别是法国东南部地区勃艮第产红葡萄酒）所用的葡萄汁因苹果酸含量高而非常酸，但由于水果上或酒桶中乳酸杆菌的存在，苹果酸在酿造过程中被转变成酸性较弱的乳酸，因而酒的总酸度得以降低。酒类专家称此过程为苹果酸—乳酸发酵。法国索泰尔纳的甜味白葡萄酒具有某些优良的品质，这是因为葡萄受灰质葡萄孢霉这种霉菌的作用而部分脱水。酿酒有赖于微生物的发酵，因此通过连续培养技术不间断地产酒是有可能实现的，阿根廷的博德加塞阿那地区就践行了这一想法。那些名酒（均被冠以拉图尔城堡、拉菲特城堡、穆顿—罗思柴尔德城堡等高贵的名称）与其说是技艺的产物，不如说是艺术之杰作，细致的葡萄栽培技术、发酵后的澄清措施以及酒品的贮存和成熟过程，在很大程度上决定了它们的品质。这些具体操作需要相当有经验的人参与，远非自动化连续工艺所能胜任。在酒的酿熟过程中，微生物的贡献微乎其微，不过有人认为，葡萄上经常发现的粉孢属霉菌的沾染，会给好酒增添特别的香味。同时，果酸和酒精会发生反应，形成一定数量的不溶物沉淀：成熟的优质酒的浮渣就是酒石酸盐和鞣酸的沉淀。在刚装瓶的短期内，红葡萄酒的品质会略有下降（即所谓的酒瓶病），但在之后15年的存放过程中，它的品质会不断提高。白葡萄酒一经装瓶，质量则不再有多大改善。

马得拉酒、雪利酒、波尔特酒、苦艾酒等强化酒，是添加了糖、酒精和草药的葡萄酒。在这些特殊处理的过程中，微生物没有发挥作用。雪利酒有一个颇为有趣的连续培养过程。充分发酵的酒被装入一组酒桶里，桶分层摆放，桶与桶依次相通，有时一组酒桶多达10层。酒从名为“索雷拉”的最底层的桶流出，从第一个桶最终到达这里，可能要花费数年时间。每个桶中都会形成酵母菌浮渣（或称酵母菌膜），这种酵母菌叫作beticus酵母，与酿酒酵母有亲缘关系。虽然这种微生物对葡萄酒的酒精含量影响不大，但能增添某种风味和气味，使雪利酒独具特色。从“索雷拉”把雪利酒放出后，可加白兰地酒提高酒精含量，还能加入新鲜的甜葡萄酒使它有甜味。

白兰地酒等所有烈性酒，是由葡萄酒或麦芽发酵物蒸馏得到的。在发酵阶段之后的制作过程中，微生物不再起作用，我在此不打算进一步讨论。

香槟酒等起泡葡萄酒的制作有其独到之处——它们的生产过

程中要用到双发酵工艺。发酵不仅生成酒精还放出二氧化碳气体，所以咕嘟嘟冒泡的麦芽汁或葡萄汁发酵桶是非常危险的，工人一旦不慎跌入其中，就极易窒息身亡。生产香槟酒时，部分二氧化碳气体被故意压入瓶中。经适当调配的白葡萄酒，与少量糖浆混合后被灌入高强度的瓶中，瓶口再塞上软木塞。把装瓶后的酒放置架上任其缓慢发酵，一种特殊的酿酒酵母——香槟酒酵母菌在酒中生长，如果这个过程进行得很顺利，则发酵产生的气体足以使酒中碳酸饱和，且酒瓶不会发生爆炸。数月内，酒瓶架（因为可以翻转而被称为“飞行员座椅”）缓慢翻转，直至瓶底朝天，于是酵母菌及残渣沉积于软木塞内面。然后拔除软木塞，立即更换新塞子，这样就可以除去酵母菌及沉渣。人们有时还会冰冻瓶颈，使去除过程更顺利。接下来，加入与葡萄酒等量的糖浆和白兰地酒混合溶液，糖浆和白兰地的比例可随意搭配。通过上述操作步骤产出的酒状态稳定，开瓶后能长期保持起泡能力。而那些廉价的起泡葡萄酒，则是用制备苏打水的方法制成的，即高压把二氧化碳加进不起泡的葡萄酒中；这类酒开瓶后会很快就会跑气。

在葡萄牙、法国和意大利等地的一些没有完全酿造好的地方葡萄酒中，你会尝到一种轻度刺口的冒泡感。那是因为这些酒在装瓶时发酵过程尚未结束，残存的缓慢发酵作用使酒温和地碳酸化。

虽说德国莱茵兰人、澳洲人和美国加州人都制作了一些享有盛誉的葡萄酒，但法国人由发酵葡萄汁生产的名贵葡萄酒还是更胜一筹。决定葡萄酒品质的，是葡萄的质量和制酒者的水平，而非微生物。

其他的酿造酒还有由苹果汁酿造的苹果酒、用梨做原料的梨酒等种种果酒，以及植物根酒或啤酒，甚至连花卉也能制酒。所有这些主要有赖于酵母菌对果糖的发酵作用。而且，除了大量生产苹果酒和梨酒时需要额外添加酵母，酿酒所用的酵母菌通常都是野生的，即水果上天然带有的。名为普逵酒的墨西哥啤酒，是由龙舌兰属多肉植物的汁液发酵制得的。这种酒具有黏性，因为除了酵母菌外，它还含有多种乳杆菌属细菌，而欧洲人十分熟悉的烈酒——龙舌兰酒——就是由这种啤酒蒸馏制得的。日本清酒的制作法是把大米蒸熟，让其中的淀粉先经米曲霉的作用裂解成糖，再用酵母菌进行发酵。自制酒多多少少会致人昏睡，因为野生酵母菌可能产生乙醛等有轻度毒性的发酵副产物。那些不辞辛劳酿酒的人会因其取得的成果而自豪一阵子，但必须承认，自制酒的乐趣多半在于完成制作本身，而酒味是否真的可口就另当别论了。即便如此，自己酿酒也绝不该招人耻笑，为了证明我这个粗略的调研多少还有点实际价值，我向诸位推荐一种花卉酒的制作方法。这种酒可以挑适当季节在家中自制，制成后可供饮用10～14天而不宜久放。这种方法展示了香槟酒的制作原理，但它没有任何制作香槟酒时的危险性，尤为重要的是，做出的花卉酒是一种令人愉快的低度酒精饮料，由于发酵期短，它也没有那些精心酿造的酒所具有的任何副作用。

接骨木花香槟酒

亲自采集或让你的孩子去摘取9朵干净的已开放的接骨木花花穗（这些花穗的采摘点不应靠近交通要道），将其浸泡在含有一个切开的柠檬、两汤匙白醋和700克白糖的自来水中。24小时后过滤并装瓶。约经10天，液体变得有活性后即可饮用。活性指的是：开启瓶塞后酒液轻度冒泡；酒液由于野生酵母菌的生长而变浑。

经试验，这个配方是可行的，为此要感谢贝里尔·凯利（Beryl Kelly）夫人。

这个制作过程体现了上文讨论过的三个基本原理。首先，酵母菌存在于接骨木花的花蜜中（倘若废气污染尚未将其杀灭），酸（在此由白醋提供，不过果汁中通常天然含有）有利于酵母菌繁殖并抑制细菌生长，否则这些细菌会使酒液出现不愉快的味道。其次，短期浸泡后必须除去原料，不然它们也会产生令人不适的味道。最后，瓶子要加塞，以免二氧化碳逸出，酿出的酒就能带上些气体——这点也跟香槟酒的发酵如出一辙。在此奉劝诸位，不要忘了这些酒瓶，否则它们可能会爆炸。

发酵乳制品的历史同葡萄酒和啤酒一样悠久。古希腊人曾把干酪作为贡品奉献于神。牛奶是适合许多微生物生长的理想物质。无乳酸乳球菌等微生物是牛乳腺炎的病原，而布鲁氏菌则与母牛的传染性流产有关，还能引起人的顽固感染。牛结核病向来是饮用牛奶的地区所面临的一种危险，但现代牛奶场的卫生管理实际已将该隐患消除。然而，若家庭中疏于管理，传染性微生物会被重新带入，而出于节约考虑回收喝剩的牛奶（尤其是供儿童饮用的牛奶），常导致家庭中病灾的发生。对我们大多数人来说，幸运的是，使天然牛奶变酸的最常见的微生物是无害的乳链球菌。

乳杆菌是未经巴斯德灭菌的牛奶里的常住居民。按传统方法，酸奶是由其亚种保加利亚乳杆菌把牛奶的糖（乳糖）发酵为乳酸而制成的；这种酸除了使环境不适于许多病原菌生长外，还把牛奶凝成块；另一种乳杆菌——嗜热链球菌——则会给酸奶增添一种特有的奶油香味；酵母菌也时常出现在酸奶里。酸奶是一种卫生食品，在中东和巴尔干半岛被人们广泛食用，如今在西欧和美国也很流行。为了延长货架寿命，许多超级市场的酸奶都经历过巴斯德灭菌，而果汁的酸性与酸奶是完全相容的，这使厂家能够为酸奶增加各种水果香味，同时提高了产品的稳定性。“活性”酸奶（指含有活菌的酸奶）有益于胃肠道疾病的康复，这主要是因为它易于消化且含有维生素。乳酸菌是我们下段肠道的主要居民，但酸奶中的大多数乳酸菌会被正常人胃里的高酸度杀灭。仍有少数会幸存下来，部分原因在于，酸奶中的牛奶蛋白质似乎起到了一定的保护作用。最近，一种叫作“生物酸奶”的传统酸奶替代品流行了起来，这种酸奶中主要起发酵作用者不是保加利亚乳杆菌，而是一种叫作双歧杆菌的乳酸菌，这种丫形的厌氧菌能生成味道较淡的酸奶，据说特

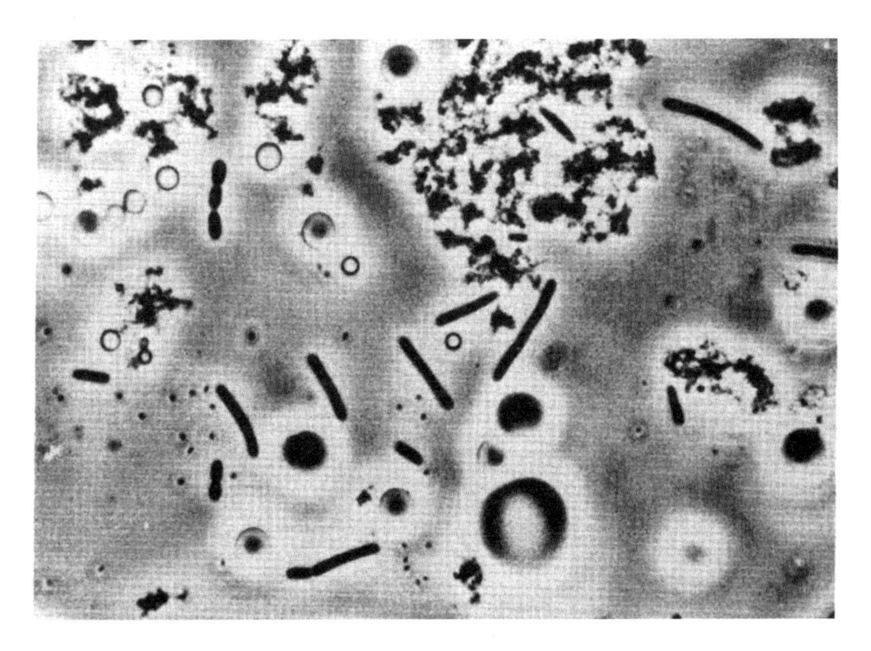

●酸奶中肉眼看不见的朋友——图示为卫生合格的酸奶中的乳杆菌和呈短链状的链球菌。球状物质是油滴，碎片是凝固了的牛奶蛋白质。放大约 800 倍［蒙克劳福德·道（Crawford Dow）博士特许］

别有利于健康。健康的肠道内也有大量双歧杆菌，因此有人认为，假如酸奶中的双歧杆菌经过胃后能够幸存，它们就可以把像沙门氏菌这类令人厌恶的细菌从肠道里面替换出去。但并非所有权威人士都持此观点；在受变化无常的微生物群干扰的肠道里，大剂量的双歧杆菌或许的确有所谓的“益生作用”，但是，你也别指望偶尔喝喝双歧杆菌酸奶就能显著改善健康状况。

发酵乳饮料是绵羊奶或山羊奶经不完全发酵制成的；酪乳是脱脂牛奶经发酵制成的，因为明串球菌属微生物生长其中而变得黏稠。奶油的香味归功于制备过程中少量生长的链球菌，它们的生长导致了香味化合物3–羟基丁酮的产生，而大多数制酪场都保存有善于产生这种物质的原代培养物。

酸性物质引起牛奶凝结，而普通牛奶发酵所生成的凝块（即凝乳）乃是生产干酪的主要原料。虽然凝乳最初是通过微生物的发酵作用而形成的，但几个世纪以来，人们一直使用以凝乳酶（即用于乳脂奶酪生产中的凝乳酶）处理牛奶的方法来生产凝乳。按传统方法，凝乳酶是从小牛的胃液里提取的，但为满足素食者的需要，近年来，人们常用经过遗传改造的细菌生产凝乳酶（详见第六章有关小牛凝乳酶的制备部分）。凝乳本质上就是一大块酪蛋白（即牛奶中的主要蛋白质），在去除乳清之后，让制备凝乳时起作用的微生物进一步作用，就可以很容易地把干酪生产出来。同酒精饮料一样，论及干酪制造的书也有很多，在此我只做一简述。

奶油奶酪或茅屋奶酪实际上就是新鲜的凝乳，或再使其稍加老化，让乳杆菌对蛋白质略行分解。这类奶酪不耐久藏，当它们老化时，蛋白质就进一步降解，生成微量氨基酸，乳清分离出来，使凝乳变得更加致密。真正的凝乳奶酪（如大家所熟悉的切达干酪或柴郡干酪）是通过挤压凝乳而形成的。卡芒贝尔奶酪、法式方形奶酪等其貌不扬的美味制品，则是由于生长在凝乳表面的地霉属真菌之参与而分解到近乎腐败的阶段。其间，不少的氨气和胺类由氨基酸产生出来。还有青霉属微生物，它们生长在斯蒂尔顿干酪或戈尔贡佐拉干酪这类带纹理的制品上，遍布整个凝乳中，干酪上带色的纹理由霉菌孢子形成。格吕耶尔干酪和埃曼塔干酪等瑞士干酪中生长着丙酸杆菌属的微生物，它们产生的丙酸使干酪具有独特的香味，放出的二氧化碳则使产品出现空洞。上述任何一种奶酪都可以加工成再制奶酪。人们通常把新鲜凝乳制成匀浆，然后加入防腐剂、进行巴斯德灭菌并加以包装，以防止微生物继续作用。所得产品属高营养食品，但口味就大打折扣了。

像酿酒一样，奶酪制作是一项非常精巧的手艺，即便在当今提倡食品加工的时代也是如此。例如，真正的斯蒂尔顿干酪只在剑桥郡斯蒂尔顿村的邻近处（而不是斯蒂尔顿村）生产。卡芒贝尔奶酪中具有的微生物世界各地都在用，但不知何故，澳大利亚到美国的产品都很难达到诺曼底产品之完美程度。令英国民众欣慰的是，节俭的诺曼底人挑选他们最好的产品去出口，因此优质、成熟的卡芒贝尔奶酪更常出现于英国而不是法国。十分遗憾的是，对于他们所生产的名贵奶酪，节约的诺曼底人选择了巴斯德灭菌法来使其保持稳定，因而中止了产品的酿熟过程，而酿熟过程本可以使奶酪品质更好。

遭微生物作用而变质后，畜肉或鱼往往变得腥臭而危险，可是，只要利用得当，微生物其实可以给食物增添风味，并且有助于畜肉或鱼类蛋白质的保存——这些方法已被人们沿用了好多个世纪。例如，欧式香肠之所以有特殊的香味，是因为在其老化过程中，一群非致病性葡萄球菌使肉内某些蛋白质发酵，产生了具有防腐作用的乳酸，并生成了各种有特殊味道的副产物。由发酵的咸鱼或咸虾制成的汁或酱是罗马时代以来地中海菜肴的一部分，而与之相应的鱼酱生产成为东南亚的一项重要产业（鱼发酵葡萄球菌即是发酵微生物群之一员）。

在食品工业中，微生物的一项主要用途是烘焙面包。传统的生面团是拌有活酵母菌的小麦面粉加水和成的稠糊。在面团发起来的几小时期间，酵母菌使面团中的糖发酵，产生的二氧化碳形成细小的气泡，在烘焙时使面包变得松软醇香。以少许苏打发酵粉来代替酵母菌亦可模仿此过程（这样制作出来的是苏打面包），不过酵母菌的营养价值（后文有详述）也就随之丧失了。以加酵母菌来生产面包的办法大约有5个世纪的历史，而非近代的发明。一种更传统的方法（即使在用黑麦面粉的今天它都是必要的）是使用酸面团，古墓绘画中显示，这一方法早在公元前13世纪就被埃及人使用过。黑麦面粉要比小麦面粉需要更酸的环境，才能烘焙出好吃的面包，因此，制作黑麦面包时，面团不加酵母菌，先发酵几个小时，让乳酸菌在里面生长起来并产生乳酸；随后，野生酵母菌伴生而出，使面团发酵，形成二氧化碳。现代的酸面包烘焙师保留了特殊的“起子”培养物（乳酸杆菌和酵母菌群体），以启动上述过程。最时髦的酸面团是以小麦和黑麦的面粉混合而成的，旧金山庆典面包就是用它制作的。据说，不经发酵步骤，在面团里加入柠檬酸也可以做出以假乱真的仿制品。

法国许多阿尔萨斯啤酒店都备有酸泡菜，原料是切碎的鲜卷心菜，由与传统酸奶制作密切相关的乳杆菌发酵而成。乳杆菌产生的乳酸赋予蔬菜特有的泡菜味，还保护蔬菜免受微生物的进一步分解。农业中的饲料青贮过程与此基本相似：对牧草进行处理，使乳酸菌繁殖起来并产生酸，从而避免了草料完全腐败。在这一过程中，包括梭状芽孢杆菌在内的其他微生物也会随乳杆菌一起长出，并产生别的气味。

广泛用于泡菜和日常食物烹调的醋，是另一种重要食用酸——醋酸的稀溶液。许多商品醋都是适当稀释工业醋酸后制得的，但这种行为目前在英国是非法的。“醋”一词源于“酸酒”，由醋酸细菌（醋酸杆菌属和醋单胞菌属的细菌）作用于酒生成。当把酒放置于空气中时，这些细菌会自然地生长出来，把酒精氧化成醋酸。经典的制醋法是：让粗制酒以涓涓细流进入表面长有醋酸菌膜的桦木枝或其他木料充填的塔中，这样就算形成了一种连续培养物：细树枝允许空气进入，醋则由底部管道放出。任何酒精饮料都可用于制造醋。葡萄酒（或奥尔良酒）醋相应地由葡萄酒制出，麦芽醋源自啤酒，苹果醋源于苹果酒。在法国、英国和美国，分别以上述饮料作为制醋的最普通原料。除了醋酸菌外，在制醋塔中还发现多种细菌，目前，对该过程的微生物学详情尚不甚清楚。

微生物的发酵作用还被应用于其他食品的生产。可可粉和巧克力均由可可树的果实制成，其制作过程如下：先让可可豆发酵，此时酵母菌身先士卒，乳酸菌和醋酸菌接踵而来，然后将发酵过的可可豆干燥、加热并进一步加工。为了使可可豆产生巧克力香味，发酵步骤必不可少。甜胚是一种印度尼西亚食品，由半熟豆类（通常为大豆）制成，豆子先经浸泡并晾至半干，然后压碎成酱并以根霉菌真菌接种，再使其堆放发酵若干天即可。制出的甜胚可以切片油炸、烘烤或烹煮食用。这种食品较原豆细腻，但养分并未增多。同样是在根霉的作用下，某些食物的营养价值却能得到提升。比如木薯，它几乎是纯碳水化合物，营养价值相对较低，而根霉的发酵作用配合少量氨盐（霉菌利用其中的氨以制造蛋白质），可提高其营养等级。最为人熟知的发酵豆类产品，恐怕要数中国烹饪术的顶梁柱——酱油了。它主要是大豆、大米和小麦经米曲霉作用后的产物。

现代的食品加工处理方法，有时会使食品不那么健康（不过远没有食疗信徒们说得那么夸张）。众所周知，白面包缺乏全麦面包中所具有的维生素（维生素E及B族维生素中的多种）。因此，这类营养素的生产日渐增加，用来弥补食品加工过程中损失的成分、强化营养价值不全的食品，以及供医药之用。赖氨酸是人类自身不能合成的，需得自外源蛋白质，因此饮食中应供够一定数量；好在赖氨酸已经实现工业化生产，用以强化面包。它的生产过程很有趣，因为要接连用到两种微生物。第一种是大肠杆菌的特殊菌株，由于突变而缺少一种特定的酶，所以无法形成赖氨酸，只能产生其中间前体——二氨基庚二酸（简称DAP）。如果让这种突变体在赖氨酸很少的环境中生长，它的整个赖氨酸合成系统只能正常运转到形成DAP的阶段，结果培养物中就累积了大量的DAP。第二种微生物是产气克雷伯氏菌，它含有大量把DAP转化为赖氨酸所需的酶。因此，在工业生产过程中，人们利用大肠杆菌积累DAP，产气克雷伯氏菌生产酶，等后者生长到一定程度后便以甲苯杀灭之，然后酶被提取出来，用于DAP到赖氨酸的转化。

这个过程使微生物学家们大喜过望，因为它直接增进了对细菌生物化学的了解。这一发现来源于伦敦大学学院医院的伊丽莎白·沃克（Elizabeth Work）博士主持的基础性研究，她在探索仅细菌才有的稀有氨基酸时最先发现了DAP，而在基础研究中得到如此清晰的结果是非常难得的。然而，近些年来，上述生产工艺已被放弃，因为人们找到了更简单的操作方法——用谷氨酸棒杆菌的产赖氨酸突变种直接把糖类转化为赖氨酸。

维生素C（别名抗坏血酸）是无须医嘱即可安全使用的少数几种维生素之一，广泛用于病后恢复及维生素C缺乏症（坏血病）。工业上，它是由山梨醇经一系列化学反应转变而来的，其中有一个步骤是被弱氧化醋酸杆菌氧化，与传统的化学方法相比，这一氧化过程温和得多。维生素B_2（又名核黄素）是利用阿氏假囊酵母或棉桃阿舒氏囊霉通过微生物学方法制备的。1957年，后一种微生物为美国提供的核黄素达180吨。维生素B_{12}（或钴胺）对恶性贫血的治疗甚为重要，最初是由新鲜动物肝脏分离得到的，但目前只用微生物生产。它的药用需求量不大，但在动物饲养中作为饲料强化剂却可获取商业利益。橄榄色链霉菌和巨大芽孢杆菌均已被用于该产品的工业化生产。细菌参与污水发酵而生成的维生素B_{12}数量可观，而污水提取物也许是该维生素的最廉价来源。胡萝卜素（维生素A的前体）存在于某些有色素的酵母菌、细菌以及藻类中，在巴西，人们用真菌三孢布拉氏霉菌进行胡萝卜素的工业化生产；在以色列和苏联，胡萝卜素是从杜氏藻的细胞中提取的，此种“天然胡萝卜素”价格相当昂贵。麦角固醇（维生素D的类似物）也存在于酵母菌中。

我还得说说赤霉素类，严格说来，它并不是营养素，但它在农业和酿造业中颇有价值。它们由引起植物病害的藤仓赤霉菌分泌，最早作为水稻真菌病的致病因子被人们发现。它们对植物的作用类似激素，能促进生长和加速细胞分裂。有节制地使用赤霉素能起到积极作用，比如加速作物生长、缩短马铃薯的休眠期等，但是一旦用量失控，就会引起种苗的迅速死亡。在酿造啤酒时，赤霉素可以加速麦芽发芽，这种做法目前已经普及。

还有些微生物产品对食品生产甚为重要。柠檬酸已被大量应用于软饮料工业。1999年，全世界柠檬酸产量接近100万吨，都是利用黑曲霉对糖的作用制成的。柠檬酸工业曾经是极具保密性的产业之一，它的制作细节我们难以获知，但基本工艺不外乎让一株霉菌在调节好酸度和盐度的糖溶液中生长，数日后，蔗糖几乎全部变为柠檬酸。软饮料工业中也会用到乳酸。以乳清作为原料，在干酪乳杆菌的作用下可以将其制备出来，也可以用消耗玉米糖浆、马铃薯糖浆等原料的乳杆菌属其他菌株进行工业生产。能用微生物生产的另一种物质是谷氨酸，可用作添加剂提高包装食品的鲜味（如含有谷氨酸二钠和谷氨酸钠的汤料）。许多细菌和某些霉菌均可用于生产此物，但美国每年消耗的谷氨酸（约680万千克）大部分还是来源于植物（甜菜）。

从本章列举过的实例中，我们不难看出微生物的重要性，在食物的同化作用中如此，在食品的制作和加工中如此，在农业生产的基本过程中更是如此。这样说来，既然营养的各个方面都离不开微生物，那我们何不废除农业，放弃以动植物为食，而单靠微生物来生活呢？这个问题听似荒唐却十分合理，而且已经被人们以各种方式提出过多次了。酵母菌是极具营养的食物之一，它富含蛋白质和B族维生素，且脂肪占比合理；作为酿酒副产物的酵母菌已经面向市场，大多数西方国家都将其作为食品强化剂使用，只是名称略有不同。一些地区（如东非，以及马来西亚、印度尼西亚等地区）与其说是食物短缺不如说是蛋白质不足：大多数人摄取的碳水化合物都能达到最低标准，但蛋白质却少于健康人饮食中应占的16%（儿童需要量多些，成人少些）这一最小比例。把多余的碳水化合物转变为蛋白质就能够缓解蛋白质短缺的情况，而要做到这一点，最好的办法就是让酵母菌这样的微生物生长于其中。

第二次世界大战期间，英国人用一种原始的连续培养装置，建立起了由糖蜜生产食用酵母菌（产朊假丝酵母菌）的工艺流程。这种产品具有令人愉快的味道和某种烤肉香气。在军方合作下，由英国医学研究委员会进行的实验表明，酵母菌的确能大量提供普通人所需要的食物蛋白质。问题在于，酵母菌中B族维生素的含量如此丰富，以致当它在饮食中占的比例太大时，难免会发生维生素过多症。实验非常成功，所以战后，人们在特立尼达建了一个工厂，用制糖工业的下脚料来生产食用酵母菌。在东非、印度和马来西亚，酵母菌产品曾被使用过，但是，它的广泛应用遭到了人们的强烈反对，就连饥民也不例外。许多人一觉察到其孩子对新产品不适应，就极力抗拒这些对人有益的食物。推行食用酵母计划之失败，部分由于一些消费者因循守旧，部分单纯是经济上的原因。蛋白质供需双方地理上相距遥远，而且贫穷的消费者无法为先进的生产技术买单；放弃生产的代价也不高，原料糖蜜可以另作他用，或者干脆一弃了之。石油馏分已被用于培养酵母菌，后者生长于乳化原油的水中。酵母菌利用掉石油的蜡质组分，长过酵母菌的石油燃料质量确实得到改善。而且，蜡与糖蜜中的糖分不同，它是纯烃类化合物，含碳量明显较高，因此，每克蜡产出的酵母菌几乎是每克糖产出量的两倍。据说本产品带有令人作呕的石油味，但这是能够除掉的，何况由于培养酵母菌有助于石油的精炼和蛋白质的生产，故其经济基础也是较为牢固的。据主持该项目的香帕格纳特（Champagnat）博士估计，只要把世界石油产量的3%用于生产食用酵母，全球蛋白质供应量就能翻一番。酵母菌并非唯一被当作蛋白质食品的微小真菌，能制造平衡蛋白质食品者还有丝状的禾谷镰孢霉，它在由谷类淀粉制备的糖浆中生长。经多年评估之后，其开发者创办了一家叫作马洛食品（Marlow Foods）的公司，以阔恩（Quorn）菌蛋白之名在英国销售该产品，并强调其保健功能：它不仅是一种优质蛋白，还有高纤维、低热能和饱和脂肪酸少等时新的特点。这种产品的商业价值高，年销售额曾达到1.5亿英镑。

人们不是没有认真考虑过大量培养细菌用作食品这件事。壳牌石油公司制定过由天然气获取细菌蛋白质的计划，但后来放弃了。这种气体是甲烷，人们能够用它来大量培养甲烷氧化菌，后者可用作动物饲料、肥料，甚至供人食用的食品强化剂。帝国化学工业公司确已将一种细菌蛋白质作为牛饲料销售，其制作方法是先把甲烷转化为甲醇，然后用以培养细菌。西摩·哈特纳（Seymour Hutner）曾建议用这类细菌作为食料来大量培养原生动物，再以后者养鱼，从而生产出大量真正适合人的蛋白质食品。

可惜这类生产食用酵母或细菌蛋白质的做法实属短期行为，因为它们利用的是植物资源（如糖蜜）和化石能源（如石油或甲烷）。一方面，其产量受全世界糖的生产力所限，另一方面，据我们所知，地球的油、气资源仅够不多的几代人使用。从全人类的长远利益出发，较令人满意的方案是大量养殖藻类，这是20世纪50年代华盛顿卡内基研究所和日本高川研究所的设想。小球藻属和栅藻属等藻类可用以代替植物，因为它们也利用太阳光和二氧化碳作为主要养料。若管理得当，其亩产量会有极大的提高，且它们在许多方面同酵母菌价值相当。虽然我们不能奢望藻类成为一种平衡膳食，但它们至少是有益健康的食品添加物。若想大量生产微生物食品，就得掌握十分先进的培养和收获技术，而掌握这类技术的人群单靠常规食物供应，就足以过上相当富裕的生活了。问题的关键在于，农产品（谷物、肉类和蔬菜）是密集度相当高的食物，而酵母菌、小球藻等微生物，即便培养得再好、再密，其收获量也不到1%——其余的都是水。沉淀、离心或过滤等除水技术开支不菲且耗能巨大。然而，已故的田宫（H. Tamiya）教授经过计算认为，如果在日本生产小球藻蛋白质，其成本不及生产牛奶蛋白质的1/3。据作者品尝，小球藻稍带菠菜的腥味，但田宫教授宣称能将其制成美味的食品，还给出了用小球藻制作蛋糕、饼干甚至冰激凌的配方。不过，日本是远东技术最先进的国家，虽然人口过剩，但目前还不至于需要建立小球藻工业。

蓝细菌这类微生物有时会长成丝状。螺旋藻就是如此。它生长在盐湖（如乍得盐湖）中，因为不难收获，乍得和墨西哥的土著都以其为食：将其缠绕成团收集起来，日光下晒干后可以当作饼干食用。这是一种滋补品，咸水中生长的营养尤其高，因为其中碳水化合物和蛋白质的含量十分丰富。自20世纪80年代以来，螺旋藻成为绿色食品和保健食品追求者的抢手货；在南加利福尼亚的阳光下，种植在广阔人工池塘中的螺旋藻，年产量可达几百吨。

世界性的蛋白质食物短缺，是20世纪50年代和60年代就有过预见的情况，还如我在前几页所述，大大地刺激了有关研究的开展，不过，总的说来，它还未达到人们所预料的糟糕程度。短缺的确存在，有时还旷日持久、令人震惊，其根源并非农业生产力的不足，而在于社会动荡和政治方面的问题。虽然微生物食品在热衷健康食品的群体里有一定市场，但它们尚未成为食品工业的基础产品。微生物已经成为动物饲料的成分，成为普通人膳食的一部分可能仅是时间问题。

前面三章对微生物的讨论只是我的主观看法。我讲述了它们对我们的疾病和健康所起的作用，谈及科学家们是如何对其进行操作的，还提到它们对人们吃喝的重要性。这些都是与大家休戚相关的严肃问题。但是，微生物的重要性不只限于日常生活，还深深根植于我们的经济和社会结构中。在以下三章里，我将把视角从组成社会的个体角度转向社会角度，讨论工业生产、产品制造、储藏、分配和处理等方面的问题。自然，健康和食物问题会被反复提及，不过，我将把重点放在微生物对社会经济的影响上。

第六章 微生物与生产

Chapter 6 Microbes and Man

第一节　微生物与原料

现如今，通过微生物的作用，大量的发酵食品和饮料、抗生素、维生素以及化学制品等产品被生产出来，但与人类有关的最重要的微生物制品，其实来自几百万年前。

在解释上述主张以前，我打算先谈一些题外话。工业生产要消耗能量，这些能量来自人力、畜力、风力，以及靠石油等燃料或电力驱动的机械。工业越发达，机械越要发挥作用，相应地，燃料用得就越多。任何一种工业的发展历史都会印证这一点，相信读者们早已有目共睹，不必我多言。的确，按社会学的惯例，某个国家或地区工业发展水平的高低，要看其人均消耗能量（不包括人力和畜力）的多少。如今，工业文明的各个领域（从煮土豆到轧钢）无一不需要能量。发展中国家醉心于发展水电、输电设备等，原因就在于此。随着机械化程度的提高，食品生产这一社会基本工艺的耗能也越来越大。人力辅以畜力，便足以支撑小农经济；而由于人口的增长和社会组织的复杂化，人们不得不依赖于机器、肥料、农药，因此也就需要更多能量来开动机器及生产这些物品。

当今世界需要的主要能源不外乎两类。第一类是可再生的能源，消耗后可自行更新，如水电、太阳能、薪柴、潮汐能和风能。由于人们不再使用风车，在20世纪里，唯有水力发电受人青睐（尽管在第三世界的某些地区，用薪柴进行炊事还较普遍）。第二类是不可再生的燃料，即化石燃料，如煤、天然气和石油，它们积累于早期地质年代；另有一些放射性元素（铀-235和钚）可以提供核能。各类工业会直接取得或通过发电行业间接取得这些能源，并用其产生的能量把木材、煤焦油制品、金属矿物等天然物质转变成经济上有用的产品。

根据能量的供应情况，人们可以对世界经济状况做出有理有据的远景判断——只要你还记得1972年由石油输出国组织（OPEC）引起的世界经济的戏剧性变化，就知道这句话不是空穴来风。他们提高原油价格和调整生产能力的决定，使石油的价格急速上涨，而其连锁反应是一段长期的经济停滞。能量和金钱之间的等价关系显露无遗。全世界地层中的化石燃料还足够供应几十年，但它们毕竟是有限的，而且随着能源的逐渐耗竭，开采难度增大，价格也不可避免地会越来越高。再请看如下事例：由于得克萨斯州或加利福尼亚州的喷油井早已成为历史，采用耗资可观的设备从海底钻探和抽取石油的做法现已提上议事日程。请注意学者们的如下忠告：“石油供应即将告罄”“铜的储量日渐枯竭”。虽不至山穷水尽的地步，但它们会越来越昂贵，让使用者望而生畏，并给整个社会带来同样的影响。将来，地下能源的价格只会越来越高昂，而且还不单是花钱多的问题；如环保人士反复指出的，它们燃烧时生成的二氧化碳和其他终末产物，还会增加对环境的破坏。解决办法还是有的——核能的开发已逐渐受到青睐，人们心中升起了希望，不再因上述忧虑而争论不休。

我在此不打算更多地涉及世界能源问题，但有两点基本原理必须交代一下。首先，使物质浓缩是一个耗能过程，因而费资巨大。举一个简单例子：如果要从海中得到食盐，则每制取1克盐就需蒸发掉（或用其他方法除去）32克水。无论你如何去做（煮沸、日晒或者电透析，以及任何你想得出的办法），除水过程总要耗费大量的能量。从阳光或干风中获得能量倒是很经济，但这种做法耗时长且产量有限。高度发达的社会总是迫不及待地想要得到每件东西——如果你想尽快大量获取食盐，最合算的是找到一个天然盐矿，然后耗能去开采它并运往需要之处。从能量的角度说，不论什么东西，使用尽可能浓缩的原料常常是较为经济的。如果有取之不尽的能源，我们就能从海水、岩石和土壤等矿物质含量稀少的资源中提取一切工业原料（铁、铜、镍、硫、铀等）。但是，我们现在没有用之不竭的能源，即便有也得等到进入21世纪后。因此，该原理的另外一种说法是，硫矿、苏打矿或铁矿等浓集的矿藏是很节省能源的。

用高品位的原料进行工业生产，就导致了第二条原理的出现。消费铁、铜、硫等矿藏的过程，就是使它们分散于世界各地的过程，所以工业生产就是在“稀释”富集的资源。在本章和下一章中，我将就这些原理讨论几个实例。

言归正传，如本章开场白中所说，微生物在工业上的重要性在于，它们在整个地质年代里为人类预备了一些重要工业物质的富集矿藏。微生物在两种化石燃料的形成中起着重要作用，还同几种重要矿物的沉积有关。名为地质微生物学的这门大学科，就是围绕研究微生物在燃料和矿物资源的形成和处理中的作用而成长起来的。在本章第一部分，我将着眼于这一话题，看一看千百万年前的微生物是怎样满足我们今天的基本工业需求的。

在通过微生物学机制产生的矿物中，硫黄是被我们研究得最清楚的。现有的每一项重要工业几乎都要耗费硫酸，如浸泡金属、电镀、处理人造纤维、制造肥料、生产各种化合物和药品、采矿等。据说，硫酸需求量是衡量一个国家工业化程度的一项指标。要想生产硫酸，最容易的办法是燃烧硫黄生成氧化硫，再使之与水起反应。氧化硫的生产还可采用其他方法，像燃烧黄铁矿（FeS_2）或使硫酸钙（石膏矿）同焦炭及砂子一起加热。但是，天然硫黄可能是最集中的硫来源，如我上述第一项原理所述，考虑到它们所需消费的能量，它们可称得上是最经济的原料。工业上需要少量元素硫作为橡胶生产的硬化剂，它还被用于火柴及某些化合物的生产。医药和园艺中也要用到少量元素硫矿，但很大部分是用于生产硫酸的。在这方面，硫为我的第二项原理提供了一个很好的实例，那就是虽然硫被大规模使用，但硫酸很少出现在工业的最终产物中。你可能会联想到含有游离硫酸的蓄电池或某些作为硫酸衍生物的去污剂，但是，生产过程中使用的硫酸一般都未能成为终末产品。因此，当人们使用硫酸时，它们直接间接地流进了下水道中。人们采用了种种方法对硫酸进行处理，它们最后常以硫酸钠或硫酸钙的形式流入海中。不少硫进入了大气。几乎所有的燃料（煤、动植物油、薪柴、石油）都含有硫的化合物，燃烧时以氧化硫的形式污染大气。城市中的窗帘等纤维制品、石料结构及金属制品之所以很快被腐蚀，原因就在于此，氧化硫也是城市居民易患支气管炎的根源之一，因为它会损伤肺的黏膜。全英国每年有500万吨硫污染空气，最终以“酸雨”这种危害环境的重要成分淋进土壤、河流和海洋中。我在第一章中讨论过硫循环，通过这一循环，硫或许还会从陆地迁移进海里。总之，工业文明将浓集的天然资源四散各处，而当今硫转移的方式就是一个清晰的例证。

工业化国家对硫的需要量是巨大的，而硫主要是被转化成了硫酸。1951年，美国对硫的年消耗量近500万吨，英国则约为50万吨——由于全世界硫矿短缺，这些量还不能满足需要。世界的天然硫主要储藏于得克萨斯州的墨西哥湾和路易斯安那州，部分蕴藏于墨西哥本土。此外，它还分布于西西里岛、爱尔兰、北非和喀尔巴阡山脉等处。不过，世界上大约95%的供应是来自海湾地区的。这种矿物位于名为拱顶的相当有限的沉积部位，往往同硫酸钙一起被发现，其附近常有石油蕴藏。你一定会问，硫是怎样到达它现有位置的？它又为何常与特有的地质类型有关？合乎情理的回答是，硫的形成是风和日丽的地质年代中微生物的强烈活动所致，或许当时的海正趋于干涸。据判断，约两亿年前（这个年代究竟属于二叠纪还是侏罗纪，学者们至今未能确定），美国南方各州和墨西哥还被加勒比海覆盖着，而世界的主要沉积物或许就是在那时形成的。海洋日渐干涸浓缩，生活在其中的微生物，利用有机物把水中的硫酸钙还原为硫化钙。或许是由于具光合作用性能的硫细菌的参与，硫化钙进一步被氧化成碳酸钙及游离硫。因此，硫循环进行到硫生成为止而不再继续了，结果硫酸盐被还原，硫就积累起来。硫不再起反应的理由很明显，即没有空气可供利用：日渐干涸的海中，有机物浓度越来越高，于是微生物就生长起来，耗尽了全部溶解氧。此外，有色的微生物利用阳光，通过光合作用从CO_2产生出更多的有机物来。因此，大片缺氧的盐池出现了，其中有结晶出来的硫酸钙和沉淀下来的硫黄；还有微生物有机物的堆积，这可能对后来石油的形成大有帮助。

●利比亚的一个生成硫黄的湖泊。图示为埃尔欧盖村附近的艾因藻亚湖的部分区域，用吉普车作为标尺。在温暖的盐水中，几种硫细菌协同利用太阳能，由硫酸盐生成硫黄。围绕湖边的盐层大部分由硫酸钙和碳酸盐组成。

科学家们是如何知道这种情况的呢？证据有如下两条。其中之一，是在世界上某些地区，人们至今仍可以目睹这一过程。在利比亚的埃尔欧盖村附近有许多湖泊，这里有富含硫酸钙并带有硫化氢的温泉水涌出湖面。其中有一个名为艾因藻亚的温泉，面积如游泳池大小，水微温（30℃）。硫酸钙于其中呈饱和状态，还有约2.5%的氯化钠——如果盐再少一些，这里俨然就是一片正在干涸的温暖的海洋。在利比亚的炎炎烈日下，此湖每年可产生约100吨粗硫黄，呈黄灰色细泥状，土著贝都因人会采集它们，其中一部分出口埃及（至少1950年我在那儿的时候他们是这么做的），余下的他们自己留下作医药用。硫黄形成的过程是这样的：硫酸盐还原菌通过消耗

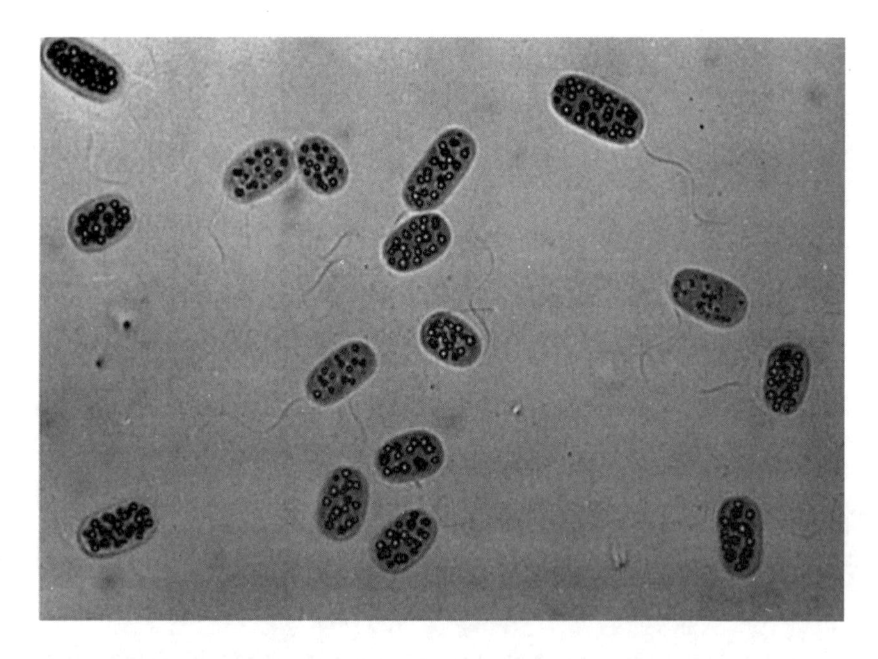

●一种能进行光合作用的红色硫细菌——奥更氏着色菌的显微照片。可见该细菌的尾部（鞭毛）和细胞内大量闪光的硫黄颗粒。在艾因藻亚湖中，这类细菌甚多，它们能把硫化物氧化成硫，并可利用阳光由碳酸盐制造碳水化合物。放大约500倍。［蒙普费尼格（N. Pfennig）教授特许］

着色硫细菌生成的有机物，把溶解的硫酸盐还原成硫化物，而这些硫细菌又利用阳光和部分来自泉水、部分由硫酸盐还原菌产生的硫化物，由二氧化碳来制造有机物。因此，由硫酸盐生成硫黄的过程是由两类相互依存的细菌完成的，整个过程均靠太阳能来推动。湖床由几乎全是着色硫细菌的红色胶泥状物质组成；湖中大部分是富含硫酸盐还原菌的胶状硫黄悬浮物；整个湖区弥漫着刺鼻的硫化氢气味。

1950年，我和我的同事——已故的巴特林（K. R. Butlin）从此湖取样，并带回了我们的英国实验室。为了对取回的样品进行分析，我们制备了人造湖水，并修建了一座容积约10加仑的小型模拟硫黄湖，当对湖水进行光照时，红色的胶泥生长起来，硫黄随之形成。对实验条件略加改变，就能十分明显地加速硫黄的产生。

在其邻近地区也有一些这类湖泊，而类似的湖泊或硫黄泉在世界各处都有分布。事实表明，人们能够从其中分离到合适的细菌，甚至可以在实验室中重复这种生物成硫作用。这一间接证据使我们充分相信，大部分硫黄沉积物就是这样形成的。但是，还有更充分的证据支持这一看法。约于1950年，加拿大的索德（H. Thode）教授提出，在生物成硫作用中出现了一些天然同位素的分离现象，而这在硫酸盐的化学还原作用中却未曾出现过。

我要暂时离题，向非化学家们解释一下什么是同位素。几乎所有的元素（像氢、氧、氮、硫等）在自然界中都是以原子混合物的方式存在的。其中大部分是一种质量，而小部分具有不同的质量。例如，硫主要由32倍于氢原子重量的原子组成；但其中2%的原子要重一些，是氢原子重量的34倍。这些同一元素中不同质量的原子就互为同位素。在被称为质谱仪的一种设备上，我们可以很容易地发现它们并对其进行测量，而且，不管这些硫以何种化学结合方式（如硫化物、硫酸盐、硫代硫酸盐、有机化合物）出现，其同位素所占的比例都是相似的——相似，但并不相等。因为据索德观察，在不可能有生物学作用存在的流星或火山中发现的硫化物和硫酸盐，其硫原子的同位素比率是相等的，取自本行星生命起源之前形成的地质学地层的含硫矿物也是如此。但是，在硫酸盐还原菌培养物或该菌的天然生活环境里形成的硫化物中，较轻的同位素更多些，而在残留的硫酸盐中，较重的同位素含量要多些。由于某种原因，细菌的硫酸盐还原作用，似乎使硫的天然同位素出现了可观的分离现象。火山中的硫具有天然的（或者说是流星里的）同位素比率，而在得克萨斯州和路易斯安那州的硫黄沉积物，以及西西里岛的硫黄沉积物和来自艾因藻亚湖的样品中，同位素比率却是第二种情况——生物学同位素的比率。

因此，同位素实验的数据充分表明，细菌与世界主要硫资源形成过程中硫酸盐向硫化物的转变有关。但是，它们并不能证明细菌参与了接下来的步骤——硫化物氧化成硫。某些权威人士相信细菌与此无关，他们认为空气的氧化作用，或硫化物和硫酸盐间缓慢的化学反应，就足以解释硫的生成了。可是，俄罗斯的学者们提出的证据清楚地表明，在喀尔巴阡山的沉积物中发现的硫黄，有80%是由于硫杆菌作用产生的（我在第二章当中介绍过这一点，这种无色的细菌能在空气中把硫化物氧化成硫，而且常进一步生成硫酸）。地质年代以前，这一步骤还决不可能实现，但如果这第二步当真是微生物所为，我们就能对一个问题做出合理的解释了，即硫酸盐还原菌是怎样为硫酸盐的还原作用获得能量的——它们从着色硫细菌或硫杆菌由二氧化碳制取的碳化合物中得到能量。

对于海水从现在的得克萨斯州、路易斯安那州和墨西哥某些地区退走时出现的硫生成作用，我已有过描述。应当补充说明的是，某些地质学家认为，海洋的蒸发在先，而当盐床被埋在后来的沉积物下很久以后，生成石油的细菌性的硫酸盐还原作用才出现。一些权威人士相信，这些细菌能够用石油作为能源进入硫酸钙层。我在此只是想说明，大家对第一步的看法并无争议——硫酸盐还原菌参与了由硫酸盐形成硫化物的过程。

受生物学成硫作用的启发，有人倡议用细菌来进行硫的工业生产。对于这种可能性，我将在本章其他部分进行讨论。

由细菌作用产生的第二种重要无机沉积物是苏打（碳酸钠），在世界各地均有埋藏。硫酸盐还原菌也与该过程有关。当硫未能大规模形成时，这一过程就会发生。如果由于某种原因在任何地方出现了广泛的细菌成硫作用，则被还原的通常是硫化钙，因为这种与水的永久硬度有关的盐类是最普通的无机硫酸盐。简而言之，我一直谈到的硫酸到硫化物的这一还原作用，其实通常指的是硫酸钙还原成硫化钙。以化学符号表示可写成：

$$CaSO_4 \rightarrow Cas$$

如果有二氧化碳存在（常由微生物呼吸作用产生），某些硫化钙就会和它反应，从而放出硫化氢：

$$CaS + CO_2 \xrightarrow{\text{在水中}} CaCO_3 + H_2S$$

硫化氢具有特有的臭蛋气味，严重污染环境。另一种产物为碳酸钙，又称白垩。在某些环境中，例如埃及的奈特伦洼地，主要的无机硫酸盐是硫酸钠，在这种情况下，其终末产物是碳酸钠或苏打。已故的埃及教授阿卜杜勒 · 马利克（Abd-el-Malek）研究过奈特伦洼地，他提出的间接证据表明，有关苏打形成的这种观点是正确的：在这种环境中，硫酸盐还原菌的数目随着沉积物的增多而增多。

无论硫酸盐还原菌在何处活动，硫化物都会生成。但是由于这种细菌是专性厌氧菌，在空气中会失去活性，因此它们的活动范围相当受限制。它们需要有充足的有机物和硫酸盐供应以便开展工作。不过该种机制一旦运转起来，这些细菌就会将自身的良好活动状态保持下去，因为硫化物对其他生物相当有毒，以致后者死亡、分解，结果使硫酸盐还原菌得到了更多的有机物以供所需。其他的硫细菌可能也会繁殖起来，而基于硫循环的小型生态系统就得以建立，形成了所谓的硫的绝氧环境（第15页）。作为巨大的硫的绝氧环境之组成部分，世界上的硫矿才得以形成，而硫的绝氧环境在一定场合下建立起来之后，苏打就会生成。现在，地球的大多数泉水中都含有溶解铁，有些还溶有铜和铅。当这些泉水遇到硫的绝氧环境时，溶解的金属将直接与H_2S反应而生成金属硫化物。这种物质会沉积起来。某些人认为，世界上的硫化物矿物资源就是以这种方式形成的。铀矿可能就是这样浓缩起来的；铜和铅大多以硫化物矿的形式出现，在实验室中已模拟了它们的生成。但是，模拟自然的实验室实验并不一定能证明自然界真的发生过这类事件。这种用铜、铅和其他金属硫化物矿来进行的，用来确定天然硫生物学起源的同位素分布的实验，并未得到明确的结果，因此，它们的生物学形成理论还缺乏有力的支持。

铁的情况是个例外。人们在许多海洋沉淀物及有硫的绝氧环境形成的区域发现了硫化铁，而且，这种硫化铁矿中的硫具有生物学同位素的分布特性。含铁的一种重要无机物是黄铁矿，众所周知，它是通过使名为水陨硫铁的无机物部分脱水的途径，以地质学的方式，由沉积的硫化铁（Fes）形成的。其精细的化学过程与我们关系不大，此处不再深究；问题的结论是，黄铁矿（其化学式为FeS_2，而硫化铁则为FeS）系生物学作用形成，其功劳又多半归于硫酸盐还原菌。黄铁矿化的化石是有可能存在的，因为有机体在腐败过程中会有小范围硫的绝氧环境形成；因此，由于溶解的铁原子一个接一个地渗透到硫的绝氧环境中，死亡有机体的较坚固部分的“复制品”呈现了出来。但更为重要的是，在硫酸生产中，黄铁矿可用来代替硫黄。黄铁矿经燃烧可产生氧化铁和硫的气体氧化物，后者在工业生产中容易转变成硫酸。1950年，英国的150万吨硫酸有1／6由黄铁矿制得。此工艺不如用天然硫来得经济，但是随着硫变得更加稀少和昂贵，这种工艺的使用日渐增多。

由此看来，硫酸盐还原菌对世界上2～3种（甚至更多）的矿物资源的生成具有极其重要的作用，但它不是唯一关系重大的微生物。沼泽区边缘有一种特别纯的铁矿，名为沼铁矿，它是由铁细菌的作用形成的。这些细菌能够把溶解度大的亚铁氧化成较不易溶于水的正铁，后者作为铁锈样的矿物被沉淀下来。这个过程的化学反应式为：

$$FeX_2 + O_2 \xrightarrow{\text{在水中}} Fe(OH)_3 + 2HX$$

式中的X代表像有机衍生物一类的单价阴离子。（非化学家们或许需要回忆一下我在第一章中做过的解释：当作为化学衍生物溶于水中时，铁的存在形式有两种，其中一种是由于氧对另一种作用而形成的，不太能溶解。）例如，从泥炭沼泽渗出的泉水中可溶性亚铁的含量比较丰富，酸度也较高。假如这些泉水流入了白垩区受到中和，铁细菌就能大量繁殖起来，经过一定时间，大块矿藏就会形成。我们还不清楚细菌为何要这样做，但是认为亚铁的氧化能使它们自养生长这种看法似乎是错误的。然而，该产物是一种很纯的矿，由于它随时可供使用且纯度很高，或许是人类最早使用的金属矿。看来，球衣细菌、纤发菌及其他铁细菌为人类从石器时代向铁器时代的过渡助了一臂之力。

自然，现在工业上所用的铁矿主要是其他类型的，因为剩余的沼铁矿实在太少了。但是，我们还是经常能在小范围内见到沼铁矿的形成过程，如富含泥潭和铁的水流从沼泽或泉眼涌出之处，周围的石块和岩石上常常形成棕色的铁锈样沉积物。或许，某些氧化锰矿的形成方式也与此类似。

为免于给大家造成这样的印象，即细菌是与无机盐生成有关的唯一微生物，请允许我在此提醒诸位读者，白垩几乎是纯的碳酸钙，它在英国诸岛的组成中占相当大的比例，在地质时代由总体名为有孔虫目的棘状原生动物类的外壳压缩形成。在富含氧化钙的溪流和泉水里，另一种叫作钙华的含钙矿产生了，而这一过程中，微小藻类和蓝细菌起着重要的作用。

黄铁矿的天然形成是由细菌参与的一个复杂过程。后面我将谈到煤和金矿是怎样出现于黄铁矿层中的。而某些细菌（最著名的是硫细菌——氧化亚铁硫杆菌）又是如何通过氧化作用形成诸如硫酸这类腐蚀管道和损坏采矿机械之物质的。在矿区外的黄铁矿堆积场，这些微生物繁殖起来，使环境酸化。由于酸的分解作用，黄铁矿溶解，而游离硫黄就是该反应的产物之一。硫黄又被氧化硫硫杆菌等细菌氧化，产生更多的酸。这样，人们就得到了一种使人感兴趣的机制，即让雨水透过黄铁矿堆积场，借细菌之助把溶解的铁和硫酸冲洗出来。流出的水呈棕色铁锈样。当今，所有的黄铁矿中均含有少量的铜，它是有利用价值的，能够以硫酸铜的形式被淋洗出来。某些小型工厂采用流动水漂洗碎铁的方法来提取铜，即在铁溶出的同时铜被沉淀下来。其化学反应式为：

$$Fe + CuSO_4 \xrightarrow{\text{在水中}} FeSO_4 + Cu$$

随后铁细菌把硫酸亚铁转变为三氧化二铁，以一种叫作赭石的矿物形式沉积下来，这种矿石可被用在染料工业中。其实能获得贵重的铜就已经很值得了，锦上添花的是，通过这种工艺产生的赭石远远超过了实际需要。据美国文献报道，由于氧化亚铁硫杆菌的作用，钼、钛、铬和锌都可以从黄铁矿层中浸提出来。用同样的方法可从低品位硫化物矿石中把铀淋洗出来，这点对于将来原子能的利用特别重要。金也常与黄铁矿相关联。据1993年新闻报道，一群细菌（可能包括氧化亚铁硫杆菌）已被开发用于加纳的阿善提金矿，把包藏在黄铁矿中的金微粒释放出来，因而使矿产量增加。

1964年，法国曾有过一则相当惊人的报道，据说有人从热带土壤中也分离出了一种需氧芽孢菌（显然不是硫杆菌），经证实，它能把与含矿红土（这类土壤的主要部分）结合的金释放出来，但是溶出的金量甚少，没有实际的工业微生物学价值。真菌曲霉和青霉的某些品系产生柠檬酸和草酸一类化合物，可以从非硫化物矿中把镍、钴、铝等矿物质溶解出来，但我们还不清楚这是否具有实用价值。

让我们回到本章开始讨论的地质时代以前发生的最重要的微生

物经济活动上来，考虑一下煤这种工业革命基本燃料的情况吧。现在，我们对煤的形成已了解得相当透彻：大约3亿年前地球处于石炭纪地质期时，茂密的森林覆盖着大地，植物种类主要是今日苔藓类和羊齿类的近亲，但树形庞大，枝叶繁茂。那时的环境温暖潮湿，沼泽地和泥炭地遍布。由于植物的死亡和腐烂，大片可作为肥料的堆积物形成了，透入的任何氧气都会立刻被腐生菌耗尽。因此，厌氧菌开始进行发酵作用，生成甲烷（沼气），同时，植物的碎屑转变为化学组成相当不确定的物质——腐殖酸。直到今天，这一过程都还在进行。沼泽中的这种腐烂物质干燥后，就成为泥炭，一种有价值的燃料。泥炭沼泽地的上空随风摇曳的“鬼火”，其实就是甲烷燃烧的火焰，那是一种罕见的纯自然现象。就化学意义上而言，腐殖酸具有防腐的特性，因此，它们虽是微生物作用于植物材料所产生的，却都能防止微生物进一步作用。从泥炭沼泽地中发掘出的金属、木制器物甚至尸体很少腐烂，就是这个缘故。

所以说，泥炭是煤形成的早期阶段。从化学观点来看，它主要是由碳、氢和氧组成的植物材料，但含氧量较少，所以干燥后容易在空气中燃烧。在千百万年前的石炭纪时代中，泥炭沉积物被沙石覆盖，处于重压之下。随着压力的增大，泥炭逐渐转化为煤：首先形成棕色的煤（或称褐煤，其结构更像泥炭），后来变为众所周知的烟煤。如果压力足够大，高纯度的无烟煤就会形成。在压力作用下，12厘米厚的泥炭层能产生一厘米的煤。如果这种矿物发生进一步的化学变化，使含碳量增高而含氢量减少，最后无烟煤就几乎成为纯碳。压力究竟为何对泥炭有这种效应，我们并未完全明了，但十分清楚的是，在早期阶段残留的、能抵抗泥炭杀菌作用的细菌有助于氢的除去。无论如何，从经济方面看，重要之点在于，煤形成的最初过程是甲烷菌（我相信读者应当记得，它们是强厌氧菌：在空气中不能生长）对植物材料的腐败作用。

甲烷就是沼气。如果你找到一个按季节定期沉积树叶和其他植物的池塘，用一根木棍捅进池底的泥中，就会有沼气泡冒出水面。这种气体是由产甲烷细菌产生的，可用果酱瓶将其收集起来并能使之燃烧。它若自燃起来，就会出现前面提到的“鬼火”。煤的形成期间必然产生大量的甲烷，它是天然气中的主要成分，从20世纪后叶开始，甲烷已成为越来越重要的能源。按所能提供的能量计算，北海海地的地下甲烷埋藏量大大超过英国煤的总储量。因为煤的开采和燃烧都危害健康，并且燃烧煤又会使雨酸化而损坏农田，还浪费了可贵的煤焦油产品。而天然气是比较洁净的燃料，其用途也越来越大：1996年美国对它的消费量超过7000万立方米。人们常在煤矿中发现甲烷，但它是危险的气体，是煤矿中许多悲剧性爆炸的罪魁祸首。目前正在开采的储量庞大的地下天然气中，约1/4来自地质时代甲烷细菌的作用，其余部分似乎自地球起源以来就有了，因为甲烷是少数行星际气体之一，例如，木星的大气主要就是由甲烷和氨组成的。在生命起源以前，地球的原始大气中似乎就有甲烷，其中一些随着地球的冷却被截留和沉降下来，乙烷和丙烷这类气体与后一部分甲烷来源相同，它们在天然气中含量很少，而且不是由任何已知的微生物自然形成的。

20世纪90年代，人们对一种新发现的矿物（或许是很有潜力的化石燃料资源）产生了相当大的兴趣。在高压和接近冰冻的温度下，甲烷与水结合形成了一种叫作水合甲烷的包合物，其中，甲烷分子被俘获进水分子里（1分子甲烷对5～6分子水），一起被冻成结晶；新近发现，在世界海洋深至500米以下处有着巨大的矿床，据估计其甲烷储量相当于世界其他化石燃料的两倍。人们相信这巨量的甲烷是由生物产生的：在地质时代，它由产甲烷细菌利用有机物生成，常富含于海洋沉积物中。作为水合物，这种气体已被冰冷的水凝住，不会像沼气那样逸出。如此形成的"甲烷冰"结晶富含于耐寒的细菌里，细菌被海蠕虫（"冰蚯蚓"，对矿床钻孔并栖息于这些孔隙中）吞食，而像贻贝和海星这类更高级的有机体又以冰蚯蚓为食：这种矿床在黑暗而冰冷的环境中孕育了生命！但是，这一新发现不仅激起生物学家的兴趣，庞大的天然气储备也引起了许多国家（特别是像印度、日本这类本土燃料资源匮乏的国家）极大的经济兴趣。开发此种资源的具体手段尚在设计之中，付诸实施不过是个时间问题：人们只需对甲烷水合物进行加温或减压，气体就会被释放出来。

人类的第三种化石燃料是石油，而它的蒸馏产物统称为汽油。石油是否由微生物的作用产生？这个问题一直没有答案。其主要原因是没有人能在实验室条件下成功地使细菌生成油，至少是没有生成数量可观的油。在本行星的摇篮时代，石油中的烃类化合物可能已经靠水与金属碳化物的化学反应形成了，但是，石油矿藏更可能是源于生物学的作用。原因如下。首先，石油井中富含厌氧微生物，特别是硫酸盐还原菌。它们与拥有生物学起源的硫矿有关，而且当科学家们已能成功地在微生物培养物中发现类似油的化合物时，这些微生物已经是包括硫酸盐还原菌在内的混合群体了。其次，在原油中人们还可以发现被称为卟啉的化合物，它们来源于生物的呼吸酶，除了生物体不会有这种物质。最后，某些烃类具有光学活性，这就意味着，它们的分子有一种唯有生物系统的作用才能产生的构型。上述观点都不是结论。譬如说，所有的看法都来自微生物对形成以后的石油之作用，这类作用微生物学家们无不十分熟悉。但是，说不定成油的生物学过程会与本行星上生成硫黄、煤以及天然气等矿藏的过程相同。

虽然我们不能证明油的形成与微生物有关，但有一点几乎是没有任何疑问的，那就是微生物对石油矿藏有聚结作用。油矿中的许多石油被吸附于岩石（称为油页岩）上，这些岩石多半是由硫酸钙所构成。加利福尼亚州的佐贝尔（ZoBell）教授十分清楚地表明，当我们的老朋友硫酸盐还原菌在油页岩中生长时，它会使吸附于岩石上的油释放出来并聚结成滴。细菌的这种作用有多种机制，其中之一是把岩石还原成硫化物，因此随着结构的改变，被吸附的物质得以释放；另一种机制是生成类似去污剂的物质，把石油清洗出来。别的厌氧菌在上述作用中也有功劳，在得克萨斯州和加利福尼亚州的某些地方，石油从页岩中释放出来汇成巨大的油池，人们相信这些大油田是由于细菌对页岩的作用而形成的。废油井（即由于油井压力降低而停止喷油的油井）中储有许多有用的石油，我们可以通过向油层中注入盐水或海水而使油上浮的办法，将其中的一些石油置换出来。这就是二次采油。但是，仍然还有不少石油吸附在相应的页岩上，在捷克斯洛伐克，人们采用了一种方法，成功地提高了二次采油量，即向油井中泵入硫酸盐还原菌所需要的营养物质。不幸的是，这种做法的收效甚微，而且只是暂时的，原因想必大家都猜到了——今日的石油是细菌们几个世纪以来的工作成果，短短几周时间能有多大的成效呢?

第二节　微生物与工业

前面讨论了微生物对工业资源形成的重要性，最后一段中，我还提到了微生物在工业中的应用。今天，所有这些工艺都能付诸使用吗？还是说它们并没有什么用武之地？

粗略的回答是，目前本行星上的煤、石油、甲烷和硫黄等矿藏都还足够人类再使用一些时间，而如果这些基本物质出现任何短缺，最符合逻辑的解决方法，是利用核能或水电能通过某些工业化学工艺来生产之，而不是模仿它们的自然形成途径。但是，人并非都按逻辑办事。也许是由于天生目光短浅，我们无法全球统筹地来使用本行星的资源。局部的原料短缺是我们这个只能有部分文明的行星的慢性病，一个典型事例出现于20世纪50年代早期。那时，西欧工业的典型代表——英国工业要依靠从美国进口天然硫黄来运行。到1950年，现有硫黄储备消耗率超过了新矿的发现率，美国硫黄价格上扬，雪上加霜的是，第二次世界大战导致美元紧缺，于是英国和大多数西欧国家发现，它们的工业恢复受到了世界硫短缺的严重阻碍。硫短缺刺激了进一步的勘探，许多新矿藏被发现，但是，硫黄危机只推迟了10年左右。到20世纪50年代中期，硫短缺得到了缓和，但1963年，硫黄消耗量再次超过新矿藏的发现量，新的硫黄短缺再次出现。好在这次问题不太严重，因为在20世纪50年代期间，一些主要工业已改用黄铁矿和别的矿物作为生产硫酸的原料了。快到20世纪70年代时，硫黄供应再次缓和，但在20世纪70年代中期，新的硫黄短缺似乎又成了燃眉之急，后来由于经济衰退，对硫的需要减少了。然而，据可靠消息，由于消耗太快，世界天然硫资源已经用不了几十年了。

由于20世纪50年代初期的硫黄危机，英国某实验室基于自然界硫酸盐还原菌的作用方式，开发出了一项用微生物来制造硫酸的工艺。在本人的积极参与下，已故的巴特林（K. R. Butlin）及其同事们表明，用硫酸盐还原菌发酵污水，所得到的硫黄是可以满足英国的需要量的。这种工艺是把堆肥污泥和石膏（硫酸钙）拌和在一起。产物实际上只是硫化氢而不是硫黄，但这同样是有用的，因为我们可根据需要，以不同的工业化学工艺将其转变为硫黄或硫酸。经过上述处理的污泥有利于进一步处理，因为它的沉淀特性得到了改善，就不用费工夫去排除水了，伦敦的污水处理厂曾将这项工艺发展到小型试验工厂的规模。然而，市场竞争压低了硫酸的价格，所以这项工作未能继续进行。英国的硫黄甚至变得多少可以自给自足了，所以勘探工作就相应地放慢了步伐。用微生物学方法生产硫黄似乎无法满足英国对硫的需求，但对于那些工业化程度低和外汇储备有限的国家来说，以污泥生产硫黄的微生物学工艺或许还是可取的。一种由工业废料生产硫黄的相关工艺已被捷克斯洛伐克所采用；在印度某些地区，硫黄作坊已经成为一种可行的小型工业。

在亚洲和非洲的工业欠发达地区，人们已经开始使用一种设备，这种设备利用细菌发酵农业废料和污水来生产甲烷，而靠细菌从农业废料生成的甲烷来启动冰箱的装置，也已在热带地区投入使用。这样产生的甲烷常含有氢和二氧化碳，但不失为一种优质燃料。在印度和一些不太发达的国家，它被冠以生物气体之名，用来作为对更昂贵的（或更不易获取的）化石燃料的补充；由于当今世界能源的短缺，生物气体已引起了生物工程学家们的特别关注。实际上，甲烷是日常污水处理中某阶段的常规产物，而在高度工业化的国家，较完善的污水处理厂会利用污水消解中生成的甲烷来开动机器，有时甚至用来发动卡车，有些污水处理厂向乡村供应甲烷。在第八章中，我将结合污水处理讨论一下甲烷的生产。

当产品是硫或甲烷这类简单化学物质时，考虑到经济因素，微生物工艺是需要一种廉价的废料来做为原料的。例如，工业酒精向来就是由酵母菌发酵糖蜜（制糖工业的一种下脚料）而获得的。在亚硫酸盐存在的情况下进行酒精发酵，则可以生成甘油。重要工业溶剂丙酮和丁醇是糖蜜经丙酮丁醇梭菌发酵生产的——南非仍在使用该工艺。用于电镀、纺织工业以及作为食品添加剂的乳酸，有时是通过乳杆菌发酵来生产的。乙酸则时常用传统的醋酸发酵作用来进行工业生产。然而，所有这些产品，现在都可通过纯化学工艺，作为石油工业的副产物很容易地被生产出来。一些拥有现成设备的工厂，会采用发酵工艺来制造这些简单的化学物质，但直率地说，工业发酵作用很少具有经济上的吸引力。因为微生物常在十分稀的溶液中生成产物，这就意味着，人们还必须应用昂贵的浓缩工艺对其进行处理。尽管工业对产品本身的需要不断增长，但考虑到上述事实以及原料必须便宜的原则，在生产需要量大的重化工产品时，微生物制法一般说来是不合算的。

20世纪70年代中期，当世界能源短缺开始为患时，例外情况出现了。缺乏石油及化石燃料的国家开始认真地用微生物学方法生产能源了。前面我谈到过生物气体（或甲烷），还有一种与其媲美的产品就是燃料酒精。1975年，巴西着手了一项政府发起的计划，通过发酵方法来生产汽车用燃料酒精，起初的原料是甘蔗，后来又改用木薯。这一实践取得了极大的成功：巴西在1979年生产了370万立方米的燃料酒精，1985年的产量超过1000万立方米。据说在里约热内卢，交通烟雾别有一番气味。我不太清楚这一生产工艺到底有多合算，因为它似乎时不时需要些补贴，不过它倒是引起了全世界的兴趣，采用玉米、洋蓟甚至处理过的木屑来进行生产的工艺正被开发出来。具有讽刺意味的是，尽管美国有大量的石油供应，但这还不够，用过剩的玉米生产燃料酒精的工厂不乏存在：汽油醇（含有10%乙醇的汽油）已经在美国投入使用了几十年。问题是，使用酒精时，一般的汽油发动机会过热，因此必须进行改进。世界能源短缺会由于世纪末的经济衰退而有所缓解，但随着工业的恢复，在生产其他诸如丁醇或硫黄等富含能量的产品时，发酵方法可能又会变得经济起来。

出于种种原因，有些物质是化学家们难于进行工业规模生产的，因此微生物在工业方面是前途无量的。柠檬酸多被用于软饮料工业，虽然化学结构简单，但它的合成并不容易。因此，工业规模的柠檬酸生产一直是采用微生物学方法的，今后可能依然是这样；延胡索酸和衣康酸是比柠檬酸更简单的化学品，但也不容易通过化学方法来制造，它们被用于塑料和合成漆工业，分别由根霉属和曲霉属的霉菌对糖发酵而产生；葡萄糖的衍生物葡糖酸是在制药工厂进行生产的，它可以在为病人补钙时派上用场（葡糖酸钙可以被安全地注射进人体），还是洁瓶剂和金属酸浸剂的组成成分。利用黑曲霉对葡萄糖的作用可以对其进行工业生产。复杂的微生物产品在化妆品工业中有诸多应用。例如，通过各种链球菌的发酵作用可生产出透明质酸，后者具弹性和黏性，是包括我们自身在内的脊椎动物的正常结缔组织中的一种成分，它也是软膏、乳剂和化妆品的普通成分，还被用作外科辅助剂；酵母菌可被开发成具有柔肤、润滑和保湿特性的物质；有几类细菌可生成环糊精，后者具有一种奇异特性，可使香水稳定而不致老化或挥发过快。在与上述内容十分不同的经济领域，几类厌氧菌能生成一种可储存的产品——聚-β-羟丁酸（简称PHB）——这名字听起来挺陌生的。该产品很受塑料工业青睐，因为它跟聚乙烯及其他热塑性多聚物一样，经加热塑型可变成瓶子、平板、网子、纤维等物。然而，与石油化学的塑料不同，这种“生物塑料”属环保型产品，被抛弃后会迅速彻底降解。只要在适当的条件下培养，真养产碱菌干重的90%以上都是PHB；按此法生产的PHB已被推向市场，可是，浓集细胞并提取其PHB的操作耗资巨大，生物塑料制品的价格自然不菲。

具有光学活性的物质是一组难于合成的普通化合物。这些化合物对于偏振光具有旋光性，可以用适当的光学仪器进行检测。这些效应显示了某些化合物分子结构上的细微差别。为便于读者理解，我简单举几个例子。请看下图化学式为Cwxyz的碳化物。C代表碳原子，而与其相连的，是四种不同的原子w、x、y和z。假如你能看见那种化合物所具有的三维结构，它们会像下图这样：

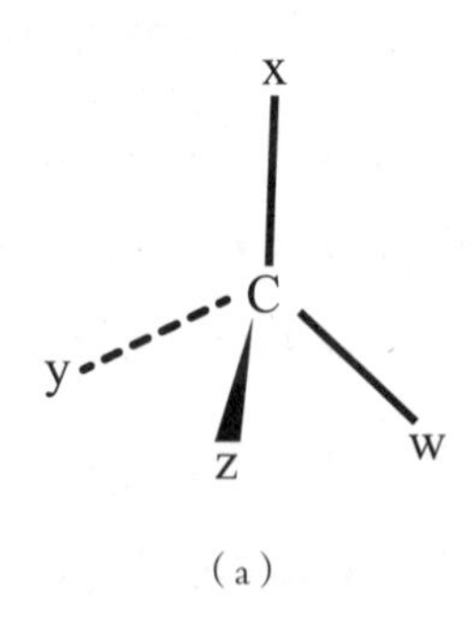

（a）

其中，x和w与纸在同一平面，z指向外，y则向内指。从几何学上看，w、x、y和z位于四面体的顶点上，而C处于中心。这种分子是非对称的，如果你拿起一面镜子对着它，它的映像是这样的：

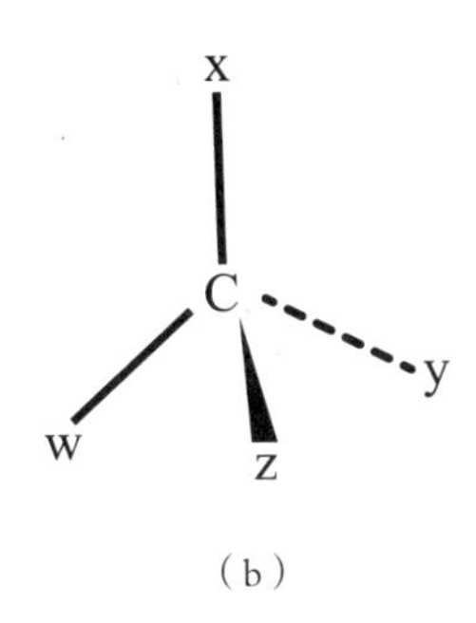

（b）

原分子与其映像是不同的，因为无论怎么扭转（b），你也绝不可能使其与（a）重叠。所以说，任何含有连接着4个不同原子（或原子基团）的碳原子或其他原子的化合物，都能以结构上互成镜像的两种形式存在。但是，这两种形式在一般化学性质上表现相同，只是在某些细微特性上有所不同，比如对光的效应。当化学家们在实验室里合成这样一种不对称的化合物时，他们得到的化合物中，两种形式以等比例混合。但是，当生物学系统制造或利用不对称的化合物时，它们通常只制造或利用这两种形式中的一种。的确，大多数生物分子是不对称的，而且几乎所有的都属于左旋分子构象。微生物常被用于制备具光学活性的化合物，原因有以下两点：第一，有些微生物会优先利用左旋形式的化合物，这就使化学家得以把此两类化合物分开，因为微生物留下了一种化合物；第二，如果微生物产生一种不对称化合物，它们常常只生成两种形式中的一种，一般是左旋的。既然有光学活性的化合物的化学性质如此相似，为何人们还要把它们分开？这是因为这两种形式化合物的生物学效应有所不同。例如，药物活性常常与具有右旋分子构象有关，这种分子可能具有几个不对称中心，而在这样的情况下，生物学的，尤其是微生物学的方法才是唯一可行的手段。

药学和科学研究中可能需要有光学活性的化合物，但它们并非一个国家的重工业所需的那类化学品，它们代表着一类可能需要生物学工艺的精细化学品，但这远不是微生物的专利。从动物和植物中获得的生物碱、激素和许多药物处方中的其他天然产物，并不比得自微生物者少。

有些物质唯独微生物可以生产，经典实例当推抗生素。如我在第三章中所述，抗生素是由某种微生物产生的物质，它们不是能杀死其他微生物，就是能阻止其生长。它们有时具有非凡的功效：在用于抵抗敏感微生物的药物中，青霉素一直是效力最高的。它是由一种丝状霉菌——青霉产生的。产生青霉素的微生物种类繁多，但工业上用的是产黄青霉。而在最早期的工作中，青霉素产量甚微。

尽管有抗药菌株和过敏反应患者出现，青霉素仍不失为一种具革命意义的良方，并一直是我们所掌握的最有价值的药剂之一，而且非用微生物学方法生产不可。理由很简单，因为化学方法很难制备。饶有兴味之点在于，当前用以生产青霉素产品的青霉，其生产能力至少是弗莱明当年最初发现的菌株的300倍。这有力地证明了工业微生物学的灵活性。我曾多次强调，微生物具有极大的适应性，换句话说，它们能使自身适应新的环境。这种适应涉及一种叫作突变的过程，我将在本章后部进行讨论。既然我们能得到对药物有抗性的突变体或能以不常用的物质来培养细菌，那么我们同样能得到某些突变体，让它们更多或更少地产出像青霉素这样的副产品。

一种方法是用诸如芥子气等物质或用紫外线、γ-射线或X-射线去虐待微生物，以便增加其未被杀死个体中突变的产生。借助这些手段，我们得到了产黄青霉的突变体，使青霉素的生产能力得以提高。工业上使用的所有菌种都是突变体，它们的生产能力属于需严格保守的商业秘密。

青霉素，或者说由不同菌株在不同条件下产生的3～4种青霉素，通常是批量发酵生产的。连续培养迄今还用得不多。但是，在20世纪60年代，英国的贝克曼研究室开发出了一种半微生物学半化学的方法，使青霉素分子产生了各种实验室变种，其中一些变种经证实特别有用。青霉素的分子式为：

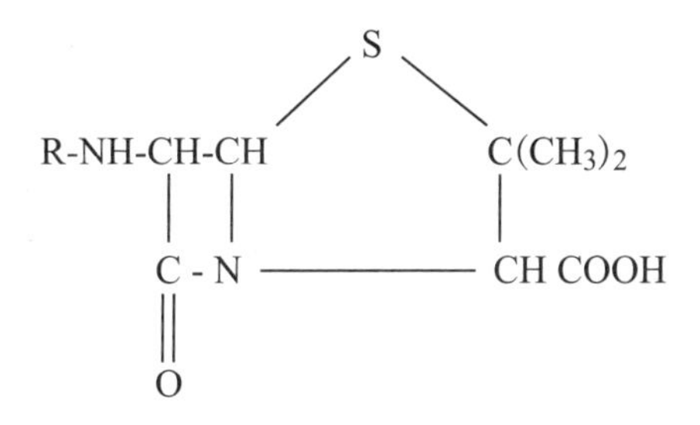

式中“R”代表一个原子基因，其精细结构决定着青霉素的种类。采用特别的突变体菌株和培养条件，就有可能使该霉菌产生青霉烷酸，它与青霉素结构相似，只是“R”处换成了“H”。其结构式如下：

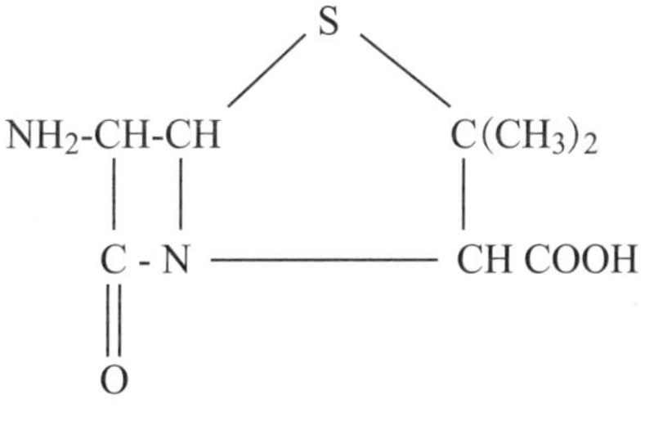

```
               S
             /   \
NH2-CH-CH          C(CH3)2
    |   |           |
    C - N --------- CH COOH
    ||
    O
```

●工业生产用发酵罐。格兰素化学公司用于生产抗生素的发酵罐，其容量为 110 立方米。
［蒙格兰素化学公司集团研究有限公司沃德（J. B. Ward）博士许可］

这种物质并非抗生素，但如果通过化学处理接上一个“R”基团，它就成了抗生素。那么，如果在“R”的位置接上一些基因，我们就能制造出大量“非天然的”青霉素，这种情况在自然条件下是不会发生的。贝克曼实验室建立的这一方法的成功之处在于，它使某些产品能够抵抗那些对天然青霉素有抗性的细菌。

这样，微生物学和化学工艺就结合起来，用到了工业生产上。在青霉素发现后不久出现的抗生素之一，是由委内瑞拉链霉菌产生的氯霉素，它能够对抗青霉素难以触动的细菌，如引起伤寒的细菌。该物质化学结构比较简单，但难于用化学方法生产，其工业生产需借助于微生物进行。尽管我们通过发酵手段制成了数量繁多的其他抗生素，且有数不清的研究报告见诸科学文献，但令人吃惊的是，已被证明真正具有药用价值的却为数甚少。不过，对它们进行分类还是可能的。我现在把那些经证明具有一些医疗价值的抗生素的概况介绍如下：

青霉素类：它是首先被人发现的毒性最小、效用最大的抗生素，由青霉属和某些曲霉属菌种产生。虽然青霉素在发挥作用时效果极佳，但其抗菌谱——即它能对抗的细菌种类的多少——却比较窄。头孢菌素是与青霉素有关的抗生素，其作用范围较广，常能攻击对普通青霉素有抗性的细菌。它们由头孢菌属的真菌产生。而与天然物质相比，半合成青霉素的活性范围是有所增大的。

多肽类抗生素：这些是由芽孢杆菌属细菌产生的特殊结构蛋白质片段，能对其他细菌起到对抗作用。它们的作用颇像去污剂，会损伤细胞壁。这种抗生素体内使用毒性太大，但可用于处理外伤。短杆菌肽、多粘菌素和杆菌肽即属此类。

四环素族抗生素：抗菌谱很广，它们虽然对与我们共同生活的正常细菌也相当无礼，但很受医生们青睐。医生们不仅用这些抗生素去应付对青霉素不敏感的细菌感染，还用其控制那些伴随病毒性疾患出现的继发性细菌感染。它们由霉菌及一群叫作放线菌的丝状细菌生成。在形成的变种中，链霉菌属放线菌特别值得一提。广泛使用的氯四环素（金霉素）和氧四环素（土霉素），分别由金色链霉菌和龟裂链霉菌产生。近20多年来，英格兰约翰·殷奈斯（John

Innes）实验室的大卫·霍布伍德爵士（Sir David Hopwood）及其同事们，对链霉菌细胞中与构建这类抗生素以及不具抗生作用的相关分子有牵连的基因，做了详细研究。20世纪90年代中期，他们通过基因操作，用研究所获得的知识进行了基因重组开发，使来自不同微生物的基因在单一链霉菌品系中协同作用，以产生杂种分子。眼下，这一手段已被用来制备这类新奇的抗生素。

糖苷类抗生素：链霉素是继青霉素之后被人们发现的一种抗生素，由灰色链霉菌产生。它比青霉素和四环素族的毒性大些，但一直具有很高的医疗价值，对结核病的治疗特别有效。它攻击多种对青霉素不敏感的细菌，按所含糖分子结构的不同，从化学上可把它们分成许多种类。与其有关的新霉素，是由弗氏链霉菌产生的，注射用毒性太大，但它在肠道中不被吸收，因此对肠道和皮肤感染的治疗很有价值。新生霉素也属于这类抗生素，而从化学上看来，大环内酯类抗生素——红霉素也属于这一类，只是关系较远，它被用于控制抗青霉素细菌的感染。这些物质都由链霉菌属的菌株产生。

多烯类抗生素：某些链霉菌产生与维生素A关系较远的化合物，能对霉菌起作用。它们已被用于治疗真菌感染，其中，制霉菌素医用范围最广。

其他抗生素：1938～1978年，研究抗生素的强劲之风渐趋减弱时，先后5500种以上的抗生素已经被报道出来。到1990年，进行商业化生产的抗生素有100种以上，还不断有新产品涌现或被人为研制出来。使人颇有兴趣的品种是抗肿瘤制剂，它能使某些癌症消退。首先被发现的是放线菌素，其毒性的确太大，故使用价值不高。针对来自美国的丝裂霉素和来自苏联的橄榄霉素等不太有毒的品种的研究，却取得了一些临床效果。它们都是由放线菌的菌株产生的，通过干扰活细胞中控制生长的成分——核糖核酸（RNA）的功能而发挥作用。其他值得特别提及的抗生素还有：氯霉素，一种广谱抗生素，它是唯一用化学方法生产的品种；环丝氨酸，另一种链霉菌的产物，用于结核病的治疗；还有利福平，一种抗结核的抗生素，它是对来源于地中海链霉菌的利福霉素进行化学修饰而制成的；灰黄霉素也值得一提，它由灰黄青霉菌产生，还可由生成链霉素的微生物——灰色链霉菌产生，它对植物病原，尤其是霉菌和锈菌有效，因而在农业上具有重要价值；乳链菌肽，由细菌乳酸乳球菌产生，它其实是一种酶，用于食品保藏。

从后两个例子可以看出，抗生素虽然通常被看作用于人的神奇药剂，却也对农业和食品保藏有应用价值。它们对兽医显然也是重要的，还被用作动物饲料添加剂（第五章中已论及）。抗生素显然是当今工业微生物学的支柱，因为它们是只能用微生物来进行工业生产的可靠且销路好的项目。所以，工业耗巨资对抗生素的进行研究和开发。令人吃惊的是，适于普通医疗的抗生素实际只有近百种，而其中最好的品种——青霉素却是最先被发现的。许多抗生素由放线菌（特别是链霉菌属的菌株）产生，这点也很使人意外；1988年，由链霉菌创造的总货币值约为全世界抗生素产品的一半，共计约50亿英镑。与其他土壤细菌相比，放线菌其实是生长较为缓慢的，因此有人指出，它们之所以能在同土壤细菌的竞争中生存下来，可能是因为它们能产生抗生素，而这点为它们在天然土壤环境中提供了一种选择性优势。但是，这一论点尚有懈可击，因为在自然界中，放线菌似乎从不产生任何抗生素类物质去影响它们的细菌邻居。

工业生产抗生素或维生素等物质时，微生物是被实业家当成特种化学试剂来使用的。实业家利用微生物把某些物质转变成更为有用的东西，而由此再前进一小步，就能在化学合成工序中让微生物和化学物质都参与进去。我曾经举过这方面的例子：把醋酸杆菌接种到化学方法产生的试剂上就能生成维生素C，或通过对青霉烷酸施行化学处理可以制出人工合成的青霉素。

在化学合成工序中，把微生物当试剂用的一个最使人难忘的例子，是甾体（类固醇）化合物的工业生产。甾体是一类激素或与激素有关的物质，它们在制药工业中十分重要。最早的实例是麦角生物碱，它与某些性激素的功能相似，可由麦角菌属的真菌自然产生。麦角菌属真菌侵犯小麦，偶尔意外地进到面包里，在误食者中引起幻觉及多种其他紊乱。与这类生物碱有关的麦角固醇也出现于酵母菌中，且能被提取出来，并制成维生素D。但最有远见的思路，是用根霉属的霉菌去改变植物固醇的化学结构，使之转变为具药理活性的激素。大多数人必定听说过可的松，这是一种肾上腺皮质的激素，对风湿性关节炎有显著的缓解作用。从牛的天然腺体中可以得到极少量这种物质，回溯到1949年，唯一一种替代性制备方法需对某种胆酸进行37步化学处理——难怪它的价格曾经高达约每克500美元。1952年，美国额普约翰公司的研究者们发现，根霉属微生物能够作用于一种叫作黄体酮的十分容易得到的性激素，其中间产物再经过6步化学处理，就可转变成可的松。黄体酮最初只能从动物性腺获取，后来可由墨西哥植物“象脚”中含薯蓣皂苷配基的类固醇制得。此后，有关利用霉菌（主要是根霉和曲霉）使类固醇由一种化学构象转变为另一种的文献资料大量涌现出来。放线菌、芽孢杆菌或棒杆菌这类细菌，在转化过程的某些脱氢反应中相当有用。从原理上看，这种工艺是十分简单的，即让霉菌生长在以葡萄糖和玉米浸出物为养料、含有类固醇乳剂的培养基中（因为类固醇在水中不易溶解，故通常必须进行乳化）。适当时间过后，对培养物进行灭菌处理，把类固醇物质提取出来，如果一切顺利，95%的类固醇得以转变为新的构象。举例来说，少根根霉就可使黄体酮氧化，生成一种用以控制风湿热和关节疾患的抗炎药物。类固醇可被用于预防早期流产、纠正月经周期紊乱或者作为口服避孕药，目前已能通过有微生物作用参与的工艺进行制备。

抗生素、类固醇和维生素堪称当代工业微生物学的“摇钱树”，至少对制药工业来说是这样的。此外，许多普通的医用产品也涉及微生物。葡聚糖是由糖形成的淀粉样物质，输血时能代替血浆，因而具有医用价值。工业上通过肠膜状明串珠菌这种细菌作用于普通的糖来生产该物质；有时人们会杀死细菌，从细胞中提取与糖转化有关的酶，再让酶直接作用于糖，因为这种工艺使整个过程更加可控。抗血清可以保护人们免受破伤风等疾病的威胁，其制备方法是给动物注射活菌，然后取得它们生成的抗体。至于疫苗，传统的制作方法，是在培养基中或在保证安全的情况下在宿主体内培养病原微生物，再通过加热或用消毒剂杀灭的方法使之无害化。之后，疫苗就能被安全地注射给病人，以激发后者对原有病原体的抗性。最近，疫苗可以通过对无害病毒进行基因操作的方法制备出来，这种疫苗与病原体相似，足以把病人的抗性激发起来——对此我在本章中接着还要谈及。

高等植物含有各种生物活性物质，像毒物、药物（如奎宁）、麻醉剂（如鸦片和可卡因）等。如果微生物世界不存在能制造某些这类物质的有机体，那倒是件怪事，只不过，如果不算高等真菌（严格意义上来说，它们不是真正微生物），它们的确相当少。能降低血胆固醇及抑制肠道酶类的霉菌产物曾被报道过，但我不觉得它们有多大用处。

酶，是引发生化反应的生物催化剂，是一组具有重要工业价值的微生物产品。它们可以从多种生物组织中被提取出来，而从工业生产角度来看，通过微生物获得常常是最方便的。果胶，是水果的胶状成分，可使果酱凝结。它受果胶酶的裂解，而该酶可由多种细菌产生，用于澄清果汁。渍麻是一项传统的工艺，即把亚麻浸泡在水中以除去果胶而留下植物纤维，其基本原理是使植物经受细菌果胶酶的作用。就我所知，工业上既未进行细菌的纯培养，又未制备果胶酶以供使用，而宁可采用传统的渍麻法。淀粉酶，是裂解淀粉的酶类，被用于洗衣业和造纸业，可以由曲霉属中的米曲霉或芽孢杆菌属中的细菌来生产。蛋白酶，可使蛋白质降解，用于澄清啤酒、除去待洗涤衣物上的蛋白质污点、烘焙面包时改善面团、兽皮鞣制前除去多余的毛和“肉”以及消去废胶片乳剂中的明胶。据说这种酶还能加速瘀伤中血块的清除。蛋白酶可由植物或包括曲霉属霉菌在内的微生物制取。脂肪酶，能分解脂肪，被用于洗衣业及皮革处理，可以从某些类似假单胞菌的细菌或真菌中提取出来。自20世纪50年代以来，淀粉酶、蛋白酶和脂肪酶等家用生物洗涤剂的普通成分，共同发展了出规模宏大的产业。纤维素酶，能把植物材料的纤维素裂解成葡萄糖，由某些使木材腐烂的真菌和假单胞菌形成，用于对纤维废料的适度发酵。一种叫作DNA聚合酶的特别耐热的酶类，已成为现代分子生物学的重要工具，其市场贸易额现已达数百万美元；该酶可由名为水生栖热菌的嗜热菌制取，而关于此酶的应用，我将在本章的后部谈及。蔗糖酶是另一种经济上重要的酶，它得自酵母菌，能把蔗糖转变为葡萄糖和果糖。这种酶还被用于生产人造蜂蜜，即果葡糖浆，但它最奇妙的用途是制造软心巧克力。这道工艺的过程是迅速用巧克力把一块含有此酶的固体软糖包裹起来。当巧克力凝固成形时，软糖里的蔗糖酶使糖裂解转化，结果，其中的软糖成为半液化状态。

酶常具有一种重要性质，即很强的针对性，也就是说，它们只作用于一定种类的分子，像胆固醇、葡萄糖、延胡索酸等。因此，它们在科学研究中被用来测定受其作用的分子数量，或在诊断医学中发现和测定那些在身体某处不应当出现或含量异常的物质。

数十年来，一项引人瞩目的进展，是名为生物传感器的电子监测设备的应用。这种设备使用酶或整个细胞。化学家们现在会制作一些小电极或伏特电池，它们会对微量的氧、氨、氢离子等做出反应，因而改变其输出电量。拿“氧电极”来说，它其实就是一个电池，只是输出电量取决于环境中氧的浓度。事实证明，它对科学研究和工业生产中氧的监测很有价值。把氧电极同葡萄糖氧化酶结合在一起，你就得到了一件生物传感器，而其中的葡萄糖氧化酶，只有在周围存在葡萄糖的情况下才会消耗氧气。也就是说，只要有葡萄糖存在，氧电极的输出就会下降，而且降低的幅度与环境中的葡萄糖浓度成比例。于是你的电极不仅可以感知葡萄糖的存在，还可以测出其含量。早在1970年，人们就开始使用这种微型电极了，它能测量出仅15微升的患者血清的葡萄糖含量。不过，你无须在生物传感器中使用纯化的酶，只要能同特定的物质起反应，并产生或消耗一种能作用于电极的小分子，任何生物学材料都能进行探测。人们把活微生物（酵母菌或细菌）固定在具渗透性的塑料上，只要它们与适当的电极结合起来，就可用以探查和测量氨基酸，甚至是具抗菌作用的头孢菌素。采用此类设备可以对生产系统、实验装置或医院的患者进行连续监测，而这在以前是无法做到的。生物传感器不只选择性强，而且灵敏度极高。由固定化的发光细菌和光电池组合而成的设备就是个例子。细菌仅在有氧存在时才发光，但它们只需一点点氧就够了。这种组合设备的灵敏度为前面所谈到过的化学“氧电极”的近100倍。

我在本书中尚未提及发光细菌。它们是细菌中的一小群，进行代谢时，会借助与萤火虫相类似的、需要空气的生化过程而发光。在海洋中或在深海鱼类的发光器官里，我们可以见到自由生活的发光细菌。

到此为止，我已全面介绍了微生物在工业生产中的作用，以及过去几十年间所谓工业微生物学的方方面面。前面提到的所有过程都是在1900～1975年间发现的，或是由这些发现衍生出来的。然而，20世纪70年代中期，一项新进展影响了我们对微生物遗传的认识，给工业微生物学带来了全新的内涵，并由此而引起了名称的更换。这项新进展就是微生物遗传学，一门研究微生物遗传规律的科学，它与工业微生物学的融合形成了如今的生物工程。然而，这一称谓并不完全准确，因为其范围太窄。尽管生物工程不一定必须包含微生物，但它总是如此，更有甚者，许多与遗传无关的工业微生物过程也挂着生物工程的名。例如，我刚讲过的生物传感器，它虽然不包含遗传操作过程，但也被许多人称作生物工程设备。那些内涵广阔的学科往往都是界线不明的，因此我也不打算对生物工程这一名词过于计较。重要的是，微生物遗传学的进展，使得科学家们能够以惊人的方式来改变微生物的遗传特性。应用微生物学对未来的影响恐怕很久以后也难以被人们全部理解，但是它已经发挥了巨大的作用，而生产过程中的微生物是其中的主力军。既然说到这儿了，亲爱的读者，我不得不简单地评述一下现代微生物遗传学，好让你们一睹生物工程的前沿。就像本书前面对化学的简述一样，我将尽可能地使这些知识简单易懂。

第三节　微生物遗传学

本章内容源于我在本书中多次谈到的一个话题，即微生物的可变性和适应性以及发生突变的能力。那么变异是怎样发生的呢？这些变异是否能被控制和诱导呢？

我想大多数读者都了解DNA在遗传中的重要性。DNA是脱氧核糖核酸的缩写，是存在于所有生物中的一种化学物质，正是它决定了一种生物是什么样子。RNA病毒等细菌病毒不含DNA；朊病毒也没有DNA，不过如我在第二章中所说的，我并不想把它视为生物。我们现在已相当清楚DNA的精确组成和结构，它是由一串碱基与脱氧核糖、磷酸基团组合而成的。其中作为基本组成的碱基只有4种，分别为腺嘌呤、胸腺嘧啶、鸟嘌呤和胞嘧啶，缩写符号是A、T、G和C。在像大肠杆菌这样的微生物中，DNA是一个很大的分子，碱基排列很长，若把它们拉直，有的可达4厘米，而大肠杆菌本身只有约万分之二厘米。确切地说，DNA经卷曲再卷曲后形成的紧密束状结构，被称为染色体。它就像现代电话的听筒与机身之间的连线，很容易自身卷曲。也许它更像电话线内部的双股线，因为DNA就是双链结构，而且也是一圈又一圈地卷曲着。DNA卷曲的正确名称叫螺旋，而大肠杆菌的染色体是一个双螺旋结构，事实上，在大肠杆菌中，它是个环状结构，就像把电话线的两端连接了起来。DNA的两条链有一个重要的特性：即如果一条链上有一个A，那么另一条链对应的位置必为T，相应地，G对应于C。如果有一段DNA的碱基是—GCCATTAG—，则另一条就是—CGGTAATC—。这两条链为互补链。4种碱基的排列随物种的不同而不同，因此，有多少种生物，就有多少种不同的DNA。DNA分子就像是编码的“磁带”，拥有4种符号（即碱基），可以由此决定构成某种生物的各种酶和结构成分，以及它们大致的数量。每一种生物都有决定它性状的特殊的“磁带”；在多细胞生物中，每个细胞的核里都有这种“磁带”，而且除生殖细胞外，它们全是双倍的。

如我前文所述，大肠杆菌的染色体呈环形，只不过该环是紧紧折叠着的——多数其他细菌和许多DNA病毒的染色体也是如此。此外，少数复杂情况也是存在的：某些细菌有几个同样的染色体；色柔氏螺旋体的染色体是直线形的，其头端和末端呈绳结样，但它也是紧密折叠的；大多数细菌具有额外的DNA小环，名为质粒，其重要性本章接下来就会谈到。相较于动物和植物这类高等有机体，细菌和病毒的DNA结构其实很简单。高等有机体是更复杂的生物，其DNA含量更高，成对地分布在细胞核内多条（人有46条）不同的染色体里。在两性繁殖过程中，双亲各提供每条染色体的一个副本给予子代，因而使后者具有来自双亲的杂种核。高等有机体核外细胞器中也有少量额外的DNA；细胞器DNA不参与性繁殖过程，只在母系中代代相传。动植物和细菌还有许多其他的遗传学差别，比如编码于DNA的信息在带核有机体里的排列方式，以及信息的使用方式等，但动植物的DNA密码本质上与细菌是相同的。

与人类的语言进行一下类比，或许有助于读者们增进理解。DNA密码就像写有遗传指令的普通字母，但有核和无核生物各有语法上相别的不同语言指令。这种情况使人联想起法文和德文的差别，虽然它们有一些共同点，比如共用的词根，以及纵然古老但意义相同的句型，但它们毕竟是两种语言。更何况，语言还存在区域性方言、当地惯用语甚至家庭习语等，因此，尽管植物、动物和微生物有共用的DNA“字母”，但它们的每个种甚至每个品系的DNA碱基顺序都各不相同。这些差异可被用于生物的鉴别和分类，我将在后文深入讲解。

在过去50年里，DNA复制的方式和决定生物性状的方式，一直是生物学家们研究的热点。大约50年前，DNA被确认为基因的化学形式，执行着将生物的遗传特性代代相传的任务。生物学家曾致力于遗传学研究，该领域始于19世纪孟德尔（Mendel）的研究，但直至20世纪40年代初才开始取得巨大的进展，这一进展是美国科学家们针对脉孢霉的遗传学实验。经紫外线、X-射线或某些化学药物作用后，这种容易长在面包上的霉菌会发生变异，产生缺失某种生化性能的突变体，例如不能合成某些维生素。科学家们适当地杂交了这些突变体，对后代进行了系统地研究，然后得出了这样一个结论：一个基因决定一种酶的合成。细菌在相似条件下可以产生类似的突变体这一发现，开创了微生物遗传学研究的一个成果累累的时代，并揭示了微生物各种组成成分的化学合成途径。如果说生物化学在战前20年间集中研究的是天然产物的降解，那么战时及战后10年内，它研究的是这些产物的合成，而微生物（主要是细菌和霉菌）是主要的研究对象。由于代谢途径一个接一个地被揭示出来，研究的重心因此转移到了细胞是怎样控制合成的，即细胞是怎样接受指令，然后决定该合成什么及合成多少的。

到20世纪50年代，我们已经清楚了DNA在这些过程中的重要作用。DNA携带着细胞的所有遗传信息。某些信息从DNA被传递至核糖体（细胞合成其各种物质的中心），另一些信息则潜伏不动；直至某种化学刺激解除了后者的潜伏状态，它们才发送信号并启动某种新物质的合成。信号传递及解释的过程还涉及一种叫作RNA的化学物质，它的基本化学结构与DNA类似，但碱基种类不尽相同，把碱基连接在一起的糖的种类也不同。一种RNA把遗传信息从DNA携带至核糖体，告知需合成哪种蛋白质；另一种RNA本身就是核糖体的一部分；第三种RNA则将氨基酸运至核糖，以便连接成蛋白质。整个过程非常精妙而且调控得当，因此物质合成能够按时进行并且数量适宜。其间有几种调控方式，如反馈调控，它存在于蛋白质的合成途径中，使一系列反应的产物合成减慢甚至停在前面的步骤，从而保证生物不至于过度合成某种成分。

我在前面几段文字中提到过RNA病毒，而RNA在解读和使用DNA时所起的作用，恰好可以解释RNA病毒存在的原因。它们是植物和动物中常见的重要病原体，由盘绕成环状或绳状的RNA（不是DNA）构成，有时是像DNA那样的双链，但更常见的是单链。许多RNA病毒颇像一团胡乱捆扎的带有信息的RNA，在侵犯宿主细胞后，其基因解读机制发生改变，更多地为自己编码；其他一些则迫使宿主把它们的信息转变成DNA，以便产生更多的病毒RNA。RNA病毒是基因奇特、种类繁多的微生物群，新品种不时出现；它们的特性、侵入方式和繁殖方式是一个重要课题，但这里我不再展开讨论。

我把DNA称作带有遗传信息的“磁带”，这个比喻是很贴切的，因为碱基A、T、G和C在DNA中的排列顺序决定了蛋白合成中氨基酸的排序。例如，三联密码ATG代表蛋氨酸，ATA则代表异亮氨酸。一个基因就是一个长约1000个碱基的DNA序列，它编码被合成的蛋白质的氨基酸顺序。我们现在已经知道了这个密码，即三个碱基决定一种氨基酸。在基因之间延伸较短的碱基序列起着标点的作用：它们告诉解读机制在何处停止、开始或减慢。清楚了基因的碱基顺序及起止符号，分子生物学家就能精确地说出由它指明的蛋白质的化学组成，而近15年来发现的多数蛋白质结构都经此法被阐明了。

我们对分子遗传学的认识在过去40～50年里迅速深入，其内容之丰富远超本书篇幅，所以我不再讨论其发展细节。微生物遗传学是了解大多数生物遗传规律的敲门砖，在过去50年里，它所引发的生物学进展可与20世纪初原子化学的繁荣相提并论。道尔顿（Dalton）提出的原子这一概念揭示了一种物理实体，同样地，孟德尔的基因也展示了一种化学实体，而且我们已经深入地理解了它们的结构和功能。生物学家们的研究热情使本学科的分支得以重新命名，比如我所研究的领域，就在不同的时期分别被称为生化遗传学、分子遗传学和分子生物学。虽然名称略显混乱，但新科学还是最能吸引研究经费的。科学家们也有自己的时尚和潮流，而目前生物学家对分子生物学的热情就是其中之一。

背景知识描绘完了，终于可以给大家讲一讲变异这个话题了。简单地说，变异就是生物的DNA发生了化学变化。例如，当微生物暴露在紫外线、X-射线及其他化学物质之下时，其DNA因对这些因素敏感而受到损害。微生物可能通过增殖其正常部分来修复损伤，也可能无法修复而使DNA部分密码子发生错误。当密码子发生了严重变异时，微生物可能因无法繁殖而死亡；如果损伤轻微，微生物将继续繁殖，但其遗传特性会发生变化。所谓轻度损伤，就是指遗传密码中的A变成T（或G变成C），因而它们编码的氨基酸将发生改变，甚至整个三联密码子会丢失。上述变化只引起编码蛋白质略不同于天然蛋白质。该变异蛋白质的功能或许没有改变，或许发生了改变，或许功能部分丧失，无论是哪种情况，微生物都将经受变异，而其后代则成为突变体。对科学家而言，微生物的价值就在于它们可以提供大量的突变体，而且操作和研究起来都比较简便。

变异其实是自发产生的。大约1000万个大肠杆菌中就有一个发生了某种变异。变异是微生物变化的一种方式，以此适应改变了的环境。DNA中隐藏信息的启动是变异的另一机制。第三种机制名为遗传重组，是科学家们在研究突变体时发现的。假设一种需要维生素X的生物经过两次变异，变成了一个突变株，需要3种维生素，姑且称之为X、Y、Z。再假设这个生物有另一个突变株，需要维生素A、B、C，那么如果二者在同一培养基中共同生长，其后代将会有需要X和B、X和A、Y和C等多种情况。很显然，ABC型和XYZ型个体之间发生了遗传物质的转移。电子显微镜图像显示，这一过程通常发生于群体中个体间的有性接合。细菌接合现象很少见，但某些肠道菌株的重组率是很高的，因而被称为高频重组菌株，简称HFR菌株。该过程与性行为有相似之处，可能是高等生物有性生殖的进化前身。虽说细菌的接合有些不同之处，但是一个起码的事实是不变的，那就是接合过程中，雄性的特性被传递给了雌性（或受体）细胞。HFR菌株中决定雄性特征的遗传因子与染色体DNA上的遗传物质一同被转移。尽管如此，大多数接合细菌的雄性（或供体）基因并不在染色体上，而是位于一种名为质粒的小染色体上。质粒的种类很多，在过去的30年里，它们在微生物学中发挥了重要的作用，所以我得再次岔开话题谈一谈它们。

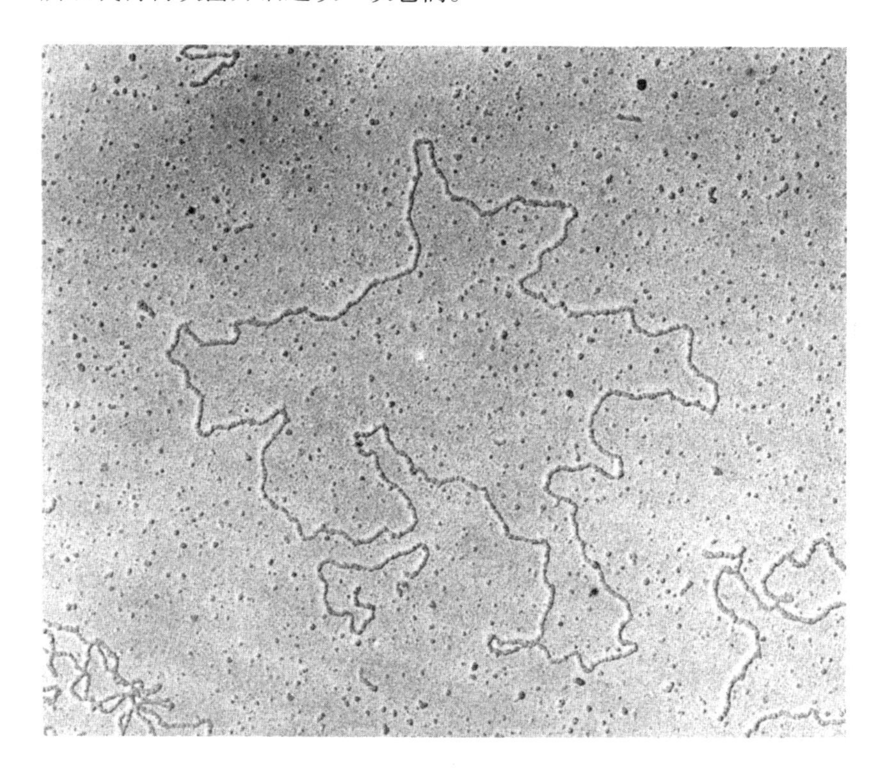

●一个质粒。从一种链霉菌中提取的DNA的高分辨率电镜照片。中央的“珠串”是一个质粒DNA分子，它在制备过程中被解旋；它可被看成一个呈封闭的环。[照片由约翰·英尼斯研究院的比布（M. Bibb）博士提供]

质粒多半是一些环状卷曲的小DNA，与染色体共同存在，但自身独立复制。大的质粒相当于染色体大小的1／4，小的却不足后者的1%。它们携带着各种各样的遗传信息，并不总是雄性特征。然而，一旦携带了雄性特征，它们便能同其他基因一道从一个微生物转移至另一个微生物。在质粒携带的基因中，熟为人知的包括各种抗生素的抗性因子。某些质粒同时带有2～3个抗性因子，因而造成了第三章中提到过的医疗问题。大多数细菌都有质粒，通常还同时携带好几个，但其功能尚不明了。尽管如此，自我传递的（有性的）质粒却可以携带大量的遗传信息进入受体微生物，从而改变其遗传特性。第215页的示意图显示的是一种质粒的结构。自我传递的质粒有时是拉着其他DNA（可能是染色体或其他质粒）一道进入受体微生物的——共转移是这个行为更准确的名称。上述接合作用是微生物遗传变异的主要方式。一些质粒能够在不同属的细菌间转移，比如大肠杆菌的抗药性可以传给沙门氏菌。于是，在牛的集约化养殖场里出现了一个令人担忧的问题，那就是假若小牛被具有抗药性的沙门氏菌侵染，这种抗性就会被传递给它们自身的肠道细菌，尽管这些细菌并没有接触过该种抗生素。

我说过，质粒是遗传信息的携带者，使大肠杆菌这类细菌有接合作用，但编码于质粒DNA中各种信息的多样性着实令人吃惊。微生物学者最担忧的，当属对抗菌药物的抗性，毒性倒还在其次，因为他们发现了如此多的抗药质粒。例如，声名狼藉的O_{157}品系（来自良性的大肠杆菌）及少数其他令人厌恶的大肠杆菌菌株，其致病性就是由质粒上的基因引起的；而使本来无害的水生弧菌转变成危险的霍乱病原——霍乱弧菌的基因，也位于两个质粒样的小体上。不过质粒也有积极作用，使土壤细菌——根癌土壤杆菌转化为烈性的致瘤植物病原体的质粒，就在植物遗传工程中有着无法估计的价值。质粒携带的遗传信息量有时相当可观：在根瘤菌（即与豆科植物共生的固氮细菌）中，其辨认植物对象、建立协作关系及制造固氮酶等活动的“蓝图”，通常就存于较大的质粒中。各种细菌质粒所具有的其他性质，是以某些有机化合物为食的能力，以及制造对其他细菌有毒的物质的能力。大体说来，对于容其栖身的微生物，质粒似乎具有一些有益的特性，虽然这些特性似乎并不是细菌时刻需要的。

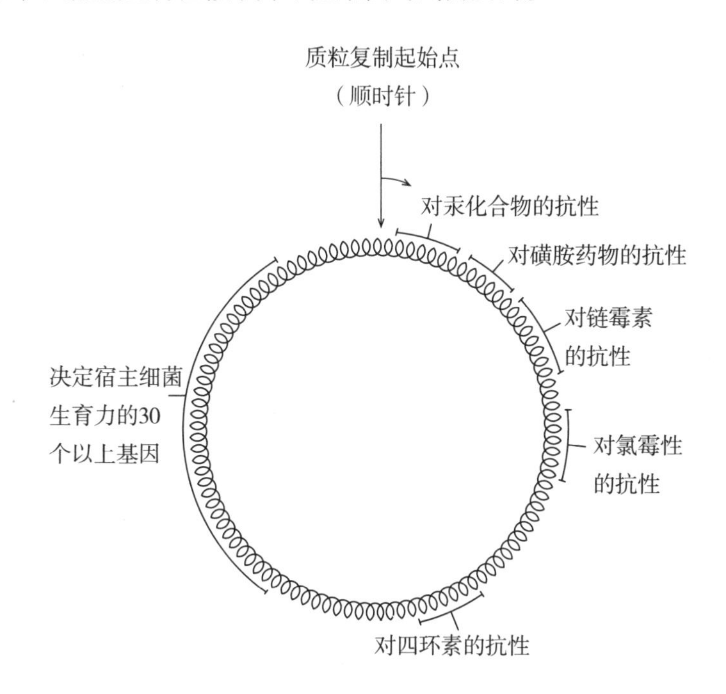

●一 R100 质粒的示意图。该质粒使其宿主具有生育力，以及对 5 种不同的抗菌物质的抗性。相关基因在 DNA 环上的位置是已知的。

你或许会问，为什么细菌总要有质粒？它们不是已经有携带着大量基因的完好染色体了吗？这个问题恰中要害。我前文提到过，除了细胞内的染色体，所有细胞生物（包括我们自己在内）在名为细胞器的结构内也带有少量遗传信息。比如名叫叶绿体的颗粒状细胞器，它居于植物细胞内，使植物呈绿色；在动物细胞中的细小结构叫作线粒体，其基本作用是产生能量。生物学家经常把这类细胞器携带的分散基因团，看成宿主生物遗传结构演进过程中的遗留物，即远古时期共生者的遗骸，它们是在进化历史的早期掺入细胞中的——我在第十章中还要谈到这点。细菌中质粒含量之丰富可以从上述情况得到解释：某些质粒或许来自某些细菌病毒，后者碰巧拥有对宿主有用的遗传信息，而宿主对它也能适应。例如，使霍乱弧菌具有致命性的质粒样结构，就比传统的质粒更像病毒。不论质粒来自何处，它们现在似乎已成为各类细菌的一种“基因库”，即集装有生物信息的遗传因子储仓，其中的储备通常派不上用场，但如果环境发生了变化而需要利用它们携带的信息时，它们就会被调动出来。由于具有可移动性，质粒能够在细菌的系间、种间甚至属间进行交换，在一定程度上为细菌（对一群生物来说这很不寻常）提供了基因交流的紧急通道。这就是质粒在生物工程中那么有价值的原因：质粒的某些性质对人非常有用，此外，科学家们眼下能修饰和开发质粒，从而改变微生物和其他有机体的遗传性，这是很有用的。对此，我稍后将详细介绍，现在我得把话题转回到微生物的遗传变异上。

转化是微生物变异的第二种方式。细菌有时可以从环境中吸收完整的DNA，因此，当我们把一种细菌（P）的DNA加入另一种细菌（Q）的培养液时，一部分细菌Q便会吸收P的DNA，从而获得P的特性。被转化的DNA可以来自染色体，或者在特殊条件下，整个质粒都可以被转化。

最后一种变异模式叫转导，它是由细菌病毒或噬菌体介导的细菌间的遗传变异。多数噬菌体会杀死宿主，但有些“温和噬菌体”却能与宿主和平共处，它们仅在受到某些外界刺激时（如紫外线），才增殖并破坏宿主。当这些噬菌体再次侵染新的宿主时，它们便将原宿主的某些遗传性状引入新宿主。

下面方框中的内容是对几种细菌变异方式的总结。我们对微生物遗传学的了解，以及对分子水平的遗传过程的了解，为生物工程注入了新的活力。起推动作用的特殊事件是发现了提取DNA的方法：在试管中用特定的酶将DNA切碎，重新组合，再转入活细菌。提取质粒的操作目前也可以实现，打开其DNA链，将其他生物（不一定是微生物）的DNA插入其中，再使DNA连接成环状质粒，转入大肠杆菌，使之具有全新的遗传性状。

细菌的变异机理

突变：由于某些意外的原因，细菌DNA发生改变。这种变化通常是致命的，但当DNA的改变没有使细菌死亡时，这种变异便可以被遗传下去。
接合：“雄性”细菌将其部分DNA（通常是质粒）转移给“雌性”受体菌，使之具有新基因并遗传下去。这些基因可使“雌性”细菌变为“雄性”。
转化：细菌在适当的状态下（例如骤冷）从环境中吸收DNA并将一部分组合到自身DNA中。新的DNA可遗传。
转导：细菌病毒将原宿主的部分DNA带入新宿主，后者存活下来并利用引进的DNA，该DNA可遗传。

如何完成上述过程呢？其中两种关键物质是从微生物中提取的两类酶。几乎所有的微生物都有限制性内切酶，它被用来对

付侵入的外源DNA（如一种病毒）。限制性内切酶能够识别外源DNA，将其切开然后排出细胞。这些酶识别特定的碱基序列（如GAATTC），有时在DNA对称的位置切割，有时则是非对称的位置。一种很常用的限制性内切酶叫EcoRI，它识别上述的GAATTC序列，在两条互补链的GA处产生缺口，得到具有单链尾巴的片段：

这些酶的切割位点很少，其间距超过一个基因，某些质粒对于一种酶只有一个位点。限制性内切酶可以将DNA切割成片段（其中多数含有完整的基因），也能切割小的质粒或病毒的DNA。

故事的一半讲完了，另一半是关于能够将切开的末端再连起来的酶。这些酶被微生物用来制造自身的DNA或修复损伤的DNA片段，它们被称作DNA连接酶，可以在试管中将限制内切酶切割的片段连起来。比方说，一个质粒只有一个酶切位点，通过连接酶的作用，其切割后的片段可以重新连成完整的质粒，当然，也有部分末端没有与自身尾巴连接，而与另一质粒的末端相连，从而产生了一些有趣的副产物。尽管如此，当你把一个经单位点酶切处理的质粒与另一个经相同酶切产生的完全不同的DNA（来源各异，如人、小鼠、植物或微生物）混合并加入适当的DNA连接酶处理时，你将得到重新连接的质粒和嵌合质粒。假如你要用该DNA转化大肠杆菌，让每个细菌平均吸收一个质粒——嵌合质粒或恢复的原质粒，那么在转化的混合物中便会有几千个含有所有嵌合质粒的个体。将外源DNA嵌入质粒的过程便被称为克隆。

太容易了，是吧？其实，克隆远没有我讲的这样简单。首先，如何能够将带有质粒的大肠杆菌与未带质粒的菌区分开呢？答案是这样的：选择带有某个基因（如青霉素抗性基因）的质粒，在含青霉素的培养基中培养细菌，那么只有那些带有青霉青抗性质粒的菌才能生长。其次，怎样区分大肠杆菌是否带有含外源基因的质粒呢？方法之一是选择一个在另一药物抗性基因（如四环素抗性基因）中有特定酶切位点的质粒，当外源基因插入四环素抗性基因后，该基因将不再产生抵抗四环素的物质，即四环素抗性基因不再表达，因而，那些抗青霉素但对四环素敏感的大肠杆菌便是携带了嵌合质粒的。最后，怎样准确了解嵌合质粒中插入的是哪些基因呢？噢，行了！我猜你并不想知道，起码现在不想。当然，分子生物学家们肯定能够采用（也确实采用了）各种窍门来发现他们克隆进质粒的基因的身份。不过在这一章里，我们更关心这些克隆的DNA能被用来做些什么。

不过，回归正题之前，我必须再谈一些相关的遗传操作问题。我在前文中指出过，任何克隆的DNA片段的碱基精确顺序都可被测出。测定的详细过程讲起来太复杂，读者们只需明白能做到就够了。几十年前，测定单个基因（据说大肠杆菌有4000个基因）的碱基顺序需花费数月时间，整个过程漫长而劳累；而现在，借助于自动分析仪和电脑，我们很快就能对DNA进行“排序”。1997年，由一种小病毒基因构成的DNA全顺序在英国剑桥被确定；到1998年年中，十几种细菌的基因组DNA顺序被公布于世，另外，各实验室的工作组也把包括酵母菌在内的60多种微生物的基因组DNA排出了顺序。而且，克隆和解读人类全基因组的一项宏伟规划正在付诸实施，以弄清组成我们染色体的全部DNA，以及存在于染色体外的少量DNA的碱基顺序。所有这些工作可望在21世纪早期完成。欲获得此类结果，我们要做些什么？首先，要从这些DNA序列中认出基因，再推论出它们所对应的蛋白质；研究者们至今已完成约半数基因组的排序工作，这些信息使研究者们对基因在做什么这点有了清楚的概念。而且，一旦我们清楚了某段克隆DNA的碱基顺序，就可以有意地更换一个或几个碱基来对其进行修饰，使由基因所决定的氨基酸组成发生改变；后文我将谈及的一项叫作“蛋白质工程”的新技术，采用的就是这一原理。一段克隆出的DNA中的基因也能被钝化或完全除去，然后再放回宿主中；这样一来，我们就有可能通过钝化或删除涉及病原性的基因，使某种让人厌恶的细菌性病原变得无害。反之，这种方法也能使通常无害的微生物变成危险的病原体，而这一点决逃不出关心生物战的人们的视线。还有一种与上不同的研究策略：某些DNA带有调节基因功能的开关，辨认并克隆出这些DNA，然后把完全不同的基因置于这些开关的控制之下，使那些基因按人们的意愿制出较多或较少的普通基因产物，或者触发基因对年龄改变、化学变化及恶劣环境的反应。

最后，虽然我集中讨论的是，通过把外来遗传因子引入大肠杆菌然后对其操作，我们能够做些什么，但克隆的DNA不一定要被保存在微生物中：眼下已有把克隆DNA转入动物和植物的办法，形成所谓的“转基因”生物，它们具有从完全不同的生物中复制来的新基因。但是，大肠杆菌（而非酵母菌或病毒）仍然是最常用的基因转移载体。

我清楚地意识到，上述对遗传工程中基础科学与技术的介绍，是狭隘而不全面的。但本书并非一本手册或专著；而且从当今的书籍和杂志中，读者可以看到很好的通俗报道，所以我自己就没再多写。我希望我的叙述能让你对遗传工程有个大致的了解。起初，这类遗传操作是相当盲目的，但随着基础研究的不断进行，我们对基因结构和功能的理解有了重大进展，对各种生物的基因也能十分精确地进行克隆和操纵，并取得了令人惊叹的实际成果。下面就此做一介绍。

第四节　生物工程

大众心目中应该都有这样一个印象，那就是20世纪70年代中期，遗传工程的起步相当困难。首先，它引起了人们某种程度的恐慌——第九章有详细介绍。其次，遗传工程又在看好它的商业团体和民众中激起了过度的乐观情绪。大众从新闻媒体中听到这类令人惊叹的成就，而且总是期望下周或明年奇迹就能发生，但从设计巧妙的实验到市场投放，是一段漫长的艰苦跋涉。第一个遗传工程产品——人胰岛素的市场投放就耗费了近10年的时间。

人胰岛素是个值得一谈的例子。它是全球6000多万糖尿病人必需的激素，可使一度失衡的关键化合物处于受控制状态。糖尿病人通常采用的是猪胰岛素，原因显而易见，因为人胰岛素是无法获取的。猪胰岛素虽然有效，但给人注射猪的蛋白，难免会有一丁点产生副作用的风险，因此一些遗传工程公司便着手克隆人的胰岛素基因，并诱导一种细菌（我们熟悉的大肠杆菌）生产并释放人胰岛素。这是一个迷人的故事，而最精彩的环节，是该基因必须被夹在大肠杆菌的一个基因中来伪装自己的产物，使细胞无法识别这一异源蛋白并破坏它。1980年，用这种方法生产的人胰岛素被用于临床试验，1982年，它在英美两国通过审批后投放市场。故事圆满结束。

借助遗传工程菌，我们还能生产其他具有医用价值的产品，包括垂体生长激素（这是一种治疗垂体性侏儒症所必需的药物，而它仅能从死者身上少量获得），还有一些激素。免疫反应中的干扰素也可通过遗传工程菌生产，人们对它格外关注，因为它有可能治疗病毒性疾病和某些癌症。自发现以来，干扰素其实一直都是不够用的，甚至连临床试验都不够，而成功地克隆其基因，起码使得试验有了更多的物质可用。这几种干扰素需要相当长的时间来发挥药理作用；这方面至今还未得到突破性成果。人的基因被克隆，用于临床诊断。某些人的遗传性疾病源于家族的遗传性缺陷，囊性纤维变性和某种肌营养不良症便属于这类疾病。目前，相关的基因已被克隆，其中基因的缺陷也得以确定。只要采集到打算要孩子的夫妇的少量血液或组织，科学家们便有可能得知他们是否携带了缺陷基因，以及这些基因是否会传给他们的后代。

按理说，较简单的遗传性疾患是有可能被治愈，或至少有所缓解的，研究者们正在进行这方面的尝试。囊性纤维性病就是一个适当的例子。该病的初期症状是肠黏膜和肺液体过度分泌，从而引起肠梗阻、呼吸不畅及肺部易受感染等问题，并最终可能导致呼吸衰竭；患者需终身用药和定期理疗，常年轻早逝。全世界约5万人受此痼疾所累。该病属遗传性疾患，与微生物无关，据追踪，它是由涉及黏液分泌的酶之单基因突变引起的。健康人的这种基因已被克隆和测序；若我们能将其置入呼吸器官的内层细胞中，应该能够防止囊性纤维性病某些严重症状的出现。要做到这点，原则上有两条途径。其一，找到能感染黏膜又不对其造成损伤的病毒，然后巧妙地把健康基因引入病毒基因组里，再用它去感染患者的呼吸道，在病毒感染的过程中，健康基因大概就能找到进入宿主细胞的通道。其二，从任意被克隆进去的载体中提取正常DNA，再把它混进某类能被黏膜细胞吸收的微粒中，那么在外来的颗粒崩解时，这种DNA就有望替下那些细胞内有缺陷的DNA。研究者们对以上两种办法都在进行尝试。他们选中的感染生物是一种腺病毒；该病毒通常引起咳嗽和咽喉疼痛，但现在，它的致病基因已被抑制，而与囊性纤维性病基因相应的健康拷贝被克隆进了它的DNA中。被选用的微粒是天然的亚细胞器——脂质体，它能进入细胞而不损伤细胞膜，并相当牢固地插入DNA中。上述任一种的悬液，都可以气雾形式使患者吸入。用动物进行的初步实验很鼓舞人心。对人体试验的报道至今不算多，但结果还是让人充满希望的。在撰写本文时，这方面的工作还在进行，但包装了健康基因的病毒产生一些不好的副作用，而脂质体也并非总是有效。不过，现在下结论为时尚早，更多的试验还有待进行。

在美国，研究者们对两名罹有免疫系统缺陷的儿童施行了基因治疗，而后者之所以得病，是因为编码腺苷脱氨基酶（ADA）的基因读码出错。治疗出现了效果：引入了正常ADA基因的白细胞的反复输进，使他们的病情得到明显控制。还有报道称，通过引入能对抗个别癌症的基因（该基因被克隆进了腺病毒里），某种癌症已经消退。基因治疗引起了制药工业的极大兴趣，因为它极可能成为很有价值的辅助药剂，而进行过的研究比公之于众的要多得多；遗传操作的应用引起了一个伦理问题，关于这一点，我将在第九章中谈及。

让我们把目光转向医学的另一领域。保护人和动物免患微生物性疾病的疫苗，传统制剂不是死亡了的病原体本身，就是与其有亲缘关系的活病原体；后者或是没有病原性，或是近于无害而不至于引起严重病症。现在，靠遗传工程制出的疫苗更为安全。例如，人或动物之所以对病毒免疫，通常是因为他（它）们的免疫系统能够识别病毒表面的一种或几种蛋白质。激发免疫性的蛋白质被称为抗原。对细菌来说，情况差不多也是这样，虽然它们的外层除了蛋白质外还有碳水化合物。我在第二章中提到过，沙门氏菌的各种抗原类型主要就与碳水化合物有关。20世纪80年代，一家叫百奥坚的生物工程公司，把与制造乙型肝炎病毒外壳蛋白有关的基因克隆进酵母菌中，开发出一种疫苗来抵抗这一至今难于对付的病原；这种从酵母菌提取的蛋白制剂，目前已被广泛用来产生对乙型肝炎病毒的免疫性，而无须接触病毒本身。在本书的前面部分我曾经谈到，诱导性疫苗已被用于控制欧洲的狂犬病流行。广泛使用的抗狂犬病疫苗实际上是活的，但确为无病原性的狂犬病毒品系，不过这还是使人担忧，因为在野生环境中，毒力减弱了的品系也许会自然地恢复或产生出致病性来。最近，科学家已把为狂犬病毒的一种具抗原性外壳蛋白编码的基因克隆进无害的牛痘病毒里，制备了更安全的疫苗，并获得了野外试验的成功。

一条获得相对安全的疫苗的新途径，是把病原体的抗原基因克隆进无害的微生物中，用以激发对危险病症的免疫性。但为何只限于微生物？生物工程学家们已经有能力把植物或动物的基因克隆给微生物，并让后者表达这些基因，或者使微生物基因在高等生物中克隆和表达。上述方法都已获得了有用的上市产品。显然，下一步是把植物或动物的基因克隆给微生物，然后再把这些基因转回植物或动物，而近年来，这种做法似乎拥有了更广阔的实用前景。许多来自动物并具医学价值的复杂生物物质——蛋白质、激素、酶、抗原的基因，已在实验小鼠身上被克隆和表达。为了开发出实用产品，科学家们常渴望有一种基因能在组织培养物中表达，或在某种易于收获产品的分泌物中表达。奶是最理想的分泌物，其次是尿液。后者并不是多么不可思议的事：长期以来，临床使用的雌性激素即是从孕妇的尿液中提取的。小鼠是比较常用的实验动物，但是它们个头太小，不适合任何大规模的实用性开发，所以研究者们会用到绵羊、牛或山羊这类大型家畜。此方面最早开发的项目之一，是α－Ⅰ抗胰蛋白酶这一酶抑制剂的基因克隆，该抑制剂可被用于救治囊性纤维性病患者。把抗胰蛋白酶的基因拷贝转入母绵羊体内，并置于其泌乳系统的控制之下，这样，基因产物就只出现在母绵羊的乳汁中，别处都没有。用类似的方式对一种名为抗凝血酶3的抗凝血因子进行克隆，可使之出现在母山羊的奶里，我有幸见过一只温顺的转基因母羊，它的奶中分泌有人的第Ⅸ因子——一种可以治疗血友病的蛋白质。把基因转入受体动物基因组正确部位的过程，依然是偶然性大且难于把握的；但无论如何，这类产物还是在20世纪90年代走入了临床试验。

不过，在更遥远的将来，组织培养物和哺乳动物的分泌物也许会被植物代替，因为后者更易于进行下一步的分离处理。稍后，我将更详细地谈及如何把外源基因引进植物里——这个过程中，植物病毒和根癌土壤杆菌都可作为载体。完整植株或植物细胞的组织培养物都能作为外源基因的宿主；更有吸引力的是水果、种子或植物的其他生殖体，因为它们的形成涉及通常处于休止状态的基因的适时表达，就像哺乳动物泌乳那样。一些转基因多叶植物，比如烟草或名为豇豆的豆科植物，已被用作抗原提取源进行试验。20世纪90年代晚期，一些生物工程公司开发了几个类似的项目，其中包括携有乙型肝炎病毒抗原的番茄和携有诺瓦克病毒（一种能引起严重腹泻的病原）抗原的马铃薯。1995年，当这些植物首次被公之于众时，新闻界提出了一种“接种疫苗”的方法，即把经遗传工程产出的、含有抗原的香蕉喂食给儿童，使之获得对疾病的抗性——想法挺不错，但眼下我们还没有这种能治病的香蕉。植物虽然生长缓慢，但养育成本很低，所以作为表达生物工程产物基因的宿主，它有着巨大的经济优势——不过，所有这类工作都面临着一个危险，那就是不好的外源基因可能会在正常植物中扩散。

疫苗产品的创新和遗传工程的开发前景，必给人们留下深刻的印象，从事这方面工作的生物工程学家也理应感到骄傲。然而，如林的强手中常有佼佼者出现。1996年，一些美国研究者的简报称，我们也许无须大费周折地大量培养带有克隆基因的微生物，再提取抗原供纯化和使用。他们发现，他们仅需分离已克隆有相应基因的质粒，而一旦把那些基因置于强力开关的控制下，他们就能给实验动物注入完整质粒，使其在这些动物中产生预想的免疫力。人们一开始对此产生了怀疑，因为他们难以相信，单纯的DNA就能引起对蛋白质的免疫反应，但日益积累的证据表明，这一方法是可行的，而且志愿者临床试验也开始进行了。DNA是怎样工作的？肌肉细胞对外源核酸有正常的防御机制，组成多数质粒的细菌DNA都会被它迅速破坏，但还是有足量的构成抗原基因的DNA，会连同它的开关一起逃到核里被表达。与蛋白质抗原相比，质粒DNA惊人地稳定，它能被冷冻甚至冷冻干燥保存。如果所谓的“DNA疫苗”能经受考验并取得圆满成功，它们就能对全世界偏远和贫困地区的疫苗接种进行彻底改革。

经证实，在与上完全不同的法庭和警务工作领域，遗传操作也有出色的表现。这就是“DNA指纹技术”。大多数读者都知道，人的指纹各不相同，没有两个人拥有相同的指纹。人的染色体有DNA区带，它们并不是基因，每个人的DNA区带也都是独一无二的，因此它们同指纹有相似的用途。与任何基因一样，这些DNA区带可以被克隆到微生物中，并被提取和分析。这类分析工作包含将克隆的DNA用一种限制性内切酶切成许多片段，然后经电泳按大小排列，20世纪80年代中期，亚历克·杰弗里斯爵士（Sir Alec Jeffreys）教授觉察到，这些排列方式就是一种“DNA指纹”。一个小孩的DNA片段排序是其父母序列的杂合，甚至同一个家庭中不同孩子的DNA排序也略有不同。这种DNA指纹技术首先在有争议的亲子鉴定及亲缘关系确定中显示了它的作用。自然，这种“指纹”并非真的指纹，唯一用到的手指，只有科学家辛勤工作的手指。

为了进行DNA指纹分析，科学家需要从几毫克的样品（如组织或体液）中提取几微克DNA来进行鉴定。而如今，完成上述鉴定仅仅需要非常少量的DNA，比如几根头发或者一丁点皮屑。为什么只需要如此微量的DNA呢？这得益于1985年前后由美国一家生物工程公司——赛图思公司发明的一项技术革新。该技术使DNA片段可以在同一容器中不断复制，直至浓度增加几百万倍。这个过程被称为“DNA扩增”。我们在此不必了解其中细节，只需知道，它的原理是利用一种合成DNA的酶（DNA聚合酶），经过加热、冷却的多次循环，该酶在每轮循环中，都会使操作者最初加入的DNA片段的拷贝数增加一倍。大多数的聚合酶在加热时便失去了活性，而这项技术的精妙之处，在于它采用了一种对热稳定的聚合酶，而这种聚合酶是从一种嗜热细菌——水生栖热菌中提取的。完成这一扩增程序的自动化仪器已随处可得。由于该技术的高度敏感性，操作者必须十分小心地防止自己的头发、皮屑、干鼻痂等落入反应体系，幸运的是，由于疏忽造成的污染很快便会被发现。

依照分子生物学家的术语，这一扩增程序被称为PCR（聚合酶链式反应）。该项技术经过某些变动，就使科学家们改扩增DNA为扩增RNA，而这一变通技术已经得到实际应用，比如对尚未发病的艾滋病患者的HIV病毒（RNA病毒）进行检测。不论做研究还是实际应用，只要量够，遗传物质的克隆就容易得多，因此，用PCR来扩增DNA或RNA已成为遗传研究和遗传工程的常规步骤，一旦你感兴趣的核酸出现短缺，就可以应用这项技术将其扩增。

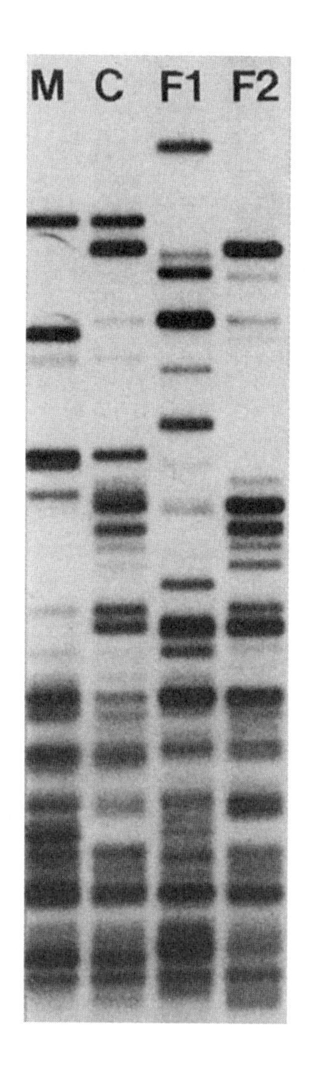

●用DNA指纹做亲子鉴定。M和C是母亲和孩子的“指纹”。图中条带是同一区带DNA经电泳按大小排列显示的片段。F1和F2的“指纹”来自两位可能是父亲的人，是他们DNA样品的同一区带。此孩子具有许多与F2相同的条带，因此F2必定是孩子的父亲。［蒙亚历克·杰弗里斯爵士（Sir Alec Jeffreys）教授及伦敦英国皇家协会特许］

杰弗里斯对运用PCR的DNA指纹技术进行了改良，开发出了“DNA分布型分析”，使法医学得以革新。如今，即使在犯罪现场发现的头发、唾液、血液或像精液这类体液只有非常少量的痕迹，法医们也能毫无困难地把罪犯查出来。1986年，此项技术在英国首次付诸实施：列斯特郡警察局当时抓获了一名谋杀了两个15岁女孩的强奸犯，但没有确凿的证据指认他。倒是另有一名犯罪嫌疑人认罪，但这名犯罪嫌疑人因DNA分布图不符而免责。后来，警察局对5000名当地居住的男性取样检验。那名真凶居然安排一个替身顶他的名字受检，诡计被识破；真实样本终于落入警察手中，在罪行发生后4年，杀人真凶被拘捕判罪。

DNA分布型分析当今已在全世界被广泛使用。1995年，模仿已有的指纹资料库，英国警察局经允许建立了一个罪犯和志愿者的DNA分布图资料库以作补充。这一方法极度可靠，因为在被告律师强烈坚持检测时，只要取样和操作适当（样品没有弄混或污染），出现错配的概率远低于百万分之一。

DNA的比较分析已被用于火灾、空难等意外灾祸后尸体的辨认。20世纪90年代中期，一个引人注目的应用是沙皇尼古拉二世（Tsar Nicholas Ⅱ）及其家人的尸体推定；他们在1917年苏维埃革命中被谋杀，据传埋葬在俄罗斯共和国的埃克特林伯格。此传闻经证明无误。另一桩流传很久的谣言则在1998年被否定了，即与德国独裁者阿道夫·希特勒（Adolph Hitler）关系密切的马丁·博尔曼（Martin Bormann）在第二次世界大战末期逃到了南美。在柏林希特勒自杀的地堡附近，人们发现了一个头骨并将其保存下来，为进行鉴别，有关部门对其进行了DNA分布型分析。结果表明，这个头骨的DNA与博尔曼的孩子匹配。这颗及其附近发现的另一颗头骨，其齿间均有装着氰化物的安瓿的玻璃残渣：显然，博尔曼曾试图逃跑，但意识到失败不可挽回后，就步希特勒（Führer）之后尘自杀了。1996年于加拿大报道应用该技术的实例令人印象深刻：通过对一件染血夹克上发现的一根猫毛做DNA分布图检测，警察们得以对一名杀人犯定罪，因为这根猫毛的DNA分布图与他家猫的一致。

对保存完好的猛犸象和古尸上残留的DNA，研究者们已用PCR进行了扩增，但我们必须记住，真正留在这类样品上的DNA并非活细胞中存在的那种长链状分子；随着时间的推移，DNA分子会缓慢地自动瓦解，结果分子数量与日俱增，链越来越短；能够被扩增的就是这些片段或其中的一部分。即使是1000年后，我们也不太可能从残留的DNA中扩增出整个完整无损的基因，更何况5万年后呢？几乎所有的基因都已经解体了。不管是科学家们从数百万年前变为琥珀中化石的昆虫中分离出了DNA链的报道，还是恐龙的DNA可能被克隆的说法，都与目前DNA化学的现状不相符。我们对这些结果应当持保留态度，除非它们能在一些实验室中得到证实；试图对其证实的科学家确实成功扩增了一些DNA，可惜那些只是污染进样品的现代DNA。它们要真是恐龙的DNA就好了！想想《侏罗纪公园》，多精彩的一部电影啊，不是吗？

DNA的扩增及RNA的扩增是一种新奇的研究手段，而且持续地对整个生物学界和医学界产生着巨大的影响。在普通微生物学的研究中，当取自病人、食物或自然环境的样品中微生物数量很少时，借助某些特殊微生物的DNA链，我们就可以用DNA扩增技术对它们进行检测。例如，借助这一技术可查出一杯牛奶中的单个利斯特氏菌细胞。该技术为科学家们提供的病原体（包括生物战病原）检测方法，比传统的培养法要快得多。这些研究也揭示出了呈自然状态的DNA链，它们至今不为人知，有些深埋土壤下层，这说明在那里有从未在实验室培养过的微生物类型存在。

由于有现代的DNA操作技术，不论在试管内进行或是在活细胞间转移活动的遗传因子，如今都可以很容易地改变微生物的性状，例如生产新的产抗生素的链霉菌菌株，改变酵母菌的遗传性状，或者使微生物产生的可溶物产量增加。20世纪80年代，一场针对重组微生物的持久争论在美国展开。霜冻使加利福尼亚的草莓严重毁坏，罪魁祸首是丁香假单胞菌的细菌，它在植物及其周围生长时并无害处，但偏巧它含有某种蛋白质，作为晶种能够促进冰的形成，因此在英国的冬天，这些细菌产生的白粉常引起结霜。冰的形成使植物在本不会受伤的-4℃被霜冻毁坏。80年代初，加利福尼亚聪明的微生物学家培养出“不结冰”的（即不形成生冰晶蛋白的）丁香假单胞菌菌株，并于1982年提议在草莓试验田施放大量的该菌株以抑制野生菌株，从而保护草莓不受伤害。他们的提议引发了当地环保主义者的愤怒和焦虑，因为后者担心非天然的微生物会传播开来，并造成意想不到的后果，即便被告知了这种冰冻蛋白缺陷的菌株是天然存在的，这种疑虑仍然无法消除。不过他们只是一小部分人。经过公开的法庭和科学辩论，该缺陷菌株终于获准施放，然而，第一块试验田却被激进分子破坏了。正规试验几年后才得以进行，但最终是成功的。这个例子只是少数外行们对微小的危险产生的极端反应，但它揭示了一个重要的观点，那就是生物工程工作者目前已能制造各种各样非天然的生命形式，而这种能力早晚会带来危险。因而，在计划进行这类生物的施放以前，我们必须预先考虑一下潜在的危险，并且令人信服地加以防范。第九章将对此做详细论述。

从积极的方面看，农业似乎是另一个得益于新兴生物工程的领域。微生物的基因能通过一个特殊的质粒——Ti质粒转移到植物中。Ti质粒天然存在于一种植物致病菌——根癌土壤杆菌中。它自身能从微生物转移到植物中，并整合在植物的细胞核DNA上。它通常使植物产生根瘤，但并不严重，生物工程学家便培育出了没有什么害处的菌株。微生物的抗性基因已被克隆到了Ti质粒上，它被引入植物而使之产生相应的抗生素抗性，目的基因可以与抗性基因一起被克隆并转移。随后，从植物中把Ti质粒基本或彻底除去的方法有很多种。我曾在第149页叙述过转基因植物的成功案例，例如将苏云金芽孢杆菌的昆虫毒蛋白基因转入植物中，使植物对其害虫表现出毒性，其中毒素基因的载体是Ti质粒，如图所示，结果显而易见。蒙桑托（Monsanto）公司构建了一“Bt＋”系马铃薯，它能抵抗可怕的科罗拉多甲虫，而美国有3个Bt＋玉米变种可用。

●遗传工程的成功例子。图示为两棵烟草，右边一棵转移了从苏云金芽孢杆菌分离的基因而产生对毛虫的毒蛋白；另一棵为非转基因的同种植株。拍照前，两棵植物均受毛虫侵袭达 11 ～ 12 天。转有细菌基因的植物因其产生自己的杀虫剂而未受虫害，另一棵则被吃掉了。［蒙亨特大学马克·冯·蒙塔古（Marc van Montagu）特许］

带有苏云金芽孢杆菌毒素的植物会使农耕业的害虫控制状况彻底改观，但这种做法可能带来的风险也值得人们认真考虑。如果这类植物生长在开阔的田野，毒素基因会通过花粉传给相关的野生植物吗？当地包括益虫在内的昆虫区系随后就会遭到破坏，甚至淘汰。鸟类会因无昆虫可食而挨饿吗？这些问题的解决办法是存在的：人们可以栽培无花粉可用的不育植物，或将毒素基因置入不被性传递的细胞器DNA中。不过，微妙的危险仍然存在。在转基因植物的叶片中，毒素的浓度相当低，而且在以下情况中，生物很容易获得对毒性物质的抗性：其一，附近毒性物质不多；其二，一些毒性物质长期存在。对苏云金芽孢杆菌有抗性的昆虫变种很少见，但毕竟还是有的；如果害虫持续受到转基因植物低浓度毒素的作用，则相比于往作物上喷洒苏云金芽孢杆菌或其毒素溶液，敏感昆虫抗毒素突变种出现的概率更高，因为喷洒的方法使毒素的初始浓度较高，但那些没起作用的毒物很快就被雨水冲走或失效。至少有3种预防措施可使危险减至最小。其一是针对植物的：在产毒素作物旁边种植一片不产生毒素的相同作物，以储备无抗性的昆虫，只要让这些昆虫与任何出现抗性的昆虫交配，当地群体中出现抗性后代的概率就会降低。再一个比较巧妙的办法要靠植物分子遗传学家：把Bt基因置于对外来化学物质（如稀酒精）起反应的基因开关的控制之下，让农夫（而不是植物）来控制毒素基因的表达。当虫灾来临时，农夫借喷洒稀酒精来开启植物毒药开关，这样就不会有产生抗性昆虫的危险。但最实用的防御措施是著名的“联合防虫法”，即化学药物和转基因植物双管齐下（同时或先后使用）。实行这些措施的种种考虑表明，在决定施放遗传工程生物时，我们必须对一些问题有所预见并深思熟虑。

花椰菜花叶病毒是一种DNA病毒，经过修饰可以成为对宿主植物没有伤害的病毒载体，外源基因可以被克隆到其中。所以我们可以利用这种病毒，把一种基因引入西红柿或烟草植株，使后者产生对某种专利除草剂的抗性，而被引入的基因并不是微生物基因，而是来自一种植物——碧冬茄的变异株。受到这一发现的启发，多家公司考虑通过这个办法，让油菜、棉花和大豆等重要的农作物对除草剂产生抗性，于是当农夫向农田里喷洒除草剂时，他们只会杀死杂草，而不会影响作物的生长。农用化学工厂对这一科学进展充满热情，因为它有望提高除草剂的销售量，但那些愿意在乡间欣赏野花的人恐怕就不这么想了。

运用相似的方式，植物能产生对植物病毒的抵抗力，不仅如此，从理论上说，植物产品的营养价值也可以得到提高。例如，植物蛋白通常缺乏赖氨酸，那我们就可以把一种高产赖氨酸的微生物基因引入植物中。此外，科学家们还能让引起成熟水果变软的基因失活，从而使水果更久地保持质地坚实，于是在美国，多种番茄的货架寿命得以延长；在这方面，“佳味”就是一个非常成功的商业品牌。再有，通过引入大肠杆菌的一个基因，马铃薯块茎的淀粉含量明显增多。为什么要这样做？因为它们在烹调时不太吸油，可制出较利于健康的炸薯条——对不起，应该叫法国油炸食品（French fries）。

我提到的所有例子中，引入植物的新性状都是由单个基因编码的。这一点很重要。对高等植物而言，读取和表达单个外源微生物基因是没有什么困难的。但是，人们希望引入植物的某些性状，可能是由多个基因协同作用而产生的。如果这些基因来自其他植物或真菌，表达虽有困难，却不至于太严重。但是如果这些基因来自微生物，那困难就大了，因为微生物阅读和翻译其遗传信息的方式完全不同于高等生物。打个比方，将细菌的一个基因簇转入植物并期望它得到表达，就如同给说英语的工程师一串匈牙利语指令，尽管字母可以被识别，但意义完全不同。这个问题的解决思路，包括深入了解这两类生物的阅读机制，但是成功还遥遥无期。这样的问题挺实际的，打个比方，如果我们能把固氮性能转移到农作物上，农作物就不再需要依赖固氮细菌或人工氮肥了，那么一个全球食物生产的主要制约因素就得以消除。我相信这一目标总有一天会实现。然而，目前的问题是如何使植物利用这些固氮基因，因为固氮基因组是包括20个基因的一个复杂的调控系统。到目前为止，这些基因中只有一个能在植物材料中完成微弱的表达。

基因在微生物之间的转移以及由微生物介导的动植物间的转移，目前已是研究中的家常便饭，并且已开始在工业生产中显现其推动力了。但是事情到此为止了吗？为何不在实验室制造全新的基因并转入生物体呢？既然遗传密码已经被破译了，既然化学家们不仅能合成DNA分子的原件，还能将它们串成基因样的DNA链，那么这应该是可行的。没错，这个设想已经被提出并付诸实施了。早在20世纪70年代初期，科拉纳（H. G. Khorana）与其助手们就在美国用化学方法合成了两个小基因，它们可以在酵母菌和大肠杆菌内将氨基酸移来移去。现在，克隆一个现成的基因、将其纯化、用合成的DNA链替换掉部分DNA链以改变其化学结构等操作，都是比较容易的事了。事实上，人们目前可以买到电脑控制的机器来合成特定的DNA链。绝大多数基因可编码蛋白质，因而，全合成或部分合成的基因需被插入质粒并引入大肠杆菌宿主。假定其插入位点有阅读信号，则大肠杆菌将能够制造该基因编码的蛋白。当然，事情不总是如此顺利，新的基因产物对其宿主也许不太有益，但此项策略总的说来是成功的，并催生了一个前文提到过的新技术——“蛋白质工程”，人们可以用它设计制造全新的蛋白质。蛋白质工程的早期产物是改变了底物特异性的酶，它们有助于阐明酶的作用机理，而不久以后，人们也许会创造出新的酶，作用于全新的底物——一些从未被生物系统用作底物的物质。将来，这些都有可能被应用于工业生产，而微生物也将在生产中扮演主要角色。

利用相关的基因修饰酶类的做法，为制作新的有用的催化剂开辟了思路；应用遗传工程技术改造植物已成为现实；动物的改良也在进行之中；而对人的改良（应用基因治疗法对付遗传疾病）也刚刚起步。除此之外，还有新疫苗、新药，以及检测和鉴定各种生物实体（从病毒和细菌到尸体和罪犯）的新方法，再加上大量的其他精巧的应用——大多数内容我都略去未谈。上述所有活动中，微生物是必不可少的工具。与我们的付出相比，回报或许来得缓慢，但现在它们都正在兑现，且前景是美妙的。在我的简短叙述中，我似乎总是着重于健康与食物，但这又何尝不是人类的原始兴趣呢？工业生产最知道从哪儿挣钱，我有必要在下一章讲讲这点。考虑到现代研究的发展方式，我把本章重点放在了工业生产及创造利润的工艺上。准确地说，本书就是围绕应用微生物学和工业微生物学写成的，而两者都是以工业生产工艺为对象的。对工业有益的一般也对公众有益，但是也有例外情况。下面我就要谈谈有益于公众的微生物应用了。

第七章

变质、腐败和污染

Chapter 7

Microbes and Man

我是家庭中自豪的父亲。我长大成人，把血统延续到了新的一代。与此同时，我的孩子们也接受了一批“家庭财产”，我不了解别的家庭，但这点对我来说是相当出乎意料的。孩子们对这些财产却不觉陌生，我想读者们会发现自己也面临着相似的处境：家中积累了数量庞大的废品。为避免我的孙辈们中有人读到此处感觉不快，我得赶快加上一句话：这些东西对他们说来并不是废品。它们是每只赛璐珞鸭子、每块塑料砖、每只绒毛兔、每片彩色布头、每张流行唱片、每部散了架的半导体收音机，以及墙上的每幅流行艺术广告，桩桩件件都是每位子孙亲身经历之物，都记载着主人的一段完整的故事。记得我年幼时，玩具不多，其寿命也有限。例如一列装有发条的火车，玩一玩发条就断了，修了没几次后只好扔进垃圾箱。运气不好的话，某些玩具几周就坏了，一般的玩上数月，如果小心些或玩具特别结实也不过几年光景。而今，玩具似乎都很耐用。我36岁女儿的一只美国产的可洗涤的毛茸茸的尼龙贴身狗，已活过战前玩具熊平均寿命的5倍时间了，尽管用得有些发旧，却乖乖地陪伴我的孙女步入成年。好了，对于尼龙狗和我的子孙，我都很满意，但还有大量物品说不上有什么用处，它们往往是由某种塑料制成，已经弯曲变形，螺钉丢失。照我看来，再过10年，我们得把家里的房间全部腾出来，用以储藏我心爱的子孙们的那些心爱的玩具。

你一定会问，这与微生物有什么关系？啊！你的问题一语破的。还是让我来一点一点把它讲清楚吧。如同一个小家庭积攒了毁坏不了的物质垃圾那样，本行星上的文明人也聚集了一大堆工艺品，它们由木料、铁、石块、混凝土、砖头、塑料、洋铁皮、玻璃、陶瓷等原料制成，大多数都经久耐用。不仅如此，他们还向本行星的生物圈中抛弃衣物、食物残渣、断枝碎叶、同伴遗体、宠物和家畜的尸体、排泄物、纸张、头发和指甲屑。那么，是什么东西使我们避免生活在没过膝盖的垃圾中呢？

你会回答道，是微生物。正是如此！在土壤、水、下水道、垃圾堆中的微生物转化着人类社会的废弃物，把它们变成能被再利用或至少是无毒的物质。这里，微生物为人类贡献了它们最大的用处，否则木材不枯朽、尸体不腐烂、排泄物和草木散落各处却纹丝不变，世界会成什么样子我们可想而知。当然，这种情况不可能出现，因为如果那样的话，元素的生物循环在千万年前就该停止了。不过，要想理解微生物的经济价值，这种假设还是有用的。微生物把人从维持本行星生命过程的生物学循环中取走的物质（或碳、氮等）送了回来，当然，天然的或人为的火灾对这个过程也助了一臂之力。腐败、变质与破坏同生长、合成与生产是相反的过程，但它们对地球的经济十分重要。遗憾的是，它们对实业家的经营活动并非如此重要。因此，在概述这些过程时我必须指出，我们对这些过程的知识还有所欠缺。之所以如此，既是因为我们在了解微生物方面的研究工作步伐不够大，又是由于基金不足和从事经济微生物学基础研究的实验室数量有限。抱怨的话姑且不谈，让我们来看一下，在本行星经济的恢复中，究竟哪些微生物真正起了作用。

变质、腐败和垃圾处理是微生物学上对于类似过程的3种说法。人们用“变质”一词表示他们不希望发生的某些事情；“腐败”是一个完全中性的词；“垃圾处理”则是指人们受到鼓励去做什么事情。处理过程留待下章讨论。在本章中，我将把关注点放在情况不太妙的方面，说说人类在和无生命世界打交道时，微生物造成的影响——腐蚀、破坏及一般妨害。

我照例首先想到了我们的胃，并考虑到了食物的破坏过程。众所周知，食物放置过久就会变质，除非把它们进行腌制、灭菌、干燥或深低温冷冻。当食物中有微生物生长起来时，变质过程就会出现，食物的黏稠度、气味和味道将发生变化。用来保存食物的办法，关键都在于延缓或防止微生物的生长。读过第三章和第四章的人按说都会清楚，几乎各类食物都是细菌生长的良好培养基。把一块熟肉敞开放置在温暖的厨房中一两天，偶尔落入的空气中的微生物就会聚集其上，此外还有在其周围经过的人与宠物咳嗽和喷嚏时带进的、昆虫的翅膀散播的、厨师的头发和衣服上掉下的微生物。试想一下，菜肴在烹调之前，各种原料都要准备好，然后放在一起，因此它们就要受到来自厨师手上微生物的随意污染，还多少会沾染厨师口腔中丛生的杂菌，另外，炊事器具上也会留有一些细菌，只要他们在清洗后用污染过的抹布擦干过。听起来真令人忧虑；不过，准备阶段还算是十分卫生的。这时，微生物大多处于休眠状态，正在繁殖的即便有也为数甚少，且多半是无害的。如果厨师手指上有被感染的伤口，则少数有潜在危险的病原菌可能是存在的。不过即便是这样，这盘原材料仍是无害的，因为其中微生物的数量还是很少的。肉和蔬菜组织大都新鲜完好，水是很纯净的，食盐和调味料多不属于微生物所需的养分。若将它们在温暖环境中放置几小时，肉和蔬菜组织就会开始变坏，而这个过程部分是由微生物的作用引起的，部分则源于内部的化学过程，而许多养分就被微生物取作繁殖之用了。但是，这时的混合物还是十分安全的。接着，厨师把它们放在瓦罐或带柄小锅中烹煮几小时，则所有的微生物均被杀死了；全部孢子也会被杀灭，除非这位厨师很不走运。假设厨师正在做一锅炖肉，如果煮3小时后从炉子上端下供人享用，那么在这份热乎乎、营养丰富、味美可口的食物里，我曾提到过的微生物只能有难以觉察的小贡献。然而我们不妨设想一下，有一些肉剩了下来，当它们冷却后，空气中和头发里的微生物又掉了进去，而由于食物已经过烹煮，故各种最富营养的精华均从原料中被浸取了出来。于是，微生物就找到了一个完美的温暖培养基，并开始繁殖起来。

让我举个例子来加以说明。假设晚餐之后的晚上8时，有10个葡萄球菌从某人的拇指上落入剩肉中。主人给菜碗扣上盖，放在一边就再没想起。厨房里面很暖和，葡萄球菌就开始繁殖起来。到晚上

9时增为20个菌，晚上10时为40个菌，半夜12点时为160个菌。假设微生物每小时分裂一次，那么到第二天中午，剩肉中已有约60万个葡萄球菌了。事实上，在相当暖和的环境中，分裂速度可以加快到4倍。这时，人们开始闻到肉有点异味，不过外观依然如故，然而，其中正发生着一些相当使人担心的化学变化。因为当每一个顶针大小的体积中微生物数量达到约1亿时，人们才能看出肉质变坏。作为肉类和植物蛋白质的组成成分的氨基酸转变成叫作尸碱的物质，同时，更有毒的微生物产物也在形成。假设厨师没注意，把它放在炉上加热一下就给人吃了。微生物固然被杀死了，但在1/3的场合下尸碱依然存在。无论谁吃了它都会闹肚子，不过可能很快就好转了；或者人们只是吃起来发现有点变味，但没造成进一步的伤害；还有些人可能并未发现异常。究竟会发生哪种情况，取决于食物储藏时的环境温度。假如食物放在靠近火炉处过夜，它就会变得非常有毒，而在凉快的食品储藏间中，它可以很安全地放上一天。葡萄球菌在冰箱中完全不会生长。然而，嗜冷细菌能够在其中缓慢地生长，并进一步引起尸碱的形成，虽然这得花上几天工夫。

现在我们来设想一下，如果不是能再加热的炖肉，而是适于冷餐的馅饼一类食品，情况又会如何呢？无论是谁，只要吃了它，就咽下了数量可观的活菌，而如果那些菌正好是致病的，那么他们的口腔和胃肠就会出现严重的感染。大多数食物中毒是因为预处理食物的储存环境太暖和，结果食物不仅变质得更快，而且长出了来自厨师的病原菌。制作食物之所以要加防腐剂，是因为防腐剂其实是一种消毒剂，它对人的影响可以忽略不计，却能使微生物半死不活。就个人而言，我常不能忍受食品中带有普遍采用的防腐剂，不过那纯属口味问题。

虽然化学防腐剂是广泛使用和不可避免的，但仍有许多传统工艺可被用于储存食物，使之免受微生物的影响，例如酸浸法、糖腌法、盐腌法等。酸浸法就是把食物泡在醋酸（醋）中，它使食物变得很酸，以致微生物无法生长而食物得以保存；糖腌法也可防腐，果酱和糖浆罐头就是例子，因为能在浓糖液中生长的细菌甚少，酵母菌和霉菌倒是能在糖的保藏物中生长，但它们往往是无害的，否则显然不会有人愿意吃这种食物；盐腌是储存肉品和鱼类的一种方法。盐腌法的事实依据，是大多数引起腐败的细菌都不能在浓盐水里生长。如果盐水中含有硝酸钾（硝石）或硝酸钠，名为嗜盐脱氮副球菌的嗜盐微生物就会在其中生长，并把硝酸盐转变为具有防腐作用的物质亚硝酸盐，后者能与肉中蛋白质形成红色化合物，因而对普通微生物的攻击变得更不敏感。这样的肉被称为腌肉，这样的腌制工艺使腌肉呈红色。用微生物腌制肉类是没有必要的，因为化学品亚硝酸钠就有类似的功能，但由于这种化合物有轻微毒性，所以它的应用在许多国家受到了法律限制。不过，人们对硝酸盐和嗜盐脱氮副球菌的使用常是随心所欲的！人们之所以常把亚硝酸钠视为肉类罐头的原料，理由就在于此：它既是防腐剂，又是腌制剂。

如果灭菌不充分，罐头食品和瓶装食品就会变质。致黑脱硫肠状菌是一种嗜热菌，它能生长在热水中，而且会产生能抵抗长期加热的孢子。作为一种厌氧菌，它很乐意被封进罐头里；同时，作为一种硫酸盐还原菌，它能生成恶臭气体硫化氢。人们把罐头食品（如玉米罐头）的这类变质称作硫臭变，理由显然就在于此。幸好在20世纪30年代，人们就已经了解了这种特殊的变质，所以当今的罐头生产很少遇到这种情况。致黑脱硫肠状菌也喜欢生活在浓糖液中。糖蜜是没有精制的糖浆，加工时，要把它加热到很高的温度才能使它容易流动。这一高温加热过程足以杀死绝大多数的细菌，但是，致黑脱硫肠状菌却能在这种环境条件下生长良好，所以它在制糖工业中一直使人大伤脑筋。热解糖梭菌是另一种能产生芽孢的厌氧菌，它能在罐头食品中产生气体，使开罐头时出现爆炸。最危险的细菌之一是肉毒梭菌，它偶尔出现在罐装或瓶装食品（常为肉或鱼，虽然它也在蜂蜜中制造麻烦）中。虽然这种细菌本身仅在特别的环境下才有致病性，但其产生的毒素是剧毒物质。这种细菌已被推荐为生物战的一种病原。肉毒梭菌病就是吃了被该种细菌毒化了的食物引起的，常致人死命。

霉菌能使面包、干酪等类食品变质，一般来说肉眼可见且对人无害。但也有不少极端的情况。曲霉属的霉菌能使不够干燥的谷物变质。解决这一特殊问题的办法是在密封舱中湿储谷物，这样谷物就能通过自身的呼吸产生多量的二氧化碳，足以防止霉菌生长。烟曲霉是一种能使家禽致病的霉菌，它穿过蛋壳，在蛋内产生孢子，使孵出的雏鸡出现肺部感染。由于接触到病鸽，法国拔鸽毛的工人会染上假结核病。20世纪50年代曾发生一起与花生生产有关的惊人变质事件，系霉菌所为。黄曲霉是另一种霉菌，可污染已收获的花生，在其中产生叫作黄曲霉素的有毒物质。人们在以这种花生饲养的家禽中发现了肝脏损害，因而首次发现了这种物质。当发现黄曲霉素能够在人和动物中引起癌症，并在专供人消费的某些食物（如花生酱）中露面时，人们显然提高了警惕。虽然这种状态现已得到控制，但有一段时期，人们曾因花生制品中可能出现致癌物质而忧心忡忡。

微生物能导致食品变质这点现已家喻户晓。可以说，文明社会的整个购销贸易活动，都是基于通过或传统或现代的措施，设法延缓或阻止微生物造成的产品变质过程。我们不妨来考虑一下鱼类产品在销售过程中出现的问题及其解决办法。在食品工业中，基于对变质、污染和防护过程的了解和控制，我们已开发出一整套食品微生物学技术。到目前为止，在本章和第五章中所举出的例子，只是说明性的而无法包罗万象，因为本书中不论哪一章，要想就相应领域做出充分的概括，恐怕都要写一本书才行。既然本书是对微生物与人类的概述，我就不继续在食物上费笔墨了，下面我们讲点其他有趣的话题——微生物对非食用物质之破坏作用。

你见过一双发了霉的旧园艺鞋吗？你注意过老房子的墙上和天花板上的霉粉吗？这是微生物攻击和毁坏那些人们觉得本应很耐久的材料的两个例子。这两个例子其实是我仔细考虑后特意挑选的，因为在这两种情况下，材料本身都没有受到微生物的攻击。皮革对微生物的作用也具有相当强的抵抗性——即使在热带国家也是如此，而昆虫和蛆才是最严重的破坏因子——但是用于上光和改善皮革质地的涂料或附加制剂却会受到微生物的侵犯。这些成分通常是霉菌在皮革上生长时用作食料的物质，当微生物繁殖起来之后，它们产生的色素就会侵蚀皮革表面，形成难看的污秽。同样地，天花板灰泥和墙壁上的霉，也并不是由于微生物以灰泥本身为食，而是因为那些涂料、纸张以及常用以粘贴墙纸和天花板纸的糨糊是微生物生长所需的物质。大多数装饰材料中含有杀菌剂，可以阻止霉菌生长，但由于房屋（如刚修建的或废弃了的）格外潮湿，杀菌剂会被溶掉，于是霉菌得以生长起来。遍及全英国的家用中央暖气装置给人们带来了一点小麻烦：室内温暖空气中的水汽凝结到窗玻璃上，水滴汇集的窗框由于家人烹饪、呼吸、出汗等活动而积有微量营养物质；于是霉菌生起来，使局部呈墨绿色。这种使房主人极为恼火的颜色通常是霉菌孢子的颜色，因为霉菌本身是没有什么颜色的。在热带，霉菌可造成巨大的毁坏。电器设备的漆、树脂和绝缘层等物质中都含有维持霉菌生长的物质。局限曲霉和灰绿曲霉格外引人注目，因为它们生长时产生的物质能腐蚀玻璃。第二次世界大战期间，它们在玻璃上呈膜状生长，使照相机、望远镜等设配的透镜遭到损坏。

纸浆是一种温湿糊状物，其中含有制浆木材、再生纸、其他纤维材料及诸如白黏土、矿物沙和淀粉等各种添加剂，它系多种微生物（特别是细菌）的宿主。这些微生物难免被带进原料中，大多无害。但有些会产生黏液而干扰造纸过程，还有一两类会危及工人的身体健康。微生物杀灭剂可用来对它们进行控制。纸张的斑变（从事古老手稿、艺术品或版画保管工作的人对此再熟悉不过了）似乎与丝状微小真菌有关，但它们的存在究竟是造成损害的原因，还是损害导致的后果，我们尚不得而知。

木材是很有抗性的物质，但它还是会被真菌侵蚀，任何遇到过家具腐朽的人都该知道这种情况会造成多大的损失和麻烦。在这种情况下，没有任何油漆的木材本身就是微生物生长所需的物质。从森林中和倒下的圆木上常见到的牛排菌，到罕见但很具活力的孢漆斑菌，造成木材腐烂的真菌不胜枚举。杂酚油等木材保护剂可以保护木材免受使其腐烂的真菌侵害，每用一次甚至可以管用好几年，但保持木材干燥才是真正有效的措施。即使在像英国这样潮湿的国家中，只要避免受潮，屋顶的房梁就可经几个世纪而安然无恙。

前文我曾讲过，具有破坏性的微生物也有它好的一面，即它在生物元素的再循环中起着重要的作用，而使木材腐烂的真菌在自然界中的价值，是它们能使木质中的碳返回生物学循环中。纤维素溶解菌，如其大名所示，能把木料、纸质及植物材料的纤维素断裂成能被其他微生物利用的简单的脂肪酸。它们甚至能生活在钻木昆虫胃肠道中，助其消化木质。真菌的生长需要空气，因此，譬如菜园的垃圾堆等地方就更容易受到细菌而非真菌的破坏，而肥堆的内部则常由大量的各类厌氧菌组成，它们靠纤维素溶解菌由纤维素形成的产物为生。如我在第六章中所述，甲烷（天然气）是该过程的终末产物。这类天然肥堆或许在石炭纪时代就出现了，并最终形成了煤。自然，以园艺规模来说，该过程由于受到干扰甚至到不了形成泥炭的阶段，但即使在此小规模下，堆肥也产生了很多热量，这些热量部分来自微生物代谢，以热的形式释放，就像你我在跑步时产生热那样。人们由此得以明白，本行星上嗜热菌何以如此般遍及各处。它们在大规模的大自然发酵作用中繁盛起来。

羊毛也会受到微生物的侵蚀，温带国家的房主或许更熟悉一种昆虫幼虫的破坏现象，我父母称它们为“羊毛熊”。在潮湿的环境中，尤其是在土壤里，霉菌和细菌对羊毛的分解速度都是十分快的。由于羊毛基本上是一种动物蛋白质（角蛋白），故分解后会放出含氮物质。所以我的父母曾告诉我千万别扔掉羊毛外套，把它埋进大黄的苗床里，你会得到大黄的好收成。我确定此话是灵验的，只是没过多久，我就吃大黄吃腻了。

微生物能降解用于皮革和墙面上的涂料，同样地，它们利用的是其中的添加剂，而非颜料本身。亚麻仁油等油酸及其相关物质被广泛用来承载涂料中的色素。尤其在热带地区，涂料被暴露于温湿环境中，细菌和真菌就会攻击这些物质，使涂料迅速遭到破坏。此间还有一个小插曲。到20世纪30年代为止，砷的化合物曾一直在某些涂料和壁纸中被用作色素，而当曲霉属、毛霉属和青霉属等许多更原始的霉菌在含有砷色素的其他材料上生长时，它们能够把砷化物转变为气体砷，后者带大蒜气味并有强烈毒性。由于人们长期呼吸含砷的空气，死亡现象时有发生，据记载，英国的最后一例死亡者死于1931年。

橡胶轮胎被认为是十分稳定的物质，但实际上，它会受到特种放线菌的侵害。1950年，荷兰的拉·里维埃（La Rivière）博士表明，世界各地的橡胶垫圈和衬垫，乃是随处可见的特种放线菌的肥沃培养基。这些微生物攻击组成橡胶的聚合物（胶乳）。橡胶受微生物侵蚀的方式还有一种，这是由天然橡胶在使用前要进行硬化所致。硬化过程指的是给橡胶加硫。如果橡胶是潮湿的，则氧化硫黄的细菌氧化硫硫杆菌就会利用这些硫而生长起来，并将其转变为硫酸。产生的硫酸又与橡胶及相连的纤维织物发生作用。在第二次世界大战期间，国家消防局的消防水管因此受到严重损坏。补救的办法是充分保持水管干燥，这就是消防训练常在一些看似琐碎的细节上严格要求的理由。对于类似的事件，大家应该也有耳闻，比如微生物导致瓶装水果的密封橡胶垫圈及其他材料的破坏。在所有这些事例中，橡胶的破坏都和产生硫酸有关。

据我所知，氯化橡胶、硅橡胶等合成橡胶和某些聚氟塑料，都在微生物的攻击下丝毫无损。人们一度认为像聚氯乙烯这类氯化塑料会受到细菌的影响，但事实似乎并非如此：某些成分或添加剂有时能促进细菌生长，而塑料本身却不受其害。幸好那些细菌无法作用的化合物还可进行燃烧和光分解，所以当代人类的塑料垃圾才得以最终返回生物圈。微生物能分解的物质被称作可生物降解的物质，而那些完全不受微生物作用的物质则被称为难降解物质。在碳原子的化合物中，后者是很少的，只有我刚才提到的合成聚合物、碳元素本身以及某些实验室合成的化学物质等。一些化合物的降解速度很慢，如土壤中由腐烂的植物形成的腐殖酸和煤焦油中某些复杂有机化合物。使人感兴趣的是，那些产生孢子的微生物的孢子外衣，对微生物的攻击是很有抵抗力的，仔细想想，这点也是挺合理的，但是它们迟早都会死去，否则我们周围就全是孢子了。

许多微生物可以消耗天然的烃类。最常见的是氧化甲烷的细菌，这种细菌能够靠氧化天然气来生长，据了解还有能氧化石油中烃化合物的细菌、霉菌和酵母菌。我曾介绍过氧化甲烷的细菌和能利用石油烃类的酵母菌，二者似乎都可能成为食物蛋白的来源。氧化烃类的微生物天然出现于油田中，在渗出区周围可见到它们的身影，这一现象常被用于石油勘探。而它们一旦进入储存的石油产品中，麻烦就来了。因为它们能使燃料变质。石油和煤油被储存于巨大的油罐中，罐底常有一层水。底层的水通常是无法避免的。如果储油罐靠近海，那么通常燃料是从油槽船泵入油罐里的，而与泵相连的管中首先是注满海水的。照这样说，内陆的油罐是不应带进水的，但是石油中溶入的水量可观，遇冷就会析出，所以即便是内陆，油罐的底部也会积聚一层水。氧化烃类的微生物就生长在这层水中，主要位于水和油的交界面。

我想重点强调一件事，那就是微生物是生长在水中的，而不是在油（汽油或煤油）里。我曾见过一些学术性相当强的报道，讲述微生物在石油工艺学中的作用，但这些报道里都没有澄清这一点。因此我更应强调：在石油工艺学的许多方面，微生物都会露面，包括我正要讨论的变质。但所有在这些环境中，它们都只生长在水里。请原谅我离题几句，这个原理还可以解释生活中一个常见的现象：在同一个食柜或冰箱中，奶油腐败极慢而很耐储存，乳脂却会迅速变恶臭。奶油属油包水乳剂，因为细菌只能在水里繁殖，陷进水滴里的细菌生长受限，故无法蔓延开来；而乳脂是水包油乳剂，单个细菌就可繁殖起来并蔓延各处，造成严重破坏。

让我们回到石油工艺学的话题上来。微生物常常生长于燃料罐底层的水中，一般说来没什么危害。如果适量的微生物淤渣出现于水层，微量地消耗着燃料，那么它们是没多大危害的。但是，若淤渣积得太厚，加之燃料周转缓慢，微生物就会把溶解氧消耗殆尽，水中就会缺氧，于是问题接踵而来。因为借助烃氧化菌生成的可用有机物，硫酸盐还原菌生长起来，它们使溶于水中的硫酸盐还原，于是硫的绝氧环境得以建立。长期以来，某些石油工艺学家认为，硫酸还原菌能利用硫酸盐亲自使烃类氧化，但许多科学家对此表示怀疑，因为经证明，菌株很难单独去啃烃这块“硬骨头”。不过，这些工艺学家的看法可能是对的：20世纪90年代，人们发现一种油脱硫杆菌能干这事。硫化氢的产生使燃料受到污染，至少有一部分转变成游离硫黄，进而对飞机喷油系统的某些部件造成腐蚀。在热带和亚热带地区，这类问题更容易出现：1952年，后又于1956年，因储油罐中燃料受到细菌的损害，英国空军的一些部门处于政治上困难的境地。铜片腐蚀试验，测量的是硫化物使燃料中光亮的铜出现暗带的速度，而油料变坏的征兆就是这一速度的提高。一旦油料变坏，除了降级使用——即把燃料用于像摩托车这类不大敏感的发动机——别无良策。预防措施主要靠定期清除罐底的水层，某些对硫酸盐还原菌有作用的化学药品也能生效。

微生物使石油变质的后果通常只是一桩简单的财政问题。因为变质的石油不如正常情况下那样容易售出，从而给油料的卖主带来经济损失。但在某些情况下会有更严重的后果出现。细菌的硫酸盐还原作用会形成的硫化铁，后者在暴露于空气时会受到氧化；而在罕有的情况下，清理油罐时，硫化铁氧化作用生成的热量足以点燃油罐中的石油蒸汽。由于此种原因，20世纪30年代，英国曾发生两起严重的油罐爆炸事件。

当进行金属器具和零件的工业生产时，人们常需在车床上切割金属，还必须同时对切割部件进行冷却和润滑。此道工序靠喷射油水乳状液（切削乳胶）来进行。某些乳胶是细菌绝好的栖息场所，尤其是在工厂停工而乳胶凝滞不动的时候。一旦烃氧化菌在乳胶中开始活动，其他的细菌就能生长，而有害的甚至是传染性的发酵过程就会一反初衷地产生出来。在这方面制定的一些卫生标准也有不尽如人意之处。20世纪50年代，一位权威人士主张："不许工人向乳胶中吐痰、便溺及倒残汤剩饭。"我相信，能意识到问题的存在就是件好事。果不其然，现在向切削乳胶中加消毒剂已成为常规了。

石油和其他油类都是具有经济重要性的烃类。普通沥青和小亚细亚沥青是碳和烃的混合物，均被用于敷设路面。在温湿地带，这两种沥青都能被土壤细菌分解。在美国南部，这种分解过程使道路受到了明显的损坏。这种情况在别处也可能出现，但其特有的变质原因一直未被大家认识到。沥青涂层被用于保护地下管道，而又是以其为食的土壤细菌缩短了这类涂层的寿命。煤堆的自燃可称得上是微生物攻击烃类的极端事例，即使在气候温和的地区，煤堆也会莫名其妙地变热，有时甚至自己着起火来。一种可能的解释是，就像堆肥那样，细菌使煤或其中某些成分氧化了，而某些能量以热的形式释放，因此在热量不易散发的特定条件下，不断进行的氧化作用就可引起燃烧。然而必须承认，这类细菌的存在既缺乏令人完全信服的证据，且细菌也不太可能产生如此大量的热能以致达到煤的闪点。但是，既有鬼火这种先例存在，而目前对此又无更好的解释，我们只能姑且做此推测。

你或许认为铁管或钢管能够抵御细菌的攻击，其实不然。铁管，以及其他一切没有采取防护措施的铁质构件，都会在潮湿的空气中生锈。这一事实众所周知，而水和空气对生锈不可缺少这点也是常识。如果你把一根铁钉浸入缺乏空气的纯水中，并保持密封以防空气进入，那么它将多年保持光洁明亮。一旦空气进入，铁钉就会迅速生锈。但是，埋在土壤中的铁管其实是相当隔绝空气的，尤其是当土壤被水浸泡而周围又有大量微生物耗尽透向铁管的所有空气的时候。然而在这种情况下，铁管反倒比它们在空气中腐蚀得更快，而引起这种腐蚀的元凶，乃是本书反复提到的细菌——硫酸盐还原菌。据估计，1990年，美国地下铁管的腐蚀造成了16亿～50亿美元的损失。这是非常严重的损失，故我拟特别花些篇幅来探讨其间的奥妙。

如果你把一块未生锈的纯铁放入水中，它将引起水分子裂解，而生成氢和氢氧化铁，其化学反应式为：

$$Fe + 2H_2O \rightarrow Fe(OH)_2 + H_2$$

若只有水存在，则反应一开始就会停下来，因为氢会附着于铁的表面而阻止反应继续进行。然而，如果有空气存在，则其中的氧就会同氢起反应，将其转变回水，这样，反应就会不断进行下去，直到铁全部锈光。有点化学知识的读者会注意到，$Fe(OH)_2$并不是铁锈。这不要紧，我所描述的过程只是生锈的第一步反应，接下来还会出现各种反应，最终形成铁锈。虽然如此，但只要这第一步反应不发生，铁是不会长生锈的。如我在第二章中所述，硫酸盐还原菌不利用空气进行呼吸，而以还原硫酸盐代替之。我再以硫酸钙为例重写一遍反应式：

$$CaSO_4 + \text{食物} \rightarrow CaS + \text{被氧化的食物}$$

当氧化任何能作为食物的物质时，细菌使硫酸钙变成了硫化钙。其中大多数的细菌，特别是脱硫弧菌，还具有能够利用氢的特性，反应式如下所示：

$$4H_2 + CaSO_4 \rightarrow CaS + 4H_2O$$

严格说来，氢并不是一种食物（它不含碳），但是这个反应却可供给细菌能量，使其更经济地去利用含碳的食物。细菌一碰到铁管，接触到铁管的氢保护膜，就要利用这些氢去还原硫酸盐，并把氢转变成水。结果铁遭到腐蚀。进一步的反应是硫化物同某些铁反应而生成硫化铁。你常见到的发生在地下的腐蚀过程就属于这一类，因为这种腐蚀的产物含有硫化铁。它呈黑色而不是棕色，气味相当臭。

铁管的地下腐蚀是造成最大损失的微生物腐蚀作用，人们对其发生的过程和预防措施已有相当充分的了解。细菌侵犯水、气总管和排水管，而由于硫酸盐还原菌要被排到海水中，故它又会破坏海洋设施及损害船体。这些问题很难得到解决。从原则上说，不要把铁管埋进地下，除非你别无他法，而如果你一定得将其埋入地下，那就要注意让空气能自由接近管道，并在它的外面覆盖足够厚的涂料，使细菌无法穿透到金属层。（请记住，布帛、沥青、蜡、多种涂料和塑料都会受到土壤细菌的分解；也别忘了，不论多么牢靠的密封涂层，只需一位马虎的工人偶尔用鹤嘴锄一敲，它就又与外界

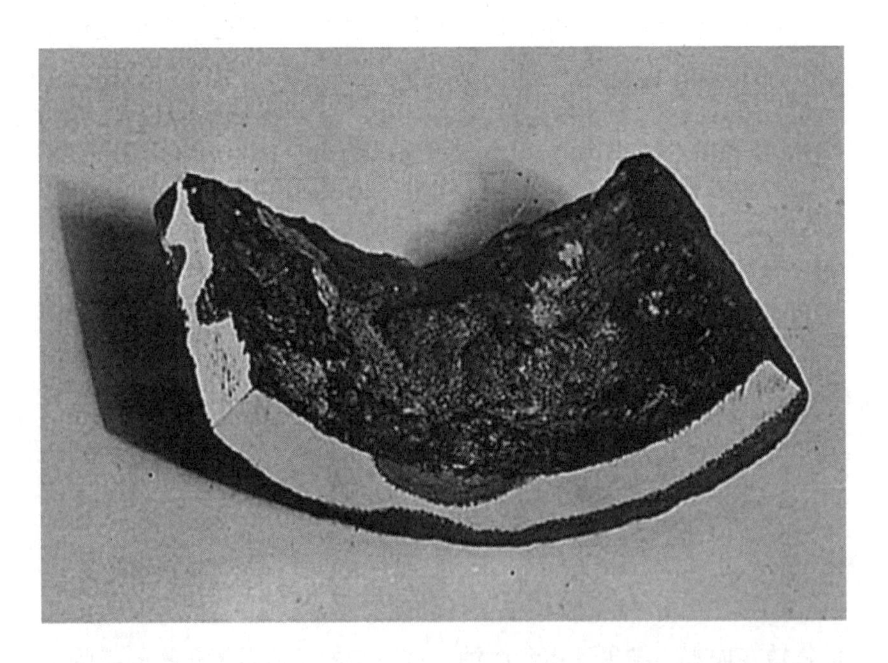

●被细菌腐蚀的铁管照片。图示为一段剖开的铁水管，表明硫酸盐还原菌的腐蚀作用。水管两面都受到了侵蚀。内面见到的壳层可能就是铁细菌引起的，这些壳层使厌氧的硫酸盐还原菌和溶于水中的空气相隔绝。

贯通了。有些电化学防护方法虽耗资甚巨，却可望一劳永逸。）即使热水系统也难逃此类腐蚀。因为某些硫酸盐还原菌菌株是嗜热的，例如我在讨论食物变质时介绍过的致黑脱硫肠状菌，在适当的环境中，它们甚至能腐蚀家用热水系统的铜管，因为它们可以在循环系统的冷却部分生长，而形成的硫化物可扩散到整个管道，使铜变为硫化铜而使铜管毁损。在美国，我曾经在热水淋浴时闻过类似巴斯温泉水的气味，仔细观察后，我遗憾地发现，房主人的家用供水系统再过上一两年就该坏了。又是一个"博士该不该揭露真相"的尴尬局面。那一次，我鼓起勇气告诉房主人，热水闻起来有臭蛋味，结果房主人非常狼狈而茫然不知所措。由于这种气味的产生过程很缓慢，他和他的家人都习以为常了，令人高兴的是，作为微生物学家的房主人很快就明白过来。他是怎么应对的？他卖掉这房子，另外购置了一套。

你自然会问：如果硫酸盐还原菌的硫酸盐还原作用是引起地下腐蚀的基本过程，那何不除去硫酸盐使整个过程得以停止呢？说得不错，但清除硫酸盐是不可能的。普通自来水的硬度主要来自硫酸钙，各种土壤水中都带着硫酸盐，墙粉和其他建筑材料都含有大量的硫酸钙。因此，日常生活中3种不可避免的物质——水、泥和灰尘——都是这些微生物的硫酸盐来源。我们这个行星上几乎没有一处会长期完全缺乏硫酸盐的。总之，细菌用不了多少硫酸盐，而且它们一点也不急，因为水管干线出现腐蚀最快也得3年左右。即使我将在第十一章中提到的缺乏硫酸盐的土壤中所含的硫酸盐，也足够那些细菌生长之需。只有当农作物需要大量硫酸盐时，土壤中才会缺乏它。

地下腐蚀并不全是由微生物侵害金属所造成的。为了使论述完整，我应当提一下非细菌干预所引起的地下腐蚀，这其中原理很不一般。地下腐蚀一词虽广为使用，却有几分不恰当，最好改为细菌腐蚀。生长于金属水膜中的普通微生物，是通过改变金属表面的电化学特性来加速普通的腐蚀过程的。像硫杆菌这类产酸菌，就能生成足量的酸去破坏金属和机器。如前所述，霉菌能侵犯电缆和金属丝的涂层，而受其作用之处，这些霉菌利用涂料而形成的产物就会破坏金属。铅和锌都是通过这种方式受到腐蚀的。在这些例子中，具有腐蚀性的是微生物作用所生成的产物。

真菌也能侵蚀建筑石材、石质饰品和混凝土。来自车辆尾气和燃物烟雾的烃类会沉积在石料上，真菌利用它们生成有机酸，进而腐蚀石料。破坏石料的就是这些酸。近来，研究者们观察到颇为相似的情况，即通常在土壤中使氨高效转变为硝酸盐的微生物——硝化菌能够把大气中的氨转化成硝酸，从而引起建筑物的广泛损伤。但是，有关微生物产物的腐蚀作用，更典型的事例是石料和混凝土的剥蚀。柬埔寨的吴哥窟寺庙早于多数欧洲建筑，显然是早期东南亚建筑的光辉遗迹。随着时间的推移，该处渐渐风化瓦解，灌木丛生。20世纪50年代，法国巴斯德研究所波雄（J. Pochon）博士找到了破坏的原因：该建筑所在地的热带土壤受到相当程度污染，其中的硫化物使石料遭到了侵蚀。无须我多费唇舌读者们也应该知道，这些硫化物是由硫酸盐还原菌产生的。在石料表面，借助于硫杆菌的作用，硫化物被氧化成硫和硫酸，而造成石料破坏的正是这种酸。吴哥窟是微生物腐蚀石料的悲剧案例，而可怕的战争、内乱及贫穷，对其更如雪上加霜。据了解，这类事例在我家乡附近也不少。

巴黎的石像上就出现了这种腐蚀现象。下水管常用混凝土制成，它也会因同样的原因出现腐蚀。在这种情况下，硫化物来自污水本身，它以硫化氢的形式扩散到管顶，并在该处经硫杆菌作用而转化为硫酸。这类腐蚀的一个特点是管顶起坑。许多工业污水含有硫化物，所以冷却塔、混凝土管和混凝土入口井盖的腐蚀已经被证实是由类似原因引起的。然而，千万不要以为建筑物的各种腐蚀都是细菌性的。氧化硫是大气污染的主要成分，而在大城市中，这些化学物质的影响绝不亚于细菌的作用。例如，由于硫酸生成等过程的影响，西敏寺正在受到腐蚀，但腐蚀性酸的主要来源为伦敦的大气污染，硫杆菌的作用即使有也微不足道。

关于微生物变质作用，我可以没完没了地讲下去。我尚未涉及的问题还有很多，包括造纸工业中的霉菌、纤维溶解菌和硫酸盐还原菌所能产生的损害；蓝细菌是怎样破坏法国拉斯科的那些新近发掘出的石器时代岩画的；油井是如何被硫酸盐还原菌和与其相伴的细菌阻塞的；以及铁细菌和藻类是何以导致自来水管线与滤器的堵塞，使给水工程师们对供水故障的排除大伤脑筋的。

但是，我要就此打住，转而聊聊水污染问题了，因为凡在英国的海洋和河流中沐浴过的人都会对这种污染引起的伤害有所了解。我将在下一章中讨论海洋的石油污染问题；一般来说，只要有任何有机物（比如树叶、纸张、食物等）在水中沉淀，微生物就会生长，水就将受到污染。海洋或流动的河水可以容纳相当量的污染物，因为其中有大量的空气，而微生物能够将这些有机物氧化成二氧化碳，以及木质素、腐殖质等产物，后者几乎不受微生物的影响，而作为无害的沉淀全部沉降下来。但是，当水停滞不动，以致微生物耗掉全部可用的空气时，严重的污染就出现了。厌氧菌开始生长并产生腐烂的气味，鱼和植物也死亡了，污染更趋严重。硫酸盐还原菌迟早也会生长起来，由于它们所产生的十分难闻的硫化氢对多数生物都具有毒性，污染又加剧了。因此，水的微生物污染是自生自存的：若不早做预防，一旦发生再去制止，就为时晚矣。

●细菌的硫酸盐还原作用使鱼类丧生。1971 年，南斯拉夫的帕里奇湖遭受严重污染，需氧细菌生长起来，耗尽水中的溶解氧，使厌氧的硫酸盐还原菌得以大量繁殖。它们产生的硫化氢引起大批鲤鱼中毒死亡。［蒙瓦莫斯（R. Vamos）博士特许］

在天然湖泊和池塘的底部，有游离的硫化物存在的地方常常会形成污染区。不出意料的话，这一层的正上方，通常就是氧化这些硫化物的细菌生活的区域。由于许多硫化物氧化菌是光能自养生物，即它们需要光照才能生长，所以这一层的深度取决于水的透明度和光的穿透距离。这层之上生长着鱼、藻类及浮游生物，整个湖泊是一个稳定的系统，硫循环在其下部静谧地进行着。湖泊、沟渠甚至海洋（如黑海）都是如此。下图所示为一典例。

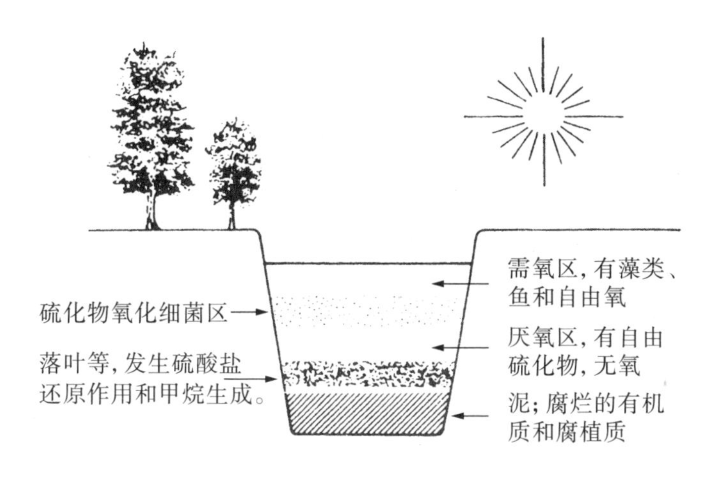

例如，由污水或工业废物所造成的人工污染会对自然平衡造成灾难性的影响，它能使厌氧区扩展，并波及整个水系统。有时，由于着色硫细菌的生长，湖水和河水会在短时间内转变成红色。我曾在伦敦西部见过一个风景湖，它看起来好像含有红色颜料，但这种现象有赖于保持相当精确的硫化物浓度，所以很难长期存在。你还记得圣经上的这段话吗：“所有的河水变成了血，河里的鱼全都死去；河水发臭，埃及人不可能喝这河里的水。”（《圣经·出埃及记》，第7章，第20、21节）摩西或许就是得到了红硫细菌属的着色硫化物氧化菌的帮助，因为富含这些微生物的埃及奈特伦洼地与历史上最早的鼠疫有关。许多有色的水源都是由硫细菌所致，特别是当这些水源呈硫化氢气味时。不过，情况并不总是这样。在东非有一些苏打盐湖，它们的碱性相当强以致有硫化氢逸出；某种特殊的红硫菌栖息湖内，使水呈亮红色。显然，火烈鸟以这些细菌为食，而红色素使鸟的羽毛呈粉红色。

并非所有带色的水华都是由硫菌引起，褐藻、绿藻、小型水生植物及有色原生动物都可产生这样的颜色。红海的微红色归功于束毛藻属的一种丝状蓝细菌。在池塘、湖泊、流动缓慢的河水中，有时在相当广阔的海域中，有色蓝细菌旺盛生长的情况偶尔出现。伴其出现的还有微生藻类和各种原生动物，它们在水面形成有色的水华。这类水华通常表明了来自别处的某种污染：在海中，它们或许是一股富含营养的上涌的冷水，或许是人为的污染物；在湖泊、河流和池塘里，常见的原因是农田肥料的流入。一旦出现上述灾难，旺盛生长的蓝细菌中或许有某些品种存在，它们能产生致死鱼类和其他动物的毒素：养殖的牡蛎就曾因此使人中毒。无论如何，过了几周或数月，随着营养被水华逐渐用尽，微生物就先后死去。这些细菌将在海中消亡，但在较为封闭的新鲜水体中，它们在解体时会产生更严重的污染，别的细菌以此为养分繁殖起来，耗尽了氧的储备，更高等的有机体因之窒息死亡，于是，我们的老朋友硫酸盐还原菌取而代之，使硫的绝氧环境建立起来。

20世纪50年代的泰晤士河下游是河流污染的典型实例。在多数情况下，它的可溶性硫化物浓度都相当高，对鱼的毒性很强。船身的水下部分遭到了腐蚀，油漆变暗，周围散发出一股刺鼻的臭味。

由于状况日趋恶化，政府在60年代实施了处罚条例。到了80年代，情况得到了惊人的改善，以致对污染最敏感的鲑鱼的数量都有望恢复。尽管政府在控制污染中发挥了作用，但工厂用水还是屡屡被污染。工业常常和污染的产生有关，好在较大型的产业部门现在都能自觉地担负起不污染内河的责任。但是大家忽略了那些小业主、水上人家和排水管道，问题从而日渐增多。污水只有经过严格处理才能向河道排放，这样通常不会带来危害。泄入大海的水较少受到限制，值得我们庆幸的是，大多数污水中的微生物均能够被海水中的盐分杀灭。但是江河入海口处的污染常常十分严重。英国的海峡疗养地黑沙滩之所以是黑色，是因为硫酸盐还原菌生成的硫化物与沙地里的铁盐发生了反应，形成了黑色的硫化铁。沙土一接触到空气又变成了棕色，则是由于硫化物被氧化为棕色的氧化铁。在温暖的天气里，尤其是热带气候条件下，这些受污染的沙和水能够形成荧光细菌的水华，因此，每个有水的脚印和旋涡都在夜间发出亮光。费希氏弧菌等细菌常常和这些现象有关。由于人的走动和浆的划动而接触到氧气时，它们就会发光。自然，这种现象是浪漫而吸引人的。遗憾的是，它的气味常常令人不敢恭维。

美丽的城市威尼斯也是一个受到微生物污染的海港。威尼斯的平底小船是黑色的。这些船不管起初是什么颜色，很快都会变成黑色。我的朋友——已故的巴特林（K. R. Butlin）曾向我解释过为何如此。原因是水道中硫化氢的污染。那么，硫化物又是从何而来的呢？没错！自然是来自硫酸盐还原菌。假如没有人为的干预，水的污染在自然界会走向极端。在非洲西南海岸外的鲸湾港，由于受到定期从海床喷发出的硫化氢的危害，几平方千米范围内的鱼全部死于非命。海风吹来大量的硫化氢，使海滨城市斯瓦科普蒙德的金属构件和颜料失去光泽，人们连大钟表面上的字码板都辨认不清了。当地记者曾说过这样的话："傍晚的潮汐到来时，鲨鱼来到海面上艰难地喘气。"1954年，在斯瓦科普蒙德附近的海滩上，我见到死鱼堆积厚达1米，烂鱼臭气夹带着硫黄的刺鼻气味扑面袭来。这是硫酸盐还原菌作用所造成的最严重的结果。要扭转这种状况简直难上加难。

这些夏末的臭气都是由微生物引起大气污染的证据，无论它们是来自威尼斯、发黑的海港，还是沤熟的垃圾堆。这些臭气来源于微生物分解它们周围各种有机物时所产生的硫化氢、氨气和其他挥发性物质。这些环境问题远不是暂时的，人类工业活动造成的麻烦和这种污染相比，简直相形见绌。就连微生物也常常不能忍受这些臭味。生活在树叶上的玫瑰色掷孢酵母菌是比较容易计数的，因为它可以在琼脂上形成粉红色的菌落。这种酵母菌对二氧化硫这种都市空气中常见的有害污染物非常敏感。利用许多观赏植物叶片上的玫瑰色掷孢酵母菌，英国的微生物学家得以在一些欧洲城市中测定二氧化硫的污染情况。

我在上面所举出的例子足以说明，有些特别的微生物会对人类的经济发展产生消极的影响。在关注这些反面影响之前，我们在利用微生物的作用方面有什么教训值得记取呢？我想是有的。例如，比较一下投入在通过基因操作进行激素生产或开发新抗生素上的钱，和花在研究硫酸盐还原菌或水微生物上的钱，你就会得出一个悲观的结论。能为公司挣钱的研究是肯定会得到支持的，而多数实业家都是十分关心科学的，所以有利可图的研究都大有希望。至于只注重经济发展的研究，或只着眼于公共利益的研究，由于它们对特定的个人或集团没有明显好处，就没有什么吸引力可言。细心的读者也许会发现，上一张的重点——分子遗传学和生物工程在本章几乎没被提及。在下文关于废物处理的部分，它们会再次现身，但其中维持生物圈平衡的讲解过程似乎还是无人问津。只有当情况失控时，人们才会展开相关的研究，而且一些不怎么样的人也非要来试试，结果某些工作十分糟糕，但居然还发表了文章。更糟糕的是，个别优秀的研究项目徒劳无功，因为这些项目缺乏援助，科学家们只能孤独地跋涉在这片远离科学主流的荒凉滩涂上。根本问题出在管理上，因为从科学角度讲，这些研究没有任何理由被忽视。我在本章讨论了与破坏过程有关的微生物，这些形形色色的微生物所引起的问题具有极大的科学意义，因为它们处于生物的化学前沿，或者说它们属于地球生物化学的尖端课题。

第八章 废物的处理和清除

Chapter 8

Microbes and Man

在上一章中，我讨论了微生物对物质的破坏作用。然而，我在开头就提到，这些破坏作用代表了微生物在本行星的自然经济中的一项重要功能：它们清除了高等动植物所产生的残留物，从而使它们体内含有的重要生物学元素得以再循环。微生物引起的变质、腐蚀和污染，只不过是这种普通功能的特例；污染物的处理与清除也是如此，这是人们专门利用微生物来除去无用物质的过程。

污水处理是微生物学处理过程的最重要例证，它对文明社会的健康甚为重要，也是应用微生物学最令人满意的形式，故我拟花些时间加以讨论。

当世界人口较少时，污水处理不成问题。古代希腊人和罗马人设有卫生系统，他们把浴室和厕所建在水上或靠近流水的地方。尤其是古罗马人，他们建成了永久性的浴室和污水排除系统，出人意料的是，这些排污系统有时是古罗马城镇出土后仅存的遗迹。到后来，生活标准就降低了。从中世纪和文艺复兴时代关于生活情况的资料中我们得知，那时的住所有时与猪圈无异，人们把台阶和偏僻的角落当作厕所，朝街上乱扔废物，往街上倒便壶，还很少洗澡。后来，人们才逐渐懂得了推广使用香料和香花。到19世纪中叶，工业革命引起了人口的增长，这些不良行为明显变得危险而令人生厌了。伤寒及霍乱等传染病流行起来，到1860年，雨水冲刷使伦敦的垃圾流进了河流，泰晤士河俨然变成了一条宽大的露天污水沟。英国在1845年和1875年颁发了公共卫生条例，并在1898年公布了皇家命令，实施了污水收集并处理的文明行动。到20世纪初，大多数城市中心进行了污水的集中排放。虽然当时的处理只是把污水排到本国的土地上，这些污水被用于灌溉西红柿等庄稼，于是就出现了“污水农场”这个名词。水经过土层过滤而变清，顺便肥沃了土壤。但没过多久，人们就发现这种净化方式是盲目的，地下水文知识的缺乏，可能会使受污染的水渗入饮水井，从而引起严重的危险。虽然仍然有少数污水农场存在，但在众多沿海地区，未经处理的污水一直是直接排入海中的。总体上说，近半个世纪以来，污水处理技术已大有进步，而在一些现代化的污水处理厂中，污水处理过程已高度自动化了，且效率不低。

我们现在来引用一些数据，从中不难对问题的严重程度有所认识。在伦敦的旧米德尔塞克斯区，每天超过人均220升的水被用来把污物冲刷进污水处理厂。一座用于150万以上人口的装置，每日必须处理3万吨以上的原始污水，它们收集从排水沟、厨房污水槽、浴室、厕所和工业废水排出管（污水系统）流入当地管网的污水。这些污水相当于约5000吨有机物。在把它们排放入河流和海洋以前，我们必须对其进行一些处理，否则水生微生物就会从中回收碳、氮、硫、磷等元素，并造成意想不到的污染。实际上，污水处理厂所做的事无非就是让这类循环过程在有控制的条件下进行，从而净化携带了污物的水，使污水的固体成分变得无害。对现代污水处理技术来说，这不算一件难事。固形物被加工成可销售的土壤改良剂或肥料，而水经处理后变得十分纯净，以致伦敦西部莫格登污水处理厂的工作人员能当着参观者的面喝进一杯水，以展示工业废水经处理后的净化程度。不过参观者未曾意识到，他们自身每天都在做那些工作人员演示过的动作。英国很注意节约用水，大量的净化水被送回饮用水库中。我过去常常纳闷，一杯普通的水在被我喝掉之前已经被别人喝过了几次。后来，我从纽约的哈特纳（Hutner）教授处得知，伦敦的水在饮用前平均已在7副肾脏中游历过。我倒是想知道，这是怎么算出来的。

如我所述，来自一座典型城市的污水，主要是由厨房污水槽、厕所和浴室等处的涮洗水组成的，还掺和了一些工业废水及一定量的天然排放水。稍加思索你就会明了，它的主要成分是人的排泄物，加上头发、纸、食物残渣和洗涤剂等。那是一种富含细菌且有机物浓度相当高的固态物质悬浮液，还是极适于细菌生长的培养基。为了最清楚地描述污水处理方式，我想通过一个虚构的污水处理厂，来对当今的主要污水处理过程加以介绍。

污水流入沉淀池，固态物质作为污泥沉在池底，沉降下来的物质叫作沉降污泥，后面我将简要谈及对它的处理。液体部分流到专门的池中进行剧烈的充气搅拌。这样，需氧菌便在其中生长起来，并把大量有机物氧化成二氧化碳，后者逸入大气中，净化过程的一个步骤因此得以完成。然而，由于更多的细菌繁殖出来，故污水需要再次沉淀，生成了富含细菌的污泥，名为加菌污泥，其中的一些被收集起来放回充气池中，以加速原有的CO_2形成过程。整个过程是一种需氧性连续培养，其中产生的一些微生物被放回原有的培养导管（相当于充气池）中。其余的加菌污泥要么被放进沉降污泥中，要么被包装起来当肥料出售。整个过程叫作加菌污泥工艺。经此种处理以后，水得到明显的净化，通常可排放进江河中；此外，还可以用人们在污水处理厂所见到的那种旋转喷头，将水喷到焦炭一类多孔物质上，使之透过240厘米的厚层后慢慢漏下。这种多孔物质上长有霉菌、链霉菌和细菌形成的膜，以除去微量的有机物，流出的水就几乎可供饮用了。有时，人们会再通过沙滤把颗粒滤掉，这样可使水相当洁净，足可立即向河中或海中排放。

沉降污泥处理起来要困难得多。污泥虽然沉淀了下来，但还是含有90%以上的水分，故可将其泵入名为消化器的大罐中。这些属于另一类连续性培养物，它不进行通气，故长出的多半是厌氧菌。硫酸盐还原菌利用溶于水中的硫酸盐生成硫化氢，分解纤维素的细菌破坏纸及其类似物，但生长的主要微生物是甲烷细菌。它们借助于其他厌氧菌来破坏有机物，主要生成CO_2和甲烷，二者均为气体。甲烷是沼气或天然气中的主要成分，是一种有价值的能源，虽然某些老式的污水处理厂仍然将其烧掉，但大多数现代污水处理厂则把它收集起来用以驱动机器。污泥消化器需要进行缓慢的搅拌，甲烷被用来驱动搅拌器和气泵；还可把甲烷压缩进气缸中用以开动卡车，有时可以作为商品出售。因此，沉降污泥发酵出来的甲烷是现代污水处理厂的一种有用能源。

消化器的容量可以大到容纳4000立方米污泥。每天加入5%～10%的待处理污泥，于是消化器成为一种厌氧的连续培养物，其内容物每10～12天更新一次。发酵作用相当强烈，故必须对发酵罐进行冷却。消化了的污泥仍然大部分由水组成，在罐内静置一段时间，使细菌及固形物（微生物对其作用缓慢或根本没有作用）沉降下来。这个名为脱水的过程效率相当低，因为某些残余的甲烷在继续生成，从而阻止了固体的充分沉淀。此阶段中可以加入抑制甲烷生成的沉淀剂。沉淀之后，水被放入加菌污泥装置，最终进入江河或海洋。沉淀下来的经过消化的污泥必须用车运走，设法处理掉。这种污泥是完全无害的，可作为土壤改良剂，或用作肥料，不过其中大多数有用的可溶性成分（氮、硫、磷）已被浸取掉。为此，它通常需要被烘干，尽管有现成的甲烷可用作能源来将它加热，但该工艺并不见得经济。在英国，人们常用船将它运往海洋中倒掉。按照法律规定，它们必须被运出海岸约32千米以外的地方，这样它们对沿岸区域的污染可达到忽略不计的程度。

小型污水处理厂可能只采用上述工艺的一部分，但最现代的厂房则各项工艺齐备。人们一定记得那可怕的情景：1997年，在英国海岸附近的许多场所，当地自来水公司还在向海里排放未经处理的污水；英国的海滨有1/10尚未达到欧洲共同体的污水污染最低标准。

当流入的污水含有使设备过载或对微生物有毒的物质时，问题就来了。例如，公共屠宰场的水和制酪场的污物就属这类废液，它们所含有机物相当丰富，必须用大量的水予以稀释之后，一般的污水厂才能对其进行处理。同大批这类物质打交道的产业常需建立起自身的污水厂来处理这些废物：此工艺名曰生物废水处理。化学工业和煤气厂也存在一定问题，因为它们的废水对普通污水微生物有毒。但是，如我在第二章所述，也有能够代谢各种各样奇怪化学物质的微生物存在，利用它们有可能建立起生物处理厂。英国克鲁依德郡卢阿本的蒙桑托化工厂产生含有各种酚类的废液，其中大多被用作普通微生物的防腐剂。通过在加菌污泥厂中建立能氧化酚的微生物群体并装配水淋滤过系统，废液可以得到充分净化，产生的水无须进一步处理即可排入河内。产生酚、氰化物和其他有毒物质的煤气厂以及产生生物废水的工厂，都配置有处理这些废物的设备。造纸厂产生的废液中含有大量从木材中浸出的有机物，还带有制备纸浆用的硫化物。这些废物是特别有害的液体，虽然这些硫化物对许多微生物有毒，却受到硫酸盐还原菌的欢迎，在该菌的代谢过程中，硫化物的用处不亚于硫酸盐。所以，若操作马虎，这些废物会立刻引起相当严重的污染。再者，必须对这些废液进行充分的稀释，以便普通污水厂对其做进一步的处理，否则，这类特殊工厂应建立特别的微生物群体，以便对废液进行处理。研究者们已经开发出了一些利用硫酸盐还原菌的技术，以求在一种特殊的水淋过滤器上除去硫化物，但据我所知，这些技术并未被工厂采纳。另外，这些细菌已被成功地用来从工业废水中除去有毒金属。例如，采矿工业产生的流出物和洗涤液常富含铁，特别是矿坑处于黄铁矿岩层时。若让这种废水流过富含还原硫酸盐微生物的生物滤层，它们产生的硫化物就能使溶解的金属沉淀为黑色的硫化铁，而液体部分则经传统的污水或排水装置流走。

在20世纪后期，饮水中的硝酸盐带来了一些麻烦。问题之所以出现，是因为氮肥（化肥或农家肥）以及在植物根内或周围由细菌固定的氮，要向土壤中释放含氮物质。氮迅速被土壤微生物转化为植物可以利用的硝酸盐。然而，植物吸收的硝酸盐几乎不到一半，余下的被雨水冲刷入河流、湖泊和地下水。随着农业活动的增多，尤其是肥料的应用，许多西欧国家（包括英国）及美国的饮水中硝酸盐含量日渐增高。由于流出或滤出的硝酸盐抵达水库需要花些时间，故其增高的势头至今未见衰减。长此以往，人体的健康势必遭到威胁，因为硝酸盐过量是有害的。因此，欧洲共同体对饮水中硝酸盐许可含量制定了上限。的确，在1979年和1990年干热的夏季里，英国的水库中硝酸盐含量超标了。好在通过混入各种来源的水，水利部门最终渡过了难关。为解决上述问题，荷兰开发出了一项令人满意的工艺来去除水中的硝酸盐。其原理是让水流过一根装有离子交换树脂的柱子，用碳酸氢根离子与之交换以捕获硝酸根离子，然后又以碳酸氢根离子交换而释放出硝酸根离子，再输送到一个容器中，让脱氮细菌将其转化为大气氮。这些细菌所必需的养料是少许甲醇。因此，以少量价格低廉的甲醇为代价，人们通过微生物使饮水变得纯净而含气，并且不再含有硝酸盐。

引起公众厌恶的污染物是海水中的石油，由于海中船舶泄漏石油，这种焦油状物质在海滨积聚。尽管有国际法制约，但意外或部分意外的海洋污染仍不时发生，且漏出的石油常被污染油罐底层水的海洋细菌所氧化，这正是我谈过的那些污染贮油罐底层水的细菌。不幸的是，这种胶黏的焦油状原油成分只能缓慢地被氧化，在当今多数欧洲海滨，这种焦油状物质使人们的衣物和儿童受到了玷污。

由于石油泄漏量较大，天然微生物难以把它们处理掉，于是它们会被冲到海滨，并带来麻烦。在整个20世纪里，世界石油被肆意消耗，越来越多的石油被巨型油槽船运输于世界海洋之上，在这种情况下，灾难性的泄漏就不可避免地会发生。公众首次遇到的危险是在1967年春出现的。托里坎宁号巨型油槽船在英格兰西南海岸外失事，数千吨石油流出，造成英格兰和法国海滨的污染。让那次事故相形见绌的灾难发生于1989年3月。那时，埃克松瓦尔迪兹号油轮所载的27万立方米油料中有5万立方米泄漏进阿拉斯加海岸外的威廉王子海峡中，在海上形成的油面蔓延范围超过260平方千米。更严重的污染直接产生自油井和贮油罐。1980年，伊克斯托克油井的一次爆炸使70万立方米的石油逸入墨西哥湾。由于军事行动，大量石油泄入波斯湾，首次发生于20世纪80年代中期两伊战争期间，然后是在1991年初，伊拉克在与联合国对抗时故意放出石油。这类环境灾难使成千上万的海鸟和海洋哺乳动物丧生，给鱼类和甲壳动物类的捕捞带来损失，还使海滨遭受污染。微生物只能缓慢地发挥效能，在它们起作用之前，我们只得忍受污染带来的损害。漂浮的水栅常被用来围住水面的油层；借助锯末可使油污下沉，并给微生物对石油发挥作用创造一片良好的表面。去污剂被用来净化海滩并有助于分散浮油，但它们的作用有限，下一次的潮水常把油带回看似洁净的海滩。无论如何，许多去污剂终归是消毒剂，它们能延缓微生物的作用。去污剂还会加重海内和海上其他生物遭受的损害。

这类泄漏的后果要持续几年，在各种微生物的活动都很迟缓的寒冷的阿拉斯加水域尤为如此。在波斯湾较暖和的水域，泄漏的恢复通常只需数月，这里有天然石油泄漏，所以相应的细菌业已存在且较为活跃，也为恢复提供了条件。利用微生物学方法控制石油污染的前景得到了改善。提供氮和磷的化肥似乎加快了阿拉斯加石油泄漏后的恢复，而且，通过起作用较快并能应急的基因操作，近年来，一些微生物品系被培育出来。例如，美国的杰格拉巴蒂（Chakrabarty）博士发现，在假单孢菌属的某些细菌中，分解石油和其他烃类的能力是位于质粒上的基因所特有的。通过遗传操作，他已能组建出使这些细菌较平时作用更快的质粒。

石油并不是能被细菌对付的唯一的自然环境污染物。第二章中我提到过肯特郡斯马登的原野，这里受到过氟乙酰胺这种用作杀虫剂的强烈毒物的污染；当地人曾采取紧急措施来清除和处理受污染的土壤，而后来人们才清楚，把氟乙酰胺分解成无害产物的细菌是存在的。用能够分解氟乙酰胺的细菌处理土壤或许是一项快捷而有效的措施。但问题在于，即便你运气再好，分离出能够分解氟乙酰胺的细菌也需耗时数月，而在受灾的情况下，人们不可能等待太久。1976年7月，意大利北部的塞韦索发生了一起相当严重的灾难，当时，用于消毒剂和除草剂生产的一种毒性很强的中间产物从化工厂逸出到该地的城镇和郊区。此化合物的缩写名为TCDD（全称是2，3，7，8-四氯二苯-对-二噁英）。该化合物可毒杀牲畜和草木，并在许多人中引起严重的皮肤损害，还导致胎儿畸形。为消除环境污染，人们仔细地移走了土壤。虽有能分解TCDD的微生物存在，但当时并没有现成的细菌可用。自然，这类细菌对消除人体的污染用处不大，但对以后环境的净化来说其价值却是无法估量的。由于微生物的作用（通常是多种微生物组合发挥作用的结果），选择性除草剂、杀虫剂等类物质才得以从土壤中被清除。除草剂2，4-D（2，4-二氯苯氧基醋酸）过3～4周即可消失，但一直被广泛使用的强力杀除草剂2，4，5-T（2，4，5-三氯苯氧基醋酸，其实是由TCDD制成的）作用却很持久，长达一年左右。能够降解此物的微生物群体已被开发出来。我刚才谈过的除草剂都是分子中含有氯原子的有机化合物，这组化学物质中常有微生物难于降解的成分。杀虫剂DDT是一个明显的例子。它对带病昆虫和农业害虫的控制具有神奇的效果，但不能被微生物降解，且会进入食物链和各种生物体内而在环境中持续存留。由于有使人厌恶的生态副作用，DDT在许多国家都被禁用。另一组长期存留的含氯有机化合物是多氯（代）联苯（PCBs），它曾广泛被用作绝缘液，处理起来很困难。不过，上述问题还是有希望得到解决的：在哈德生河水中已发现了能攻击那些物质的细菌，它们或它们的基因可能为此处理过程效力。

战争毒气的处理问题特别使人头疼。如果不将其焚毁或进行化学处理，如何才能在不给操作者及周围的人带来严重危险的情况下，摆脱那些陈旧的毒气储备呢？即使有可能将其埋掉、丢弃或储存起来，怎么保证它们不会因某些人或某些事而被重新找出来呢？这是长期以来困扰此类武器管理者的一大难题。不过，能降解神经毒气及有助于破坏芥子气的细菌已被从水中分离出来，具体发酵方法的开发工作正在美国进行着。

遗传操作大有用武之地，科学家们有意地组建起各种微生物，使之能够清除自然环境中不需要的有毒物质。与除草剂和杀虫剂生产有关的产业正自觉地遵守环境法，并沿着遗传操作这一方向发起令人神往的生物技术研究。现在，我们把有意地使用适宜微生物

（纯培养或混合群体）去解决局部工业污染的手段称为“生物补救法”。此法被成功地用于普通油类和石油的泄漏处理，但对于更多的其他外来污染物，它基本上还处于实验阶段。在实践中，几个困难浮现出来。首先，经过定向操作培养，有些细菌可以消耗像杀虫剂这类污染物，但它们常优先摄取土壤或水中的普通营养成分，而随后出现的变种更是不把分解污染物当回事。因此，补救办法渐趋失效。其次，如果起补救作用的微生物群体工作正常，它们将旺盛生长并繁殖开来，而天然生活在土壤或水中的原生动物和线虫等掠食者很快就会发现这一丰富的食物来源，并开始以那些起补救作用的细菌为食，随之繁殖起来，导致补救过程的停顿。为对付上述两类问题，明智之举是不断加入生物补救群体，以使其活力保持在较高水平，而且要间歇地加入而不是连续地加入。如果需要处理的土质精细，有时还存在别的非微生物性问题：污染物潜入土壤颗粒的亚显微裂隙中或颗粒表面太紧密，以致补救措施根本够不着污染物。生物补救措施大有希望，但万事开头难，存在问题不足为怪。

污水处理技术中的一个重要问题就是如何处理那些完全不受微生物作用的物质。比如来自镀铬工业的废物含有铬酸根离子，它能使污水处理厂的微生物群体机能紊乱，从而引起整个污水处理过程失常。由于这些工厂所产生的此等废水种类一般是已知的，因此污水向下水道中排放受严格限制，以避免带来不必要的麻烦。更使人伤脑筋的是民用的一些难处理物质。几十年前使用的某些去污剂常干扰污水处理，其作用途径有二：第一，微生物或许有能力从化学上处理去污剂，但在加菌污泥设备中产生了很多泡沫，以致通往污水的空气入口变窄，因而使整个净化过程减慢。我回想起20世纪

50年代初某地方污水处理厂的经理告诉我的故事：当时其所在地区的商行正竞相销售去污剂，他的加菌污泥厂却在去污剂泡沫的淹没下倒闭了，因为必须使用昂贵的消泡剂。这种措施并不总能奏效，而去污剂的泡沫则得以顺利通过污水处理厂而污染河流。我见到过浮着泡沫的河流，但这种情况目前已不常见了。

餐饮业和家用洗碗机中使用的某些非发泡性去污剂，带来了更潜在的危险。这类物质中有些非常难处理。我们根本不了解何种微生物能迅速对这类物质起作用，结果它们可以安然无恙地通过污水处理流程，进入了饮用水供应池中。据了解，到1960年，人们在英国的几个饮水库中均发现了这类物质的痕迹。虽然它们未能引起明显的危害，但随着其含量日渐显著地增高，不幸就可能发生。虽然有人正在开发对这类物质起作用的微生物菌株，并取得了一些成功，但问题的进一步解决还有赖于改变去污剂的化学性质，使之易于受到微生物的作用，即专家们所说的能生物降解的去污剂。英国和美国对非降解性去污剂的交易已制定了相应法律，但我相信，去污剂工业多半会自动放弃难处理去污剂的生产。

现代的污水处理通常是高度自动化的。液体传送、沉淀、消化器进料等操作一般都是由污水处理工程师通过中央控制台的按钮来指挥的。高度自动化的操作一定程度上是为了克服人力处理污水所带来的不愉快，此外，污水处理厂的另一个特点也促成了这种自动化，即能量可自给自足。如我前面所述，由厌氧菌污泥的消化作用所产生的甲烷，足以为污水处理中所用的泵和机器供能，一些污水处理厂还有多余的甲烷销往国家气体供应站。我也曾提起，在像印度这样的热带国家中，一些由家庭和农业废料生成甲烷的小型污水处理厂，已安装了向冰箱和家用机器供能的设备。

废物处理的生产特性使科学家们思考：除了甲烷，我们还能从污水中得到哪些有用的产品？这种探索孕育了许多使人感兴趣的项目。我曾谈到，硫是一种正在变得稀少的元素，至少其还原态是如此。我提到过20世纪50年代由巴特林和他的同事开发出来的、利用污水污泥制备硫黄的方法：把污水污泥断断续续地同石膏（硫酸钙）混合，细菌则将其转变为硫化钙。污水气体（甲烷加二氧化碳）把硫化钙转变为碳酸盐，并以H_2S的形式释放出硫化物。通过这样的方式，硫化物可以被除去。结果，污水被完全净化了。据巴特林计算，伦敦北部的一个日处理4500立方米污泥的污水厂每天可以生产大量硫黄，只不过那样就得不到甲烷了。实际上，硫化物和甲烷发酵作用之间是一定会达到平衡的，这不仅是由于甲烷对带走H_2S有用，而且与甲烷相伴而生的CO_2对代替H_2S也是必要的。我还提到过，按污水处理工程师的观点，这种过程经证明还有一个额外的优点，即比起平常经甲烷消化的污泥，经硫化物消化的污泥沉淀得更充分。其原因是硫酸盐还原菌与产甲烷细菌竞争，并阻止了沉降污泥的发泡和搅动。因此，对已消化产物的处理是一步非常经济的工艺流程，因为其携带的水分较少。巴特林的工艺曾被视为缓解工业硫短缺的一种办法，如今它却更有希望成为一项废物处理技术，而硫黄的产生与销售只是附加利益。

印度、美国和捷克斯洛伐克已经开发出与上面相似的工艺。在捷克，硫黄发酵已经被成功用于对浓废液的预处理。这种工艺可以处理来自酵母菌生产和柠檬酸工厂的废水，因为这些废水太浓而难以用一般的污水净化工艺进行处理。预先进行的硫酸盐发酵作用，使废水降解得足以使普通污水处理厂所接受，同时额外产出硫黄。前文中我曾提到过，造纸工业废水的特别有害之处在于含有硫化物和其他有机物，也讲到硫酸盐还原菌怎样被用来对其进行预处理，但照俄罗斯的工作者看来，此过程产生的硫黄太少，从经济角度看不值得收集。美国的工作者已用造纸的废水来培养酵母菌，再把后者用作动物饲料，他们还制订了一项用造纸和木材加工废料培养蘑菇菌丝以制造罐装蘑菇汁的方案。照我看，其味道不会太正宗。污水污泥本身是维生素B_{12}的有用来源，虽然目前我并未意识到这种资源的开发有何商业价值。

污水也含有种种重金属。例如，在各种洗涤水和排放液中都有铁盐；一旦它们进入污水排除系统，铁会同污水中的硫起反应，浓缩成黑色硫化铁淤积物，其中有些附着在污水里的固体有机物（微生物和腐质）上。由于管道、尘土和各种家用材料中通常都含有少量的铜、锌和铝的化合物，故它们也是普通污水中的成分；这些物质也都逐渐浓集于污泥里，其中部分作为硫化物沉积下来，部分黏附于真菌和细菌这类污泥微生物的细胞壁上。令人惊奇的是，污泥也含有微量诸如锆、锗、镓、硒等有价值的稀有元素的化合物。有人建议将其提取成产品出售，但据我所知，该方案还仅处于计划阶段。

基于重金属靠附着在污泥微生物表面而浓集出来的这一事实，有人产生了利用微生物去清除废水中有毒金属化合物的想法。铜、锌和镉的化合物在非常低的浓度下就很有毒，它们存在于多种工业废水中；铅盐也具毒性，出现于铅矿、练铅废水及电池厂的洗涤液里。用微生物（细菌、真菌或二者并用）从废水中吸收这类毒物的办法叫作“生物吸收法”。此法可行，若微生物组合得当，效果会非常好，因为不管是死是活，微生物细胞常常都是优秀的拾荒者。但生物吸收法为一较新的技术，尚未被广泛采用——至少不是人们有意使用的。

微生物也能被用于处理那些最棘手的废液，后者近半个世纪才由使用放射性同位素物质的工厂、实验室和医院产生出来。例如，英国和美国的核燃料工业资助了一项研究——利用柠檬酸菌属细菌从工业废液中去除最后残留的微量铀。其中有一步工序是把细菌固定在一个滤盒中，使其捕获临近细胞表面的金属，比如不溶性的磷酸铀结晶。多种微生物能够自动浓缩放射性同位素，这个特性可被开发作生物补救之用。然而，这种办法有时并不方便，因为即使在生产中把放射活性稀释到了无害水平，我们也不敢保证放射性同位素的浓度就一成不变；它能在某处被自然出现的微生物再次浓缩。霉菌、藻类和细菌，还有植物，都可能浓缩放射性同位素，究竟哪种生物能浓缩哪类物质，答案似乎尚未被找到。因此，我们必须仔细地对这类废液进行分离，普通污水处理厂一般不接受这类废水；已有人建议利用微生物和植物从这类废液中提取有用的同位素，但据我了解这个办法还没付诸实施。

批量得自污水处理的有用产品主要是甲烷和硫（不如说硫化氢）。其他产物是水和消化后的污泥，后者虽可用作肥料和土壤改良剂，但这通常是不太妥当的，因为其中含的铜、锌、铅和微量元素都不利于植物生长。常规污水处理的一个令人失望之处在于，它们导致了对农业有益的无机成分的丧失。钾、磷酸盐、硫酸盐和硝酸盐在处理过程中被从污水中除去。它们为净化水所稀释并最终流入大海。在加菌污泥工艺及随后的沉淀期间，细菌的脱氮作用产生氮气，使大量的硝酸盐流失。这样，有益于农业的一些元素就出现了从陆地散失到海洋和空气的净亏损。文明社会长期存在的一个问题，就是怎样使这些元素返回陆地。在过去，人们用污水灌溉田地，污水农场也得以运行，那时候的排水只引起土壤内肥力的轻度丧失。现在，土壤中有用元素的亏损必须靠化肥和细心耕作来弥补。

说起田地，现在让我们畅想一下乡村风光。河水沿着山谷缓缓地蜿蜒流淌，岸边长着芦苇和绿草，两旁青葱的原野平缓地朝点缀有乔木和灌木的溪流方向伸展开去，健壮的群牛在水草丰茂的原野上享用着美餐，这一场景标志着农场主人对田园的精心照料和土地的肥沃。或许溪底有少量沉泥和零星的腐枝烂叶，但水体清澈，水生植物繁茂，成为鱼类、昆虫幼虫、水鸟、两栖类及大河鼠等动物的家园。此乃一幅令人心旷神怡的宁静画面，不是吗？但是请冷静想一想，要是带有牛群排泄物、残余肥料、农用化学物质的地表水以及腐败的植物汁日夜混入溪流中，溪水能不被污染吗？此外，不是还有飞扬的尘土、污物及表层风化土砾不时地经雨水冲刷或风暴吹拂进溪流里（更别说路人不经意的污染）吗？的确如此。那么，为何溪水还能如此清澈呢？答案是，溪边的芦苇丛以及多少管点用的树根形成了一组有效的生物滤器：在植物材料网架上生长的细菌和真菌的菌膜，起着污水滤层的作用；此膜对流进来的地表水中的污染物进行消耗、分解和氧化。某种原生动物群体以繁殖起来的菌类为盘中餐；它们偶尔会把动物排泄物中的病原体吃光。线虫、昆虫幼虫和小鱼则以目前滤入溪流中的高度纯化的地表水里的残余微生物为食。这是一个运转良好的自净化系统，而有的农场主认为溪边的灯芯草带严重干扰了自己钓鱼或划船，竟决定用挖泥机将其清除。天将降灾于他！在对为细菌提供成膜网架的植物及生长于其上的细菌的价值有广泛了解之前，英国有许多溪流呈绿黑色，臭气熏天，几乎没有生物存在。自然，污水处理厂的大规模污染将会使这个自净化系统不堪重负，但通常它还能正常运转；有时，人们还会特意用植物及其根部的微生物群落组成的滤层去对付小批量废液。

很早以前有一种特殊而有趣的污水处理方式。在某种情况下，小的村落可以把污水排进池塘和小湖泊中，有时则排进叫作废物稳定池的一连串水塘里，让它们经历天然的微生物降解过程，使水得以自身净化。细菌、蠕虫、水虫、植物——池塘的整个植物区系和动物区系都繁茂起来，而最终的受益者是鱼类和靠鱼为生的水鸟。藻类在这种进行氧化作用的池塘中长得特别好，因为藻类通过光合作用生成有助于水净化的氧气，并成为鱼类的美餐。有人建议以污水来肥沃池塘以促进养鱼，据相关信息，此法已为印度尼西亚这类发展中国家所采用。

污水处理的对象是液体废料，尽管它含有固体物质，但依然可用泵把巨大体积的废液输送到各个污水处理厂里。但是，许多城市、农业和家庭废料是固体或半固体。它们中不少可以被烧掉，许多则不然。而为了处理它们，许多地方当局所采取的措施与园丁的堆肥法相似。城市的垃圾含有大量来自纸张和食物残渣的植物性物质，而在清除掉可以回收并出售的洋铁罐头盒等有用物品后，许多城市垃圾场把垃圾堆积成巨大的肥堆，使微生物的降解作用得以在其中进行。肥堆内部变得相当热，以致嗜热菌生长起来并使有机物迅速遭到破坏。我们必须在这类垃圾堆的表面控制昆虫的生长和啮齿动物的繁殖，几年以后，十分肥沃的土壤就不可思议地形成了。制成堆肥是处理城市垃圾的一种经济而方便的方法，但要把能被生物降解的废品同玻璃、金属、塑料等分开。德国的许多社区要求住户、商店等把这类废物分开，成百万吨的生物可降解城市垃圾被制成堆肥售出，供农业和垦荒之用。

把堆肥材料用于土地开垦是挺不错的，但英国等地历来都把城市垃圾填入巨大的堆肥坑等场所进行处理。生垃圾经处理后是很受青睐的材料，它们可被取来修补旧土坑，充填采石矿，特别是满足新建筑工地的燃眉之急。然而，我们必须警惕这类垃圾坑的气体分解产物。众所周知，一些热心的垃圾处理机构会在堆肥完成之前，过早地用土壤和硬石去覆盖这些垃圾堆，并将它们用于建筑工地。而在我们的老朋友产甲烷细菌（其中有些是嗜热菌）的作用下，甲烷会从残余的垃圾中产生出来，积聚于邻近的地层。如果甲烷可通过表层土壤散发出去，则它不致带来危害，但当其被建筑物的地基所阻时，甲烷会喷出或大量漏入建筑物内，稍有不慎，就会引起严重的爆炸。堆肥过程中的这种情况其实不难处理，甚至可以变成好事：如果我们以非降解性塑料板把可堆肥的垃圾堆密闭起来，就能将甲烷经管道输出，然后用作能源或直接烧掉。一个中等大小的堆肥坑可不断产生甲烷达数年之久，一些国家的法律规定，新建的堆肥点必须用上述方式围起来并加以控制。塑料外套也可防止污染液渗入地下水中。

关于城市废物处理及荒地利用问题，位于伦敦郊外的斯泰恩斯和特威克纳姆周边地区采取了与上不同的解决办法。这一区域遗留了一些积水的沙石坑，它们是巨大却无用的人工池塘，因为可开采的沙石均被挖走，这些坑就被废弃了。由于当地建筑急需地皮，人们打算用城市垃圾将其填平。可是，把未经处理的生垃圾倒入水坑一定会招来大麻烦：几周之内将会出现最严重的污染，臭气熏天，涂料与金属制品遭到腐蚀，各种抱怨、禁止和控诉的信件雪片般飞向地方当局。直到20世纪50年代，特威克纳姆的自治城市工程师诺尔斯（A. S. Knolles）博士想出了一个巧妙的办法，既没造成污染，又填平了土地。他用来自城市垃圾可燃部分的熔块把每一个土坑分割成多个小池塘，生垃圾在污染出现前被尽快填进每个池塘中。只要在倒入垃圾前把池塘墙建好，就能够把所有的池塘填平而恢复土地原貌，放心地供建筑使用。熔块含有硫酸盐，垃圾则含有机物，因此细菌若利用这些成分发生硫酸盐还原作用，就可导致广泛的污染，并可能产生最有毒的那类污染，不过甲烷的生成确实减到了最低限度。然而，掌握了相关微生物学知识的人都该知道，只要该过程迅速进行，填坑拓地的愿望就得以实现，有百利而无一害。

城市垃圾中有些是可以燃烧的，但人们常常不愿意这样做。当今，大家广泛地使用和处理聚氯乙烯等氯化烃类塑料，而若将其燃烧，盐酸就会被释放出来，损害熔炉及烟道，还会产生有害烟雾。有人声称发现了能够降解这些物质的细菌，如果一切顺利，则对这些物质进行堆肥比烧掉更有用。废轮胎的处理一直成问题。给我留下深刻印象的一个项目，是轮胎经粉碎后用硫杆菌或其他硫氧化菌清除橡皮中的硫，使橡皮得以再利用。这项开发工作的灵感，来自细菌腐蚀消防水管的现象，至于它的效果如何及是否经济，我还不得而知。

因此，从废物处理的观点来看，微生物对文明社会的运行是至关紧要的，而且，如我所指出的，若没有微生物的作用，我们大家都会被活埋在由人类活动形成的骇人的废物沼泽中。微生物之所以如此神通广大，是因为它们具有非凡的化学易变性。自然界似乎存在着破坏和降解几乎所有人类产物的种种微生物。科学家们对这些过程的生物化学知识实在有限，对所涉及的微生物的了解也还很模糊。这种无知源于对前一章讨论过的腐蚀与变质过程的基础理论研究落后于实践经验。有关甲烷菌、硫酸盐还原菌及去污剂和塑料降解菌的作用，科学家们所掌握的支离破碎的知识清楚地表明，对微生物学处理过程坚持不懈地进行基础科学研究是多么有益的。问题在于，谁来提供研究经费呢？

在这最后三章里，我试图表明微生物对我们的经济是何等重要。还希望读者留心不时出现的文献资料。这些资料包括基因操作令人担忧的一面、环境危害物，甚至像在“不结冰”的假单胞菌的故事中讲到的，由微生物学研究和应用所产生的军事对抗等。下面，让我暂时离开我的主题去讲解一下这些内容。那是一片凄惨的景象，不过费不了多少篇幅。

第九章

第二插曲：微生物学家与人类

Chapter 9

Microbes and Man

我生长的那个时代里，科学与技术是萦绕于许多人脑海里的奇妙事物。我想，也许只有百岁老人才知道，那个时候，飞机是让人瞠目结舌的东西，无线电的声音像一个奇迹，瞪着两眼的汽车将马车挤到了路边，一两个朋友患了肺结核，而电话是用来自煤焦油的奇妙的电木制成的，看上去如同黑色的水仙。当人们从20世纪20年代进入30年代时，现代通信、交通、医药、塑料都在萌芽，科学家们正将社会带向一个崭新灿烂的黎明。人类将在一个快乐的、高科技的乌托邦里过着富足、优越的生活，在艺术和科学领域中充分发挥他们的潜能，不再受战争、剥削、饥饿、暴力的困扰。所有这一切都是因为物质的极大丰富，每一个人的需求都可以满足。代表部落文化和神秘主义（它们常被无知的人夸大为爱国主义和宗教信仰）的顽固、偏见和复仇都将消失，因为科学的理性精神将风行于世。威尔斯（H. G. Wells）先生是一位预言家，尽管我们不一定同意他的所有观点，但没有人会怀疑科学、技术与人类的幸福生活是紧密相连的，并随着人类自身需求的发展而逐渐发展。

然而我们曾经是多么天真啊！在今天，一股强大的逆流正在反对着科学。对他们中的许多人来说，科学产生了原子弹大屠杀的威胁，破坏了生态环境，向无辜且无保护的公众释放新的毒药、致癌物和诱变剂，却没有对消灭社会长期的瘟疫（如失业、贫困、吸毒、暴力等）做出任何贡献。但这些弊端并不是由科学造成的，正相反，整个世界的生活水平因科技的应用得到了不可估量的提高。可惜他们根本听不进去，少数人就是认为科技产品带来了麻烦。这是一个令人讨厌的观点。责备科学家当然比较容易，但这样做的后果是，反科学态度在外行的公众中盛行起来。科学被认为没有履行它关于美好日子的承诺，有的人甚至说，它反而把事情弄得更糟了。

怎么会这样？这个问题对所有科学来说都是重要的，而不只针对微生物学。它也是一个难于回答的问题，在本章这样的概述中，过于纠缠将会引起混乱，因为对此问题人们有几种不同的看法，而没有独一无二的明确答案。不过，我们从微生物学研究里可以得到一点启发。那就是，当科学家们坐到一起对他们的研究结果及应用项目进行分析和讨论时，他们知道自己的同事是了解实验室和野外研究中出现的矛盾、不确定和可能错误的结果的。研究人员都明白，科学中没有一成不变的事物；研究实践是对科学理论的检验，必要时可对后者进行修正。这就是科学工作的方法；从哲学意义上说，没有绝对的科学真理，只有对大概率结果的陈述。然而，多数外行人总期待着真理出现。作为现代文明里高技术的基础，科学只是种种可能性的体现，而非定论，并会不断地受到修正，科学家们都认为这是理所当然的事，而外行人对此却无法理解。因此有少数人断言，科学全不可信——这显然是胡说八道。不过，有根据的怀疑还是可以被接受的。对于微生物世界及其对人类自身和社会的影响，我们的看法就在不断地改变，而这种改变通常有益于所有人；对这些不可见伙伴，我们何时要当心、何时应放松，希望前面各章已经让读者们有所了解。

医学常常是不怎么受到非议的一门学科，因为它的效益是最显而易见的。但即使是在这个领域之内，失败也常被某些人夸大，而如今，边缘医学从来没有如此享有盛名，也从未如此危险。我想起了一位音乐家朋友，他曾坚信西方医学一定是某些地方出了大错，因为现如今人们几乎都死于癌症（据说如此，并无真实数据，但广为人们所信）。他却不曾想到，由于现代医学成功地阻止了许多较老的微生物疾患对我们的侵害，癌症这一杀手才得以跃居前列。虽然如此，医学水平无疑有待提高；很快我还会谈及这一话题。

继原子物理学和药物化学之后，微生物学也遭受了反科学态度的影响。1974年，一群微生物遗传学家公开宣布自己的研究是危险的，他们引人注目的行为将科学带入了困境。对于有能力的微生物学家们来说，这些微生物遗传学家显然错了。比起接触自然病原体所面临的危险，他们工作的危险性简直不值一提，根本不必如此谨小慎微。事实上，他们从事的是出色的基本原理研究工作，这些工作为我提到过的遗传工程奠定了基础：改造基因并将其从一个生物体转移到另一个生物体。而出于自己的原因，他们向困惑的公众宣称，他们不能肯定一定不会创造出可怕的新病原体或微生物，这些微生物有可能跑出实验室而对人类造成危害。尽管这种虚无缥缈的可能性几乎不存在，但后果可想而知——新闻报刊、广播电视激起了公众的恐惧。生态学家、社会活动家和政治家们都投入这个潮流中，成立了监督委员会和生物安全性委员会。政治姿态代替了科学性的争论，大量时间、金钱、精力都被浪费了，而医疗设备制造厂家则把不必要的微生物防护设备卖给了为难的研究者们，从中获取了大额利润。这种骚动持续了5年之久，直到剑桥的悉尼·布伦那（Sidney Brenner）博士计算证明这些危险性是很小的，骚动才得以制止。微生物学界因此松了口气并继续进行研究，公众和媒体发现了让人焦虑的新事件，而两个诺贝尔奖被授予了微生物学家。

'Frankenstein' project given go-ahead in US

From Peter Strafford
New York, Feb 8

The scientists at Harvard and the Massachusetts Institute of Technology won a victory in Cambridge, Massachusetts, last night when the city council voted unanimously to allow them to carry out advanced genetic experiments in the field of what is termed recombinant DNA research.

This means that molecules of the genetic material DNA (deoxyribonucleic acid) from different species are combined and transplanted into living cells. Traits and capabilities of one species, such as humans, could be transferred to other forms of life, such as bacteria.

The decision came after months of controversy and public hearings, in which scientists, environmentalists and others expressed fears of where the research might lead.

Opponents said today that they intended to carry on the battle to prevent the research in Cambridge and elsewhere in the United States. They say it might lead to the creation of some new organism which humans would have difficulty in controlling or resisting.

Mr Alfred Vellucci, the Mayor of Cambridge, has talked of "some sort of Frankenstein" emerging from the laboratories. Other opponents talk of a pathogenic agent which would cause disease, or else argue that scientists have no right to embark on experiments which could lead to "an absolute biological catastrophe".

A board appointed by the city council recommended approval of the research, provided there were regulations to control it, and this has now been adopted by the council. A Cambridge Bio-hazards Committee is to be set up to keep watch on the research.

●遗传工程——震惊！恐怖！在报道对重组DNA的研究进行限制时，就连以严谨著称的伦敦泰晤士报（1997年2月9日）都忍不住用了措辞激烈的标题。

这一事件的教训是什么呢？当你看到一只小狗时，千万别喊狼来了。但它也带来了一些好处。在引起恐慌的那段时间，几乎所有的研究都是用一种大肠杆菌的K12菌株来进行的。这种菌株对人类完全无害，而且一旦离开实验室，合适的培养基就会很快死亡。从事这项工作的生化学家和遗传学家对待它一般是很随意的，他们无须（事实上也几乎没有意识到需要）进行无菌操作。他们处理培养基、处置废弃物以及避免污染自己和周围环境的操作步骤，常令熟悉病原体的微生物学家感到震惊。为此，许多不整洁的实验室不得不规范他们的日常操作步骤。这样做有益无害。但恕我直言，利用公众的恐慌来进行这样的改革实在是有点小题大做。

然而不仅是广大公众，就连科研工作者自己（其中的技术专家就更不用提了，后者迫切地希望弄清他们将会遇到什么危险）也对科技心存恐惧。在20世纪70年代早期，许多国家的政府卫生和安全部门都开始严密防范各种遗传研究可能造成的危害，并规定实验室中必须具备处置微生物的适当条件。分子遗传学实验室被要求设立生物安全委员会，其中必须有非科学家成员以使公众放心，并委派负责生物安全的官员对他们所研究和发展的项目可能造成的危害进行监督和防范。新的研究及开发项目不仅要经地方政府批准，而且需提交国家有关部门审批，如英国的遗传操作咨询署就有法律委员会可否决此项目。使那些为工业生产服务的实验室恐慌的是，他们感到商业的保密性会遭到破坏，但他们还是不得不接受官方的检查。事实证明，许多这样的官僚主义程序只是一些令人厌烦的过分反应，但这对提醒普通领域中的研究开发者重视危险性、遗传性或其他问题还是有用的。它还稍有一点地区效应。在20世纪70年代，当人们逐渐能客观地看待微生物学所带来的危险性并努力控制它时，对此类基础研究的严密控制才开始放松。到20世纪80年代早期，所有这些遗传操作的产物开始进入实际应用的阶段。产业人员和野外工作者希望向自然环境中投放新型植物或疫苗等遗传操作产物。一系列可能造成的新问题需要被认真考虑：它们对环境的影响比对人的影响更明显。如我在第六章中谈到过的，借助遗传工程手段，科学家们可以使植物带上产生苏云金芽孢杆菌杀虫毒素的Bt基因，而广泛使用这种植物就会带来一系列生态问题。Bt基因可能会蔓延到其他植物上。任何能转入植物的基因都存在同样的问题。能抵抗除草剂的基因就是个明显的例子，如果它们被传到野草里，乱子就大了。我也提出过克服这类危险的建议。不过，这里面还存在更微妙的科学问题。按常理，植物的遗传工程涉及标记基因的使用。这些基因既非必需，也常常不是引入植物的重要遗传信息，但它们易于辨认，于是遗传学家们把它们连接到被引入和操作的重要基因旁。通过对标记基因的检测，遗传学家可以了解所操作的整套基因是否已成功地转移进了新的宿主。例如，一种广泛使用的标记基因，是编码对抗生素氨苄西林产生抵抗的细菌基因。在实际遗传操作中，几百万个细胞群落中可能只有几百个带有外源DNA。你怎样辨别它们？如果对群落进行抗氨苄西林能力的检测（操作起来很容易），你就可以发现，只有少数群落能抵抗这种抗生素，它们就是带有外源DNA的群落。

因此，标志基因具有无法估量的价值。但是，在普遍使用前，我们可以（也应当）把它们从遗传工程产物的基因组中除去。然而，标志基因的清除是一件乏味而耗时的事。商业竞争就是这样，公司为了赶进度而简化工艺流程，一些国家把带着标志基因的农产品向市场投放。“佳味”番茄就带有抵抗抗生素卡那霉素的标志基因，而携带Bt基因和抗除草剂基因的一种美国玉米变种使欧洲共同体大为关注，因为它同时具有抗广谱青霉素的标志基因。如果监管机构允许投放该类产品，那说明所涉及的标记基因的危险性微乎其微。有一个观点是，人或动物的病原体极大可能是由于不经意地使用广谱青霉素本身而获得对它的抗性的，而不太可能是遗传工程作物收获后的复杂链条中的任一环节（像消化、烹调、食物加工甚至只是作物的散放或堆积）出错所致。然而，把标志基因和其他不重要的DNA留在原处毕竟是草率的；其他的遗传决定因子或许被遗留下来——消费者有这样的担忧是合情合理的。

对遗传工程作物的其他担忧主要来自社会方面而非科学方面，虽然后者依然重要。例如，为了避免引入的一个或多个基因出现不愿见到的扩散，科学家们可能会使遗传工程植物不育，但是这样一来，农场主就无法从收获的庄稼中得到下一年播种时所需的种子，而不得不向供应商购买新的种子（若经济能力许可）——这对小农来说是个严重问题。再有，经遗传工程操作而对工业除草剂产生抗性的农作物无疑会有更高的产量、纤维质或其他特性。因此，按理说，遗传工程作物能够在给定的农田面积上维持群体的壮大。它们符合除草剂的制造商的经济利益，也有益于那些有能力购买种子和除草剂的农夫外。不过，这些方面的开发工作前所未有地把农业和农用化学工业联系在一起，使后者得到了长足的发展。这种情况其实并不新鲜：一个多世纪以来，化学肥料已使制造商、较富裕的农场主和消费者受益，并使农业和农业化工相互联系。而今，世界人口的1/3靠着由空气制取氮肥的哈勃工艺（Haber Process）工艺而生存。但是，这种高技术农业的主要经济效果，是把财富垄断在了少数农场主和工业集团手里。在发展中国家，这将引发严重的社会问题。令人遗憾的是，有些人对遗传工程作物的积极反对是出于对上述现状的不满，而不是出于对严重科学危险的担忧。

20世纪60～70年代的“绿色革命”期间，杂交短杆水稻使亚洲很多地方免于饥饿，社会经济发生了相当大的变化，富裕的农场主以牺牲别人的利益为代价而更上一层楼。让人略感放心的是，由于多数地区适应了绿色革命，它们也将重新适应农业遗传革命。假若世界人口继续增长下去，高技术农业（遗传方面的或是农业化学领域的）无疑亮出新招。

令人欣慰的是，一些使人生厌的开发项目已被劝阻，甚至叫停。有一个动物基因，它编码的牛生长激素是影响牛奶产量的一种天然激素。20世纪80年代，该基因被克隆进大肠杆菌，然后被分离出来并及时售予牛奶场以提高乳牛的产奶量、延长产奶期。该法挺管用，但经如此处理过的牛据证明易患乳腺炎。可惜当时公众对整套主意十分反感，而且牛奶市场不太景气，所以该方法未能得到推广——至少在英国是这样。促进瘦猪快速生长的一种来自克隆基因的相应激素也不再被人们使用，因为它在倒霉的猪中引起了涉嫌侵犯动物权利的严重问题。

这些都是微生物起作用的重要问题，必须向公众通告。不幸的是，一些抗议团体和活动家对遗传工程及其产品应用的偏见导致了某些非科学的奇谈怪论流传。新技术在农业、医学或任何领域的应用，无疑都应受到严密而明智的监管。但是，我们必须找到一个平衡。下面继续我的遗传工程作物话题。长期以来，农业和林业造成了对自然环境的严重人为破坏，而且情况还在恶化。因此，新技术可望通过增大生产力、控制疾病、减少农业化学品或肥料的使用来缓解其对环境的压力，难道我们不应当欢迎它们吗？只要这些新技术如预想的那么安全，它们自然会受到欢迎。使人发愁的是，在我撰写本书时，社会优先考虑的是市场情况，而不是大众福祉——对发展中国家来说，能在盐水里旺盛生长的作物比费力向它们推销更多的除草剂用处要大得多——我不怀疑将来要出现新的担忧和矛盾，但那是市场需要去克服的问题。

我离题太远了，让我们回到微生物上来吧。遗传工程至今做了大量对任何人都无明显害处的善事。具讽刺意义的是，较传统的生物工程反倒遇上了紧急的问题。牛海绵状脑病就是明显的例子；它全然不涉及遗传工程。撰写此文时，公众正在调查此病在英国的传染源；如我所述，给本来草食的动物饲喂烹煮过的动物原料，很可能是这种出乎意料的疾病的起因。我不必傻乎乎地去猜测该疾病的其他起因，因为情况已经很明朗：政治上的考虑、以农场和动物饲养场为代表的权益者的既得利益、对引起公众恐慌的担心、对引起各级震怒的恐惧、经济的困扰（政府对羊瘙痒症的研究正停了下来）以及愚蠢的官僚政治短见，这些都使有信誉和廉正的管理者们做出愚蠢的甚至是灾难性的决定——或者他们只是听天由命。

牛海绵状脑病，连同它的帮凶新型克-雅氏病，是关注度最高的微生物问题，它们正给人们带来威胁。另一种是食源性感染。如果媒体之言为人所信，公众就会忧虑他们的食物，包括食物的质量、营养价值，加工过程中使用的添加剂、调味品、防腐剂的种类和影响，以及可能残留的杀虫剂和别的化学污染物，更不用说令人恐惧的如下可能——来自遗传工程作物的外源DNA（好像人们从未曾食入过外源DNA似的！）。所有这些担忧都是可以被理解的，然而，只有很少的疾病或身体不适与上述因素中的任一种有明确的关系——贫穷或时尚饮食引起的营养不良除外。相反，如我前面指出过的，由食源性病原体引起的微生物性疾患在近20年中倒是造成了一些危险的流行病。在19世纪和20世纪早期，这类疾患对生命只有一般性的威胁，但由于明智地使用了防腐剂、灭菌、巴氏消毒和卫生措施，这类疾病变得相当罕见。而如今它们又多了起来，为什么呢？请原谅我啰唆地重复一遍：那是因为新技术工艺的采用——动物集中饲养、食品统一加工、冷藏、低温冷冻、充气和真空储存——方便了人们现代的饮食方式，但是从农场到厨房的每个环节的卫生标准却跟不上革新的步伐。

那是为什么？我一会儿就会告诉你理由，但让我先回到医学方面，那里正有同样重要的事情发生。

18～19世纪，医院对人来说是个危险的场所。在那里，你的急症或创伤或许得以及时处理，但你说不定会从医务人员或病友那里染上别的什么疾患。进入20世纪后，对微生物如何传播疾病的进一步了解，促进了医疗卫生条件的改善，医院内部的感染明显减少，而医院就变成了年长者所盼望的健康天堂。这些天是管理病房的厉害的德拉贡·玛特让（Dragon Matron）女士值班的日子，她经常检查护士的指甲、皮肤和衣服，不在乎地面是否光亮或无尘，但要用沾有消毒剂的湿笤帚清扫，其他表面也需用同样的湿抹布擦拭。她操心伤口敷料和食物残渣的处理，以及浴室和厕所的清洁。她要求对将接受手术的患者做清洁检查，给手术部位剃毛，然后再把该处用吖啶黄或酒精涂擦。竟然有人不戴上帽子遮严头发就进入手术室（在20世纪90年代，一位皇室公主甚至都干过这样的事），愿上帝惩罚他们！这些生活在医院里的无名女英雄们对来自皮肤、咳嗽、尘土及空气的病原体非常了解。

随后，磺胺类、青霉素及其他抗生素出现了。许多传统的措施似乎变得多余了，因为在继发感染表现初期征候时，给予患者广谱抗生素是一件简单易行的事——医生甚至在病人没有出现这类征兆时就对其注射抗生素作为预防。医院和诊所的卫生标准不知不觉中就消失了。抗生素被到处滥用，给药疗程不够，或用量不适当——这可能是出于对微生物遗传学基本原理的无知，或许因为把药给了不负责任的或健忘的患者，也许只是人为的差错——医生和护士同我们一样都是会犯错的人。这样一来，对抗生素或其他药物有抗性的菌株就开始出现了。1997年在英国，医院内部的感染引起了约2万住院患者死亡，其中1/4直接与感染本身有关。许多感染是由对抗生素有抗性的病原体引起的，它们近10年来成了世界性的医学问题。像结核病这类疾患，它虽然曾被我们征服过，但现在又以抗药的形式东山再起。

食物中毒和抗药病原体的共同点在哪儿？答案是，解决问题的老办法赶不上现代技术了。近20年来，基本的微生物学原理已变得不必需，人们任其失效，不时将其忘到九霄云外。为何如此呢？其理由有多种，均为大家所熟知：对产品或服务的迫切需要、技术上无知的管理和运作、工作人员的疲劳和糊涂、经济利益的驱使、各部门狭隘的官僚作风。在这些因素的共同影响下，现状只能如此。

新一代训练有素的人才的培养最终也就落空了。

并非我言过其实，一些专业人员非常清楚这一状况。保障卫生和对食源性病原体的监测，是食品微生物学家们的永久课题。在1998年英国医学学会一次关于医院内部感染的报告会上，有位职业健康顾问的一番话引起了全场的震惊：一位外科医生穿着手术服就进入餐饮部，而一名护士因为怕遭窃竟推着她的湿自行车穿过心脏病房恢复室！恐怕这些只不过是冰山一角。对微生物病原世界，我们要时刻戒备。我写的这些内容，在英国面向公众的官方或教区的报告中都有记录，对其他国家的政府机构也都是开放的。让普通微生物学重新进入食品技术和医学实践，是迫在眉睫的事。

我所举的例子均出现在与广大人群的健康和幸福有直接和间接关系的领域，它们也有助于现有知识的明智使用。但是，牛海绵状脑病和新型克-雅氏病却是某类意料之外的全新疾患。对于它们的出现我们预先没有充分的准备。如我以前明确指出过的，绵羊的羊瘙痒症对我们几代人没有产生过任何危害，它们也不在动物间自发蔓延。对该病几十年来的研究进展缓慢，除少数专业热心学者外，人们对此神秘病原的特性似乎都不太感兴趣。对羊瘙痒症的实验室研究曾一度停滞不前，进行羊瘙痒症研究的经费大部分来自岁月静好的20世纪中叶，当时的政府还满心相信以好奇心为驱动力的研究迟早都会有回报。

现在，传染性海绵状脑病的研究得到了适当的支持。牛海绵状脑病的传染性和严重后果，使政府不得不为此项研究负担费用。要不还有谁会出资呢？养牛场吗？牛肉商吗？被吓倒的农场主吗？他们怎能知道这些？不管财务部长们、国务大臣们和政治家们再怎样不乐意，文明社会的许多领域都必须得到公共基金的支持。我们认同，警察、各级教育机构和立法机关等都属于这一范畴，而基础科学研究也当在此列。

请注意我审慎选择的“基础”一词，在高技术时代，如果不去进行（或赞助）科学研究，那么没多少产业能取得进展，但这些研究理所当然地会与相关产业及其股东们的利益挂钩：研究必须有一个理想的前景，能在几年内找出节省成本的方法，或开发出新工艺或新产品。在富裕繁荣的时期，公司——特别是期待开发最新科学成果（如硅芯片或生物工程方面的）的新组建的公司——可能会从事风头十足的较为基础的研究项目，但若遇到经济萧条或竞争激烈而必须降低成本时，首先让位的就是基础研究。这种情况屡有发生；只有当市场紧缩时，那些吞并了较小公司的巨大的跨国集团才能够使基础性的研究计划支撑得更久一些，当然，这些项目都受制于它们的商业利益。好了，产业能自主地从事研究总是不错的。但是，市场的驱使不仅限制了研究方向的选择，还暗含商业秘密。这就意味着，公司的研究人员不会同外来的科学同行讨论工作进展情况，以免说出可能有利于竞争者或影响公司股票市场行情的话来，而出于类似原因，任何可能有巨大价值的研究成果都迟迟不在学术界被公开，这些论文的发表都要被拖延，有时甚至遥遥无期。20世纪90年代晚期有一个把研究结果公开的事例：一些生物工程公司弄清了几种病原菌全基因组的DNA序列。那些序列对我们进一步了解细菌的遗传和病理特性有极高的学术意义，但它们对新药的设计也具有无法估计的价值。因此，这些产业不愿公布它们的资料——以期“保住投资”——而为了让这一结果公开，1998年，英国威尔康姆（Wellcome）基金会这一慈善团体拨出了700万英镑专款，资助非商业性实验室进行了同一基因组DNA序列的测定。这些结果将被发布在互联网上。

在完全为了解决实际问题而进行的研究中，许多有价值的科学结果涌现出来，但几乎所有重要、根本而有用的科学进展都源于不受限制的研究：献身其中的科学家们纯粹是出于好奇而对这些或那些事情刨根问底的，并且把尽快地在同行中交流他们的发现视为一件很自然的事。这一点已经成为老生常谈，好吧，我承认老生常谈往往有纰漏之处，但这回它是可靠的：1998年，美国国家科学基金会针对100万项近期专利应用的调查发现，其中3/4引用了公众经费支持的创新基础研究。这类研究是需由纳税人付费，在大学或政府的研究所里进行。如果它们可以被开发实用，那就再好不过了；让它们永远为公众造福吧！在我最早工作过的政府实验室现已不复存在了，当时在那里，极令人厌恶之事就是转让商业秘密。我们曾有过一个明智而高尚的规划，即我们的任何发现和有实际价值的建议都可以由任何人自由采用，但我们不会以产业或商业的名义从事研究，除非问题与我们自己的研究计划有关——在那种情况下，任何新发现都可供所有人自由使用。事情进行得非常顺利，少数大企业和许多小公司都感激我们的帮助。

对我来说，过去的20年里，最令人担忧的是来自政府的压力，至少在英国是这样的。政府通过科研会议敦促从事研究的科学家们自己办公司，或投身产业家（特别是新兴生物工程和电子工业领域的）“网络系统”中。其意图是促使基础研究的成果迅速付诸实施，而这点确实被实现了，因为新兴的产业已发现，同大学实验室及研究所的合作既有用又经济——这可比使用它们自己的研究队伍花钱少。但是长此以往，基础研究可能会受到阻碍，这是因为：这种方式要求保密，而且禁止科学家之间的交流；来自基础科学的能干而经验丰富的研究人员被转到管理部门，有时候他们还要在当地搞财政工作；以赚钱为目的而非为公众造福和增进知识的不良研究气氛会滋生起来。据我所知，在纳税人资助后的一些实验室里，研究生不被允许向同房间的其他学生谈起他们的研究工作情况，更不必说合作和互助了，因为他们各自的研究计划由不同的产业公司资助——这种教育青年科学家的方式实在可怕，我恳请不要去干扰他们增长知识。

即使在躲开了企业直接纠缠的实验室中，由基础研究转到实用的倾向也是存在的。他们推崇“会计师头脑”：要常常惦记着这3个月的研究有什么经济效益。我多次见到一些优秀能干的中年实验人员不得已从实验室走进会计师和管理人员的办公室，把时间花在写进度报告及错综复杂的研究经费申请书上。

唉，经济头脑总是必要的，密切关注研究可能带来的不良后果也是必须的——即便在20世纪50～60年代科学的黄金时期也是如此。科学家们都幻想着发表有益于全人类的工作，因此专利权竟落入了精明的产业者手里。但是，当前舆论似乎偏到了另一个极端。愤世嫉俗者或许会坚持认为：对社会来说，科学进展太快，而通过文书业务、保密及减少基金来使之减速也并非坏事。那倒算是一种观点，但人们却要因此挨饿、生病或无谓地死去；环境也要变坏，而知识和理解力也被神秘主义和轻信所取代。

我不能再说下去了！这一章快成为政治演讲了。不管是察觉到的、未察觉到的还是凭空臆想的，我们每天的生活都充满着各种危险。由于顾问委员会、常务委员会、调查委员会和公共咨询处，分子生物学（包括它的应用及其在生物工程中的不良后果）背后暗藏的新危险正受到前所未有的严密监视和控制。

这能使更多公众放心吗？当然不能。科学这东西对于社会中广大人群来说还是一种神秘的事物，而这种状况的出现，是由于新闻和广播电视工作者连最基础的科学知识都不了解。举例来说，现在读者们已相当清楚细菌和病毒这两种生物之间在生物学特性方面的大致差别，也知道我们针对两者所需的不同应对措施。而在1988～1989年鸡蛋里的沙门氏菌引起的混乱中，英国媒体足有一半时间都把沙门氏菌说成“病毒”，甚至他们在搞清楚后也还没称之为“细菌”。后来，情况并没有改观：1998年年末，在谈及伊拉克化学和核武器的袭击时，媒体常把这种名为炭疽芽孢杆菌的细菌性病原叫作“病毒”或“毒素”。

半个世纪前，媒体曾为科学家虚构了这样一个形象——一位心不在焉地创造着科学奇迹的慈善的研究员——但愿这是出于对科学的极大兴趣和部分了解。不过，今天他却成了以制造严重危险为乐的狂热教授，兼有年轻的维克托·弗兰肯斯坦（Victor Frankenstein）和斯特兰奇洛夫（Strangelove）博士的特点。无论科学家和官方如何仔细、简明、令人信服地解释科技问题，这种恐惧都没有消失，恐怕要等到科学成为人们日常生活的一部分（至少在基础水平上）的那一天，情况才能有改善。孩子们应该都有过制作酸奶、用显微镜观察口腔中的微生物群落、观察苍蝇在果冻或毛刷上爬过留下的痕迹以及参观污水处理厂等经历，从而对微生物学有所了解。微生物的世界应像动植物一样为我们所熟悉，只有到了那时候，让公众来讨论类似遗传工程及艾滋病等复杂问题才是有意义的。如果每个人都熟识微生物，微生物学才能脱离曾经被抵触和被反对的境遇——当然，确实有些地方应该被反感。也只有到了那时候，我们才能期望，民众会对可能有危险的新项目和新发现适度反应，而不是对程度不明的危险感到惊慌失措。

让我们言归微生物世界。在本书开头的章节中，我从个人角度谈了一些对微生物的认识——虽然这个人似乎过于偏重健康和食品两个方面了。其后的部分章节里，我又从社会及其经济体制的角度出发，对微生物学进行了探讨。在下一章中，我将讨论微生物与人类的种群关系，研究一下微生物在人类或其他生物进化中所起的作用。最后，我才能就太空时代微生物和人的关系方面提出一些观点，甚至对人类的未来做出一些并不完全荒谬的预测。

第十章 微生物与进化

Chapter 10 Microbes and Man

在本章中，我将讨论微生物在生物进化序列中的位置，并试图就其影响生物进化方向之重要性做一估价。由于我要谈的事件大多发生在史前最黑暗幽深处，甚至是在可辨认的化石形成之前，所以我所涉及的问题常常不可能用实验来证明。我必须向读者重申前面提过的关于科学事实的警告。即使在日常的工作中，实验室的科学研究也带有不确定的成分，对实验所做的解释更是如此。关于我们星球少年期的状态，只能根据现有知识来进行反推，所以其解释是相当不确定的，充其量是有根据的推测而已。的确，不可思议的是，人总能就遥远年代的生物学提出一些看法。然而，读者将会看到，如果接受地质学家们关于我们这个星球地质历史的粗略估计，你将可以就最早期的生物演变拼凑出一个似乎相当合理而连贯的说明来。这是否与真理相符就是另一回事了。不过，这种推测的方法有助于加深我们对生命及其潜能的理解，并有利于发挥我们的想象力。所以在本章中，我将放宽对科学严格性的要求，以便能够把地球生命幼年时代的图景和现今微生物出现的过程描绘出来。

大家公认的本星球的年龄——即地质学家和宇宙学家所说的地球作为一个独立的天体存在的年龄——在我这一生中已翻了一番。科学家们对于天然放射物质的半衰期已了解得非常精确，根据这些物质的分布，他们推定地球的年龄为45亿年左右。这是一个难以想象的数字，大概会有几亿年的出入，不过其误差应该不会超过10%。如果你赞成多数人的意见，承认地球形成时是炽热的，那么接下来就会有一个漫长的冷却期。这个时期出现了强烈的火山活动，陆地依然太热，以至于液态水无法存在。这些游离的H_2O形成了水蒸气，其中大部分逸入宇宙空间。然而，彗星（其中大多数主要由冰组成）比现在要多得多，撞击新行星的频率也比现在大上千倍。它们为地球补充了水，即使大部分水在进入地球途中就蒸发了。这个阶段出现了多种化学成分，但是我打算先略过这部分——只有到了约40亿年前，当地球已经冷却到足以使液态水长期停留在其表面的温度时，我才能展开这个话题。当时，大气的组成成分一直很不确定。20世纪的大半时光里，宇宙学家一直认为，那时大气主要含有甲烷、氢气和氨气，并带有少量的水蒸气、硫化氢、氮气和稀有气体（氦、氖、氪和氙）。然而，在过去的30年里，有人对这种观点产生了质疑，其依据部分来自发射到火星、月球和金星的空间探测器所发回的数据。现有许多结果表明，数量占优势的气体是氮气和二氧化碳，而其他气体含量很少。不过，有一点似乎是十分肯定的，即那时的大气里根本没有氧气。由于当时岩层的化学成分是裸露的，显然，氧气可能会在狂暴的大气中因化学反应而被释放出来，随后又因他种反应而被消耗殆尽，而且消耗速度与生成速度相同。因为经常有雷雨和伴随而来的闪电与雷击，加之没有臭氧层，所以来自太阳的辐射类型与今日大不相同。当今，地球表面靠臭氧层保护而免受太阳发出的大量紫外线的影响。

20世纪50年代初，尤里（H. C. Urey）教授实验室中的米勒（S. L. Miller）博士进行了一项最具启发性的实验，实验表明，甲烷、氢气和氨气的潮湿混合物，经短时放电后生成了微量的有机化合物，其中包括有机酸和氨基酸这类迄今为止被视为生物所特有的产物。该实验已被其他一些实验室充分证实。后来的一些实验中还形成了一些微量产物，如氢氰酸、硫化氢、磷酸盐等。这些实验表明，在这样的条件下，各类有机化合物都可产生出来，其中许多产物（像嘌呤类）乃是生物所特有的。此外，紫外线也是一种有力的因素，它能在这类气体混合物中使有机物形成——当时人们认为原始大气中就含有这类气体混合物。虽然米勒和尤里为模拟地球的原始环境所选用的气体混合物现今已不时兴，但从化学上讲，其最重要的特点乃是没有氧气。在生命起源以前，有机物很有可能是由这类电化学和光化学反应形成的。但是，这类化学过程不是原始有机物的唯一来源；另一来源令人惊奇——那就是彗星。星际空间并非完全真空，分子之间散布着少量简单的有机物。彗星在其运行过程中可能掠走了一些此类化合物，所以它们给地球补充水的同时可能还带来了有机物。因此，在生命起源以前，本行星的海洋就像有机物的“稀汤”，这些有机物部分来自宇宙空间，部分由电化学及光化学过程就地产生。海洋的环境慢慢变得适于当今多种厌氧菌繁育。但当时不存在这类细菌，也没有任何生物，因此那些物质日渐积累起来，事实上，这种海洋必定是一个光化合产物的混杂体，它所包含的各种有机化合物中有些是自然形成的，有些是相互反应产生的，也有些是裂解出来的。不过，我必须强调，这些物质的浓度可能是很低的；在广阔的海洋中，原始有机分子的相互反应可谓绝无仅有。据信，当时海洋的盐浓度仅为现在的1/3，其中所含的无机物、盐类等，较氨基酸和其他有机物多得多。有机物含量高的唯一地方可能是近于干涸的水坑边，或者它们被吸附在硅酸盐岩石和黏土等物质的表面——这些地方对有机物有特殊的亲和力——原始有机物间的化学反应很可能就是在这些地方进行的，从而使更复杂的物质得以形成。

在第四章中我曾特别强调，从天文学角度说，这种自然形成作用如今不太可能发生了。而40亿年前，由于有我所描述的电化学和光化学的综合作用，那样的事未必不可能出现。伯纳尔（Bernal）、阿帕林（Oparin）、霍尔丹（Haldane）、皮里（Pirie）等人就几个问题进行了讨论，包括有机物如何通过吸附于岩石或黏土的表面进行浓缩，以及它们是怎样变得像现有的生物化学分子那么复杂多样的等；许多例子在实验室里均得到了证明，比如氨基酸或核酸组分这类简单分子能在矿物表面结合成更复杂的分子链。在这些表面可能发生了某种化学进化，分子以各种方式进行拆合，直到某个分子具有了一种能力，能够促进与其相似的物质的合成。分子可能从未拥有过这种特性，即一次偶然的分子结合可能导致成批化合物的诞生。这样的分子或分子复合物具有生物的一个基本特点，即自我复制性能。无疑，许多这样的系统曾产生过，只是来不及稳定下来就夭折了，不过，某种系统一旦确立，就将耗尽可资利用的有机物去形成更多的同类，而阻止异种产物的出现。

以上，我浅显地概括了关于生命起源的机械论观点，虽然对细节还有争议，但当今相关领域的科学家们都很重视这些问题。有的人强调局部火山活动热效应的重要性，认为是热效应而不是辐射引起了化学动荡，从而催生了拟生命分子。有的人坚持认为凝聚体的形成至关重要，它是在水中特殊条件下形成的有机物小滴，超过一定大小时就分裂为二，与活体微生物很相似。还有的人宁愿假定这是超自然力所为。另有一种时下已不流行但并未消失的观点，即认为地球上的生物是由外层空间某处休眠的生命物质的播种所致。这种看法把问题转移到了外太空，却没有直接回答生命是如何起源的。为了回答这一问题，在本章中我将接受如下假设，即生物总是出现在稍咸的有水环境里，其中溶有各种有机物，而在岩石、黏土或砂粒的表面，一些有机物被浓缩了。大气中没有氧气，至于那些原始的有机体，虽然人们尚不知其尊容，但从化学角度看，它们的行为与微生物相似，即利用有机物来实现自身繁育。特别值得一提的是，它们跨出了进化过程的第一步：把可利用的物质耗光，使竞争对手不太可能出现。

它们和哪种微生物最相像呢？显然，厌氧菌同这些原始生物最像。通过分解有机物，它们能在缺乏空气的环境里生长，并从这些反应中获得生长所需的能量。对于微生物来说，现代厌氧菌的结构已十分复杂，我们几乎无法在它们中寻觅到最早生物的样子，但是，确实存在几种厌氧菌，它们能在模拟生命出现前的环境中应付自如。

一项重要的差别可能在于，这些原始微生物的合成能力或许很有限——组成其本体的就是为数不多的几个复杂分子，而它们用来繁育自身的，是几乎同样复杂的前体物质，后者可在“稀汤”中轻松获得。因此，它们只需进行很少的化学反应就足以复制自己了。一些人倾向于相信它们也不同于病毒，因为病毒的生长需要有完整的生命系统来支撑：它们给另一个有机体的酶编制程序，使之制造出更多的病毒，而不生产正常产物。病毒的生存依赖十分复杂的生化系统。

原始微生物缺乏这种系统，但它们有十分丰富的食物储备，至少在开始时是这样的。此外，它们经常遭受紫外线辐射，紫外线使许多分子都发生化学转变，原始微生物的组成分子也不例外。许多这类转变可致微生物于死地，使其丧失增殖能力。但是在成百上千万年的时间里，也许部分转变改变了微生物的化学成分，却未损害其自我繁殖能力。因此，在遗传上与其祖先有别的某种新有机体得以产生，并能以新的形式繁殖其自身。这个过程是“突变”最原始的面貌——生物遗传结构由于某些偶然事件而发生了改变，进而导致与亲代特征有别的子孙的产生。如各位读者所知，突变引起进化，因为如果有某种突变使一个突变体在某方面占优势，日久天长，那个品系就会生长过旺而将其祖先取而代之。就这样，依靠此类“自然选择”过程，千百万年的岁月里，本行星物种经历了我们称之为“进化”的缓慢转变。

我曾在第六章中谈及突变。在此我要提醒读者，对当今的微生物来说，紫外线是一种很有效的致突变因素。因此，如果原始微生物同今天的个体有亲缘关系的话，其突变率也会很高。

由于原始汤中生物的出现，复杂的有机分子从原始汤转移到原始有机体中，随之而来的情况是，任何能使有机体利用不太复杂的有机物生活的突变，都会使该突变体取得较其邻居们更巨大的优势。因此，这些原始的微生物面临着一种强烈的选择压力，它们必须提高自身的合成能力，于是生物学进化将朝越来越简单的营养需求方向进行，最终，第一批自养菌出现了。在此我要提醒读者，自养菌是指能完全利用无机物——硫、二氧化碳和氧（或阳光、二氧化碳和水）——来维持生长的微生物。

基于这样的进化图景，自养菌出现在异养菌之后的观点自然而然地产生了，不过此观点不常为人们所接受。60年前，大多数微生物学家倾向于把自养菌看成是最原始的生物，原因很简单：因为如今大部分微生物都是异养菌，而且现有微生物是有可能朝异养菌方向进化的。上述理由的后半句有相当的正确性，这一点我会在下文谈到，但是，把自养菌当成最原始生物的代表仍然是有困难的。道理很清楚：为了能用无机物来构建其机体，它们需要具备大量为其独有的酶类。无疑，自养菌出现于进化的早期，但最合乎逻辑的看法是，它们是从更原始的异养物种演变而来的。

现有的自养菌中，哪一种同最早期的自养菌相似呢？答案应该是厌氧菌，而借助日光把硫化物氧化成硫和硫酸盐的有色硫细菌理应是候选者。有些蓝细菌能进行厌氧性生长，若有硫化物存在，它们也能在日光下还原二氧化碳；还有一些细菌利用氢把硫酸盐还原成甲烷或醋酸；据报道，有种细菌能在把亚铁氧化为高铁时还原硝酸盐；其他一些细菌能用硫和硝酸盐去氧化氢。厌氧性自养菌的选择范围并不宽，我提到的某些种类不太像是候选者，因为虽然在其周围可能有丰富的硫和硫化物，但在当时的化学条件下，硝酸盐似乎并不多。

上述问题在1960年得到了回答。当时，科学家们发现了一些微生物，它们的营养类型似乎介于自养和异养之间。脱硫弧菌其中的一种，它是还原硫酸盐的细菌，能利用硫酸盐使氢氧化，形成水和硫化物：

$$CaSO_4 + 4H_2 \rightarrow CaS + 4H_2O$$

同时，它还利用此反应产生的能量去同化有机物。还有一种名为中间型硫杆菌的硫杆菌属硫黄细菌，它能使硫的氧化与有机物的同化偶联起来。也有证据表明，氢单胞菌这属氧化氢的细菌会使氢的氧化和同化作用偶联。某些进行光合作用的硫细菌无疑会通过光合作用去同化醋酸盐，此外，我刚刚谈过，当今微生物中，进行光合作用的硫细菌是代表原始自养菌的最佳候选者之一。

因此，虽然真正的自养可能在进化的早期阶段就演变出来了，但它似乎是在混养的营养方式之后产生的。混养的偶联作用通过无机反应产生能量，把简单的有机物同化进细胞内，以构建细胞成分。从这类同化作用到真正的自养（即同化二氧化碳）仅隔一短暂的进化阶段，而且在微生物中，两种营养方式间常有重叠。在同一属的细菌（如硫杆菌）中，进行其中一种过程或两种过程兼备的品种现在都存在。但自养作用的出现乃是进化过程中紧要的一步，因为它可以代替原始杂乱无章的光化学反应，为地球上有机物的积累提供一条最可靠的途径。虽然我所描述的部分自养菌较其原始祖先们能更有效地利用原始汤中的成分，但为了生存，它们还一直离不开光化学反应。与光化学反应所允许的有机物生成相比，它们并没有长得更快或更繁茂。真正的自养菌是第一种不依赖于天然有机合成作用的生物，而其中效率最高的，似乎是那些利用太阳辐射的物种：它们是绿色植物的厌氧前身。

让我就此打住，把上述图景所描绘的事实回顾一番吧。我眼前是一片汪洋世界，这些海洋一度相当清淡，但由于狂风暴雨从岩石、土丘和山上洗刷下了可溶性的盐类，它变得咸味十足。大气中没有氧气，但是阳光灿烂，紫外线强烈。紫外线和水蒸气之间的光化学反应可生成少许氧气，但后者迅速被其他化学反应耗光了。海洋中有相当数量的游离硫化氢，它们部分由微生物的作用生成，部分来自火山喷发物的溶解；海洋中还有原始微生物群体，它们进行着硫循环（把硫酸盐、硫和其他无机硫化合物还原成硫化物；然后把这些硫化物氧化成硫，再氧化成硫酸盐），并同化经光化学作用生成的有机物，以及由刚出现的自养微生物产生的有机物。能氧化铁和氢的微生物或许已经出现了，但以今日的眼光来看，它们的存在是不可思议的，因为当今与它们类似的微生物通常需要氧气和硝酸盐，而这些物质在当时可能很稀有。由于类似的理由，硫杆菌或许也难得一见，但是产生甲烷的微生物却可能很繁茂（虽然它们并非自养型），在氧化任何有机物的同时，它们会把二氧化碳还原成甲烷。同样，能够把二氧化碳还原成醋酸盐的有机物也相当丰富，它们可能会为前面所说的混养型的同化作用提供一种人所共知的物质——醋酸盐。

你会问我：这些有事实根据吗？请看下面这组实验吧，它正好针对这一问题。我曾提过，还原硫酸盐的细菌在硫酸盐还原期间会把硫的同位素分离出来，这点对于确定微生物中硫的沉积物的来源十分重要。当二氧化碳被自养生物（细菌和植物）吸收时，类似的同位素分离现象发生了。碳几乎全部由12倍于氢原子重量的原子组成，但它还含有少量稍微重一点的原子，后者是氢原子重量的13倍（还有第三种同位素，含量极少，在此不拟赘述）。同硫的情况一样，生物在摄取二氧化碳时也更偏向较轻的同位素，继之而来的同位素的轻度分离便能被检测和测量。沉积岩通常含有富集了一些较轻同位素的碳，这表明碳经历过生物学转化，而在20世纪90年代中期，人们用这类同位素分离法检测出格陵兰岛上的岩石年龄约为38亿岁。这暗示着某类自养生物在那时就已经存在了。同样地，在已知地质年代的矿物中，地球化学家对硫原子的分布进行了检测，所得证据清楚地表明，硫细菌的微生物作用可追溯到8亿年前，而某些样品中的硫分离作用则在20亿年前就已发生。

第二条证据来自对前寒武纪岩石的检测。20世纪50～60年代，许多科学家声称，在位于加拿大苏必利尔湖北部名为冈弗林特燧石的地层中，发现了类似蓝细菌痕迹的显微结构；最近，同类痕迹被发现于澳大利亚远至35亿年前形成的沉积岩里。

或许我应当在此补充说明如下：冈弗林特燧石的结构看起来也像是我在第二章中简要介绍过的嗜热屈挠杆菌。认为大多数原始微生物是嗜热微生物的观点是相当合乎逻辑的，因为我们这个行星最初的液态水应当是热的。但眼下，我需把对原始生命状态的推测搁置下来了。

古老岩石中看似细菌的显微痕迹或许很难作为证据来推测进化过程；科学家们在某些陨石里发现过类似结构，经证明并非来自生物。而同位素的分离作用似乎是可靠的，并提供了一些有说服力的论据。人们可以断言，早在38亿年前，某类自养性二氧化碳同化作用就已经发生了，而在20亿年前到8亿年前，微生物的硫代谢作用正频繁地发生着。为了使这个时间标尺更完善，顺便说一句，第一块确定的多细胞生物化石出现在约5亿岁的岩石中。在这段时间里，地球的大气是缺氧的，微生物是仅有的生物，其中占优势的就是当今硫细菌的远古祖先，而地球上的主要生化过程为硫循环。情况大致如此。

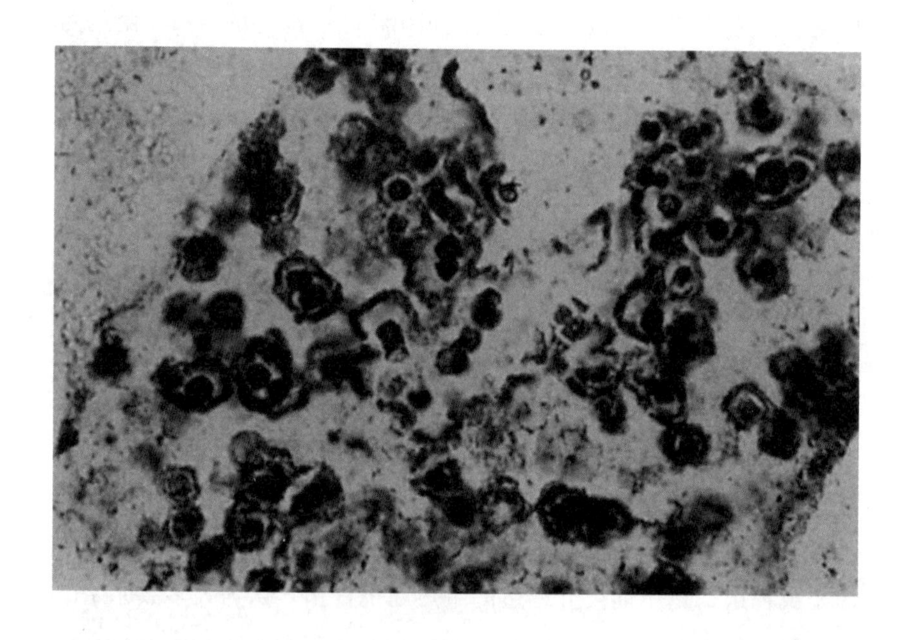

古代岩石中微生物化石的显微照片。图示为从加拿大安大略省冈弗林特燧石层采集的20亿年前岩石的超薄切片。球形物和丝状物与现代的蓝细菌相似。放大约150倍。[辛克莱·斯坦默斯（Sinclair Stammers）科学摄影实验室]

在完全没有氧气的8亿年前和有些氧气但不如今天这么多的5亿年前之间究竟发生过什么事呢?

现今的有色硫细菌含有叶绿素，这是植物中的绿色色素，对进行光合作用至关重要。人们可以用以下方程式粗略地描述光合作用的化学反应：

$$2H_2S + CO_2 \xrightarrow[\text{叶绿素}]{\text{太阳光}} 2S + [CH_2O] + H_2O$$

其中〔CH_2O〕代表碳水化合物，对于非化学家来说，这表示它们借助于太阳，由二氧化碳制造碳水化合物，同时分解硫化氢，生成硫和水。

现今有一属有色的非硫细菌，它们以有机物代替硫化氢进行光合作用。这类细菌仍然是厌氧的，至少在进行光合作用时是厌氧的。可以认为，它们从有机物中除去氢，并用后者还原二氧化碳。如果我在反应式中用H_2A代表一个有机分子，而细菌可以从中移走氢，则其光合作用可表述如下：

$$2H_2A + CO_2 \xrightarrow[\text{叶绿素}]{\text{太阳光}} 2A + [CH_2O] + H_2O$$

这种反应机制与硫细菌非常相像。

凭借事后聪明我们不难看出，或迟或早，有机体将发生更多的突变，使其无须再使用H_2S或H_2A，而是直接用H_2O就足以完成全部工作了。水则被分解而释放出氧气。

$$H_2O + CO_2 \xrightarrow[\text{叶绿素}]{\text{太阳光}} [CH_2O] + O_2$$

这个反应一旦蔓延开来，就会对整个地球的生态带来深刻的影响，因为硫化氢和氧气会发生反应。反应进行得很缓慢，但它们不能长期共存：硫和水总会生成。因此，能够由水生成氧气的微生物的出现，会对硫循环产生灾难性的影响。它会清除硫化氢，通过氧化作用耗尽硫化物，最终导致整个过程的结束。而该过程一旦停止，就意味着与其有关的机体停止繁育。其中大多数难免死亡，而幸存者也只能在有限的环境中苟且偷生，比如第一章中提到的硫的绝氧环境。这些环境情况特殊，得以保持缺氧状态。

这样，关于进行光合作用的自养菌的出现，我们就看到了一个的合乎逻辑的过程，这种细菌可以由水生成氧气，同时把二氧化碳转变为有机物。由于化学氧化反应，氨气和硫化氢等气体会缓慢地从大气中消失。氢气会不断地逸入宇宙空间，因为它太轻了，地球的质量还难以长期将其挽留。因此，氧气、氮气和二氧化碳——可能还有残留的甲烷——就成了大气家庭的成员。大部分残存的氨气会溶解到海洋中。对于原始的厌氧微生物来说，这种环境是很不如意的，但那些有办法利用氧气生活的物种倒是游刃有余。大气中的氧气会在大气外缘形成臭氧层，就像现在这样，臭氧层能屏蔽大量的紫外线，而后者与早期的光化学反应有关。因此，自然发生变得几乎不可能，有机体的平均突变率也降低了。这种状态对已经安居的生物来说却是有益的，突变虽然不经常出现，但总会出现；在这样的环境中，遗传特征变得更稳定，特定类型的物种将更长久地保持不变。你想必知道，此时出现了呼吸氧气的生物。但是你知道它们是如何出现的吗?

当今呼吸空气的有机体含有一组酶类，它们名为细胞色素。从化学角度看，它们与血液中的血红素有关。除了平常的氨基酸外，细胞色素还含有铁原子，这些原子同名为卟啉的特殊化学基团相连。正如古典学者猜测的那样，卟啉基团会使分子呈红色或紫色。细胞色素与呼吸时发生的同氧气的终末反应有关：它们进行可逆的氧化和还原反应，即铁原子会在亚铁和高铁状态之间来回转换，并通过某种迷人的过程（为免使我们分心，我不在此详述），使所有呼吸空气的有机体（从人到微生物）都能从这些反应变化中获得许多能量，供其生命过程所需。

进行发酵作用的厌氧微生物没有细胞色素。它们具有名为铁氧还蛋白的棕色含铁酶类，该酶能进行可逆的氧化和还原反应，但据目前所知，这并不能提供能量。为了有效地利用氧气，进化中的微生物或许需要发育铁卟啉系统，并将它和某种产生能量的过程相结合。据我们了解，它们曾经这样做过。但它们是如何做到的呢？下述事实很具启发性。那就是，在厌氧微生物中，至少有两个属含有细胞色素，它们是产生甲烷的细菌和还原硫酸盐的细菌。其他一些厌氧微生物（进行光合作用的硫细菌）也有细胞色素，但它们所特有的细胞色素似乎与光合作用有关（绿色植物的光合作用也涉及细胞色素），却与呼吸作用无缘。所以说，当今产生甲烷和还原硫酸盐的细菌也包含需氧微生物中常见的细胞色素，这意味着什么呢？试想一下，产生甲烷的细菌实际是在还原碳酸盐，这恰似于硫酸盐还原菌之还原硫酸盐。如果这两种细菌的祖先也含有细胞色素这类酶，那么，有机体从能还原碳酸盐和硫酸盐发展到能还原氧气，或许只需简单的一步进化。也就是说，同自养菌复杂合成能力的进化相比，那是再简单不过了。

一旦某些机体获得了把氧气还原成水的能力（假使进化确实朝这方向进行），它将发现一个新的世界正等待着它。地球上所有有游离氧存在而不再适宜厌氧菌生存的区域，都将向这些有机体及其后代敞开怀抱。事实上，呼吸空气的有机体很可能是由原始厌氧菌进化而来的，而另一个可能性很大的祖先，是含有细胞色素的进行光合作用的细菌。在第二章中我曾述及，某些行光合作用的细菌同蓝细菌有些关系。这些有机体具有许多共同的特点，在厌氧的光合细菌和需氧的蓝细菌之间，有一些边缘的物种似乎起着桥梁作用。某些蓝细菌兼有两种能力：它们既能靠空气生活，又可代谢硫化物。有些介于蓝细菌和普通绿藻之间的有机体则处于另一边缘。因此我们能够认为，在地球大气从还原型到氧化型转变的时期，一些物种进化出来，如果人们今天所认识的那些类型是这些物种的后代，那么，从进行光合作用的细菌到蓝细菌再到绿藻，一个轮廓鲜明的进化顺序就呈现了出来。这些事件使生物踏上了通往植物王国的进化道路。

对于这点，我应该警告一下。读完前文，你可能会理所当然地认为远古的蓝细菌、产甲烷细菌、硫细菌等和现存的细菌十分相像，但我确信它们是不一样的。自前寒武纪以来，本行星的环境已发生了翻天覆地的改变，而作为进化迅速且基因交换敏捷的一种生物，微生物必然已随之发生了改变和进化。例如，蓝细菌如今能靠光合作用裂解水、呼吸氧气和固氮。然而，于它们存在的头20亿年里，它们似乎大可不必做上述任何一件事：有硫化氢供它们裂解，氧气几乎不存在，氨这种固定氮也不缺乏。我提过的这种细菌在当今的代表只不过是个参照，以便人们想象那段时期发生的这类微生物过程。

一旦氧气被释放出来，耗氧的自养菌就会在我们这个行星上立足，当更为复杂的藻类和低等植物进一步出现时，微生物就会“发觉”生物圈又起了变化。充足的二氧化碳正被固定起来，因此，当自养有机体死亡后，就有丰富的有机物供微生物利用，对于自养特性的选择压力不再那么大了。从微生物的自身需要出发，丢掉那些特性反而更有利。微生物也确实这样做了。现今，实验室内处理的大多数细菌都非自养型，而且在某些属中，人们发现有的细菌对复杂营养的需求越来越高。在关于培养基的讨论中我曾谈到，某些细菌只需要少量简单的化合物就能生长，另一些则需要非常复杂的养料，还有的细菌离开了活组织就培养不出来了。卓越的法国科学家卢沃夫（A. Lwoff）教授对细菌学的早期贡献之一，就是发现一旦自养生物在地球上立足，微生物就会向丧失自养特性的方向进化。微生物（尤其是病原体）的生存越来越依赖于植物、动物和本事大些的微生物所积累的有机物。较高等有机体或其碎屑取代了原始汤，成了大多数微生物的栖息场所。自养作用或更高度发展的合成能力已不再具有进化上的优越性，因此，微生物在进化过程中逐渐丢掉了一些生化技能。

从依赖自养菌残体作为营养到种种更彻底的依赖类型，我们不难发现微生物在进化过程中一些功能的消失。土壤中存在一种名为蛭弧菌属的与细菌类似的微小物种，它靠有机物生存，一旦有机会就会感染真正的细菌并寄生在细菌中。还有一种微小的有机体叫柔膜体，它很像细菌，不过由于细胞中含有固醇，它也可能与原生动物和霉菌有亲缘关系，但它缺乏细菌细胞结构的刚性。另有一种大病毒，它具有十分复杂的蛋白质结构，但缺乏代谢酶类。所有这些生物构成了一系列越来越精细的寄生物，直到极小的病毒。病毒似乎仅由2~3个大分子组成，它们侵害更复杂有机体的遗传结构，从而使这些有机体的代谢发生改变，以便合成病毒自身。但是，只要缺乏生命物质，它们便什么也做不了。虽然人的直觉会自然而然地把这些化学上如此简单的小病毒看成是极其原始的生物，但事实上，它们很可能是某些有机体巧妙蜕变而成的碎片状后代，其复杂程度至少不亚于细菌。

病毒其实是非常完美的寄生者。有了宿主，它们才开始活动，使宿主去产生更多的病毒。温和噬菌体的寄生作用更为精妙，这类病毒寄生于细菌，除非宿主受到某种不利影响，否则它们不会给宿主细菌带来明显伤害。

因此，尽管缺乏具体的资料，对于最原始的生物怎样进化成与今日微生物类似的有机体，我们还是可以做一下类推。间接的证据表明，硫细菌（尤其是还原硫酸盐的细菌）是十分关键的，但或许这只是因为一个可以追溯的硬指标——硫同位素的分离作用——涉及这类细菌。即便在早期生物圈中硫细菌的明显优势纯属意外，但以下这点还是确定无疑的，那就是由于微生物的活动，约5亿年前，地球的大气发生了变化，在此阶段中，我们当今所知的呼吸空气的物种（人类也属此范畴）得以发展起来。呼吸空气的生物在地球上繁衍生息，但它们的生存并不是一帆风顺的。即使在今天，我们也可以见到由自然污染引起的灾难性后果，例如，鲸湾港曾不知不觉地被疯长的硫细菌所控制。所幸那些爆发转瞬即逝，而令人吃惊的是，受牵连的细菌在对其不利的环境中居然还能顺利存活。硫酸盐还原菌之所以能在整个地质学年代中持久存在，无疑是因为它们能在令现今大多数物种致死的环境中活得非常好。成功的进化类型不仅出现了适应环境的特征，而且还对环境进行改造以适应其自身。

读者可能会反思：不仅是对微生物，上述这点对人来说也是真理。那么，人类算得上是成功的物种吗?

在第六章中，我讨论过能自我传递的质粒和属于染色体的Hfr基因，两者均编码使细菌接合的遗传信息，并在个体间传递遗传物质。我曾指出，这种基因转移是一种很原始的性行为。事实上，它或许是高等有机体有性生殖进化的前身。Hfr菌株中的雄性遗传因子与刚才提到的温和噬菌体其实有许多共同的特点。Hfr菌株细菌所具有的DNA会随其余遗传物质掺入染色体中，但它可把自己切除下来再转移给新的宿主。某些温和噬菌体能做同样的事。这些事实导致了对性别进化的一个有趣的推想：如果细菌的性别发端于对细菌病毒的转移机制，那么在高等生物中，性别的起源也与此相似吗？从进化的意义上说，难道它只是一个退化机制，用来转移那些曾为寄生者的物质吗?

我还谈起过目前已知的微生物基因传递的3种主要方法，即接合、转导和转化。如我在该章中所述，转导作用指的是用供体的噬菌体感染受体细胞，把前一宿主的某些遗传特征带入新的个体中。一般说来，由噬菌体辅佐传递的信息存在于相当小的DNA片段上，而接合作用或转化作用则可引起大段DNA的转移。一个质粒能够把100个左右的基因从一个宿主传递给另一个，而如果所有这些信息都能被表达出来，那么该受体几乎变成了一个新的微生物物种。

上述事实使我注意到微生物进化的一个重要原理。由于分子生物学的发展，该原理逐渐为人所知，并对我至今所提到过的所有进化观点产生影响。人们一度认为质粒很罕见，现在却知道它普遍存在于各种微生物中。它无须自我传递就可以被转移给新的宿主。人们能够在实验室中提取质粒并用以转化细菌。噬菌体在细菌染色体上跳进跳出，有时在细胞质中形成类似质粒的小体，辅助基因和DNA的传递，并且能从前一宿主中切取DNA。在质粒中发现的某些基因可以在其质粒间自我传递，如对青霉素和卡那霉素等抗生素表现抗性的基因。这些移动的基因叫作转座子。它们也能进入染色体，从而引起邻近其插入处染色体基因的误读和删除，这一特性对现代分子遗传学大有裨益。此外，分子遗传学家们要用到两种酶，即限制性内切酶和DNA连接酶，这些酶来自十分普通的细菌，后者使用这些酶的目的与科学家们基本相同，即切断和重组DNA。重要的一点是，微生物学家和微生物遗传学家目前在实验室中所进行的基因混搭，突变体的制造和分离，质粒、噬菌体和新品种的组建，在自然界已进行了千百万年。有人认为，人、长颈鹿、树木、青蛙等物种均具有十分稳固的遗传学背景。从整个宏观生物学的角度来看，情况确实如此，但对微生物来说（更精确些说，是对包括多数微生物在内的原核生物来说），情况并非如此。据今所知，细菌遗传的多样性是令人吃惊的，为满足进化和适应环境的需求，它们能在很大范围内改变其遗传信息——40年前人们对此还难以置信。因此，在微生物的进化过程中，各种形式都可能出现、消失、再出现，如此反复多次。在讨论进化问题时，我之所以只涉及特征而未关注物种，原因就在于此。对于硫酸盐还原、光合作用或甲烷生成等微生物学过程的年代和进化关系，你应当有所了解，而且你应当更加清楚，现在进行这些过程的细菌也许不是（几乎也不可能是）从几十亿年前干这类事的细菌那里直接遗传下来的。

在结束这一话题前，我最后再谈一点。从事分子遗传学开发工作的生物工程学家们，现已成功地把动物（包括人）和植物的基因克隆到细菌中。在生物圈的历史中，这类事件是第一次发生吗？请稍微思索一下，我肯定读者会同意我的看法，即回答是响亮的“不”！动物或植物死亡后会被细菌分解，而这些细菌本身也有生有死、受噬菌体感染、放出质粒和DNA原料等。因此，死亡动植物为基因的切割、连接和转化——这也是生物工程学家们的日常操作——提供了绝佳的环境。恰如病毒病之发端在于原核基因转移进了我们自身的遗传物质，我确信自人类出现以来，我们和其他真核生物也一直在把我们的遗传物质传递给微生物。这对微生物用处大吗？我看未必，但谁真能知道呢？同样，在我们现有的全部遗传物质中，有多少是近来从微生物中收集到的呢？总有一些使人迷惑的进化问题有待于现代分子遗传学家去回答，而这些问题本身，又为我们今后通过谨慎的操作去改良遗传物质（甚至是人的遗传物质）扬起了遐想的风帆。

靠增添遗传信息来实现进化，故而使进化成为一个不连续的跃进过程——对于这点，微生物学家们现已了如指掌。不过据我所知，宏观生物学家们则不然，他们对此还心存抵触。从获得一段外来的基因，到培育出完整的有机体，两者之间不过一步之遥。微生物（尤其是共生性微生物）同较高等生物的结合，可能发展成密切的相互依赖关系，以致两个个体基本上变成了单个有机体。某些权威人士认为，一些原生动物的光合作用器官——叶绿体乃是与其共生过的蓝细菌的遗迹。举个例子，我在第二章中所介绍的原生动物眼虫藻就是一种介于动植物之间的单细胞微小动物。它像植物那样具有叶绿体，并能按其所需进行光合作用，但也可如动物般同化现成的食物。若将其培养于暗处，它将会失去叶绿体，经几代之后，其后裔将完全丧失叶绿体而呈现地道的动物形象，恢复光照并不能使其重新产生叶绿体。它们变得与名为眼虫的另一物种类似。20世纪40年代，科学家们曾把眼虫藻向假变胞藻的转变视为动物进化的典范：由于能运动的藻类具有活动能力，它们或许能轻松地找到现成的有机物并同化之，这可比自己制造有机物效率更高，于是它们对仍是自养型的物种变得十分依赖。其中有些甚至完全失去叶绿体而变成了原生动物。多样化随之而来，这类细胞的复杂群体——多细胞动物就出现了，动物的进化因而得以进行。多美妙的情节啊！然而，相反的故事似乎包含更多的真理。一个类似原生动物的机体可能摄入了一个蓝细菌，却并不消化它，只将其作为体内的共生物随宿主一起繁殖。该宿主发现这样挺不错，于是就放弃觅食，全靠共生物过活，因此植物的祖先得以诞生。有相当充分的证据表明，高等植物的叶绿体源于原始细胞内共生的蓝细菌，其事实依据是从植物的遗传器官以外可以分离出叶绿体的DNA，它有不同于细菌DNA的独特阅读方式。真核细胞的另一种器官线粒体，也有自身的DNA，后者的碱基顺序表明，它是由与现今立克次氏体有关的某种共生菌进化而来的。这种过程的一个典型就是原生动物盾长蝽短膜虫，它的细胞质中含有能提供营养的共生菌。看样子微生物不仅决定了地球生物圈中动植物出现的时期，而且对动植物细胞的内部解剖结构也有所贡献。

基于上述理由，细菌的系统分类非常困难。但是，这又引出另一个问题。如果原核生物的大多数遗传特性是可交换的，那究竟有没有保持稳定的特征？有没有哪些基因是我们可以确信地指着它们说“这就是某某微生物稳定的遗传背景”的呢？回答是似乎有。

一切生物均可合成它们自己，这就意味着它们必须制造蛋白质。在第六章中我曾简略地提到过，核糖体是生物用以生产蛋白质的机器，其结构由基因决定，而在有机体之间，它们的差异确实很小。原因十分简单，即所有生物制造蛋白质的方式几乎都是相同的。核糖体含有一种名为r-RNA的特殊核糖核酸，对50多种细菌核糖体的r-RNA所做的化学组成分析提供了一批资料，似乎具有说明进化的意义。按照与r-RNA的远近关系，我们能够把各物种排列起来，形成一套家谱；细菌学家们早期曾以不太充分的科学资料为依据，得出了细菌间的进化关系，而该进化关系与上述家谱大略相符。从微生物学角度排出的简单版本的r-RNA家谱请见下页草图。该系统发育图不仅将早期的一些观点和偏见做出相应的证实或推翻，还提供了一些令人难忘的新见解。下面介绍3个实例。

第一，约一个世纪以来，细菌学家们一直用原理不明的“革兰氏染色”反应将细菌分为两大类，而该反应现在已被证明系有根据的试验：按编目，革兰氏阳性菌的r-RNA组成属于与革兰氏阴性菌有别的另一分支。

第二，我在几段文字之前提到过一个观点也已得到满意的证实，即高等植物的叶绿体是由植物细胞前身体内的共生蓝细菌进化而来的。植物叶绿体的r-RNA的确与蓝细菌的r-RNA密切有关。但在我画的微生物家谱中，我没有把这一内容包括在内。

第三，第3大类生物（古生菌）的发现或许是最惊人的新成果。我在第二章中曾介绍过该类微生物，之后又不时提及。在对越来越多的细菌r-RNA样品进行检测之后，我们可以清楚地发现，细菌可以分成两类，但两者似乎毫不相关。一类是“平常的”细菌，在医学上、土壤里和水中最常见到；另一类是不常见的细菌群体，其中包括能生成甲烷的严格厌氧菌（产甲烷细菌——本章已经多次提到）、可在温泉这样又热酸性又强的条件下生长的某些硫细菌（嗜热嗜酸菌），以及栖息于诸如盐池这般浓盐环境的细菌（嗜盐

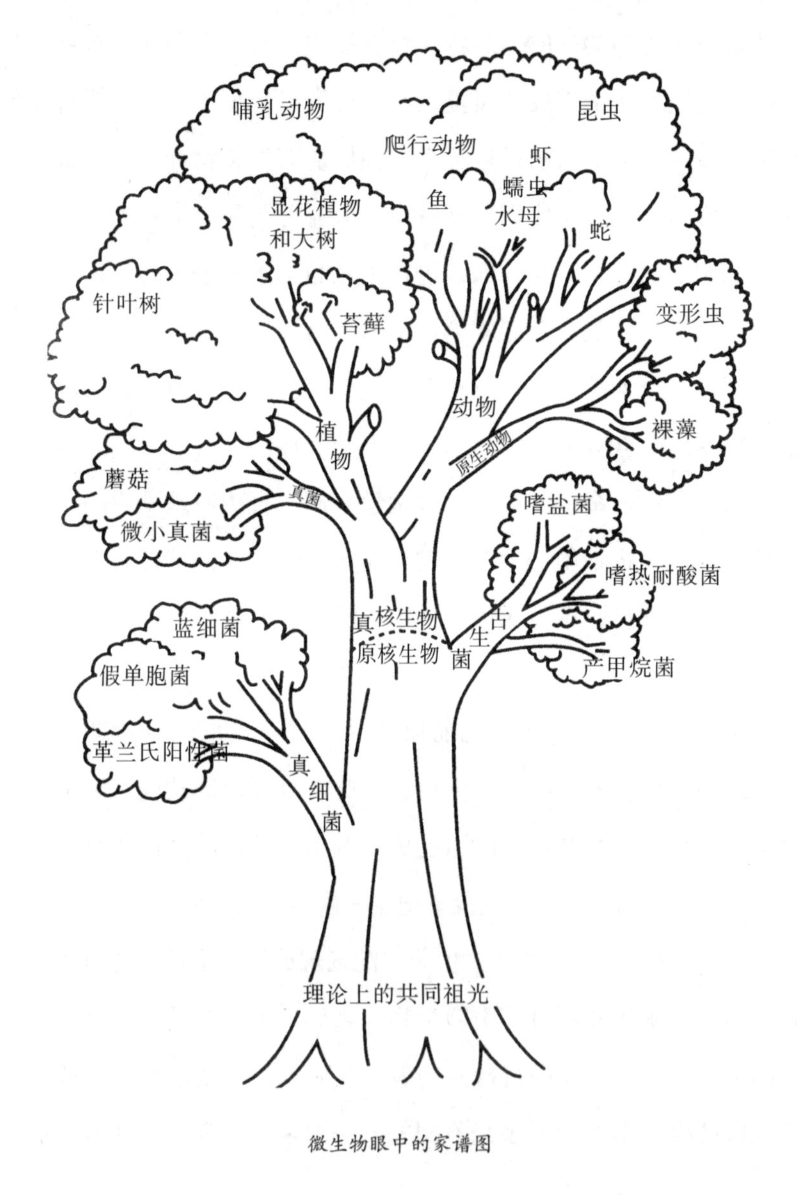

微生物眼中的家谱图

菌）。其实，这些不常见的物种所呈现的生化特点与普通细菌大不相同——它们具有独特的酶类和细胞壁，在嗜盐菌中甚至存在一种特殊的光合作用——所以发现它们r-RNA的特殊性就不足为奇了。对于这类新发现的微生物群体，与其说它们像平常的细菌（真细菌）或真核生物（原生动物、植物、动物等），倒不如说它们互相之间更为相像。它们被命名为古生菌，理由我马上就会谈及。因此，r-RNA的资料揭示，所有生物可被非常明确地分为3类，这比我在第二章中提到的五界分类的更高级。为了把这3个类群与五界的界别（前者当然是能涵盖后者的）相区分，它们的发现者将其称为“域”，而它们的正式名称是古核（前称古生菌）域、真核（前称真核生物）域和细菌（前称真细菌）域。人们把域看作是系统进化树的3大分枝，而树的根部有的是更原始的祖先，后者已不再被列入生物范畴。

以上真知灼见都是在发现古生菌这一微生物群体之后得出的，之所以叫古生菌，是因为微生物进化论者认为它们是真细菌和真核微生物的祖先。但是，由于r-RNA种类的扩展、完善以及与其他生化特点的联合，我们似乎可以得出这样的结论，即细菌域就是最古老生物的代表。这是一个正在迅速发展的研究领域，其中不断有新的问题涌现。这3个域的共同祖先是由细胞构成的生物吗？（或许不是。）古核域会因其成员明显的多样性而进一步被归类或干脆分成亚域吗？（目前一致的意见是保持其单域的称谓。）高等真核生物中的一些细胞器显然来源于细菌；那么真核的细胞本身来自古核的细胞吗？（有可能；是的，我们自身或许就是拥有共生体的复杂古核生物，而这些共生体曾是我们细胞中的细菌。）让我们展开遐想的翅膀，在这迷人的无限空间里自由飞翔吧！

然而，对学生和非专家们来说，这些名称的改变确实挺伤脑筋的，而且未必不会再有新的变化。目前，在接受“域”这一定义并兴奋于它给分类学带来的革新的同时，许多微生物学家还是觉得在教学、写作和讨论中沿袭原核微生物、古生菌及真细菌这类老术语（就像我在本书中所为）更有用。

你也许会问，病毒的位置又在哪儿呢？它们的确由DNA（有时是RNA）组成，也肯定有所进化。但它们既没有核糖体，也没有别的长期遗传稳定之物；实际上，病毒带来的医学问题往往是由它们迅速突变的能力引起的，而它们的基因组也会发生改变。许多病毒还从它们的宿主那儿获取DNA。病毒的DNA或RNA分析常被成功地用于确定病毒株间的进化关系，但它们的来源及与其他有机体间的关系仍旧是个谜。

核糖体RNA可能是当今细菌内相对稳定的基本结构，我们可由它推断细菌的进化关系。但是，我早已强调过，遗传灵活性其实更具重要地位。由于遗传性的改变，细菌自身得以适应变化多端的环境条件（前面已讨论过），这就是它们能够顺利度过整个地质年代而存留至今的一个原因。上述事实表明，生物具有内在的易变性。尽管地球上的很多居民是生活在温和环境中的需氧生物，但这只是进化中的一种特殊情况而已。还原硫酸盐和硝酸盐的厌氧细菌的出现清楚地表明，氧气对于生命和进化来说并非先决条件。本行星上的水接近中性，既不特别酸也不特别碱，但硫杆菌及其他相应的耐酸菌的存在告诉我们，生命可能在酸性相当强的星球上繁衍和进化过。现在地球上淡水和微咸的水含量极其丰富，但嗜盐菌的存在表明，水曾经是很匮乏的，在那时为数不多的海洋和湖泊中，水的含盐量很高，生物需想办法去应付这些环境。嗜压菌暗示我们，高压未必是生命的障碍。嗜冷菌则说明，长期处于接近冰点的温度环境也是没问题的。孢子的形成表明，像某些沙漠植物那样，生命在某段时期适应了相当炎热而干燥的气候。嗜热菌告诉我们，生命在超过90℃的温度条件下也能成长。它们可适应的温度上限可被设定为美国黄石公园的水的沸点。在高压条件下，水要在很高的温度下才会沸腾，而微生物却能在这样的条件下生长。因此，对于地球的生物类型来说，只要液态水供应不断，生命的温度上限似乎就不存在。

那么，相比于地球生命所具有的全部生物化学特性，普通动植物类群的能力真的非常有限。约5亿年前，我们所共有的生化特性占了上风，而如今，只有在微生物中才能找到这些原始祖先的影子。但是这样一来，我们的疑问就更多了。以碳为基础的生命在宇宙中别的地方会怎样生活呢？在火星干燥寒冷的荒野下能找到喜盐的嗜冷菌吗？金星上有固定二氧化碳的喜酸的嗜热菌吗？或者，在木星的卫星欧罗巴的冰冷糊状物中会有厌氧的异常微生物吗？相对论者似乎会让我们相信人类永无可能去星际旅行，如果真是这样，我们总归还能期望，有朝一日我们能从太阳系某个遥远的厌氧栖息地，接收到进行硫酸盐还原代谢的智慧生物发来的电视图像吧？在本章的开头我曾告诫诸位，文中内容许多是推理性的。看来，现在我该摆脱不着边际的推想，开始新的一章了。

第十一章 微生物与未来

Chapter 11 Microbes and Man

我可以非常确定地告诉读者们：若非出现某种宇宙灾变（比如太阳变成了新星），我们这个行星中的微生物总有它们的未来。许多动物可就没这么幸运了。举例来说，山地大猩猩和倭黑猩猩存活在世的日子可能已经屈指可数了。虽然我们一直在限制偷猎狩猎，但当战争和内乱导致全民渴求“野味儿”时，法规就成了废纸。同样地，犀牛、穿山甲、鹗以及至少150种其他大型动物和鸟类，都注定要从这个星球上消失，除非把它们看管于动物园中或野生动物保护区里。只有海豚因人类活动而减少的状况得到了改善，虽然好景不长，但这也为它们赢得了充分的国际关注。由于人类对地球上更边远地区的开发和改造，大量鲜为人知的动植物物种可能都会灭绝——除了生物学家，没有人注意到这点。环境学家保罗·R.埃里希（Paul R. Ehrlich）曾经断言，已知植物物种中，已经有1/10受到了威胁。但事情往往就是这样：整个生物进化过程中，自然选择使物种有生有灭。只不过人类歪曲了这一过程，近几个世纪尤甚。人工选择倒是使狗和芸薹属植物展现出了惊人的多样性，这难道是人类对大自然的一种补偿吗？积极点说，如果能找到某物种的DNA样本，我们倒是可能通过基因操作复原已经绝灭的物种。自然，这还有待于科学技术的不断进步。

对人类自身来说，未来也是悬而未决的。有知识的人都知道，在20世纪行将结束之际，原子武器展现出了无比强大的破坏力，而这是连20世纪50年代天马行空的科幻小说家们也未曾想象到的。军事家们相信它会给多达上千平方千米的区域带来严重的破坏和放射性沾染。如此一来，平日所见的生物都难免一死。战争技术足以使地球上所有的动植物灭绝，为此需要多少核武器是很容易计算的，相关数据已有公布。

即便在这样的环境中，微生物照样能存活，因为污秽、疾病和死亡的条件正适合它们繁衍。即使整个地球表面都带有高剂量的放射性物质，能置一切高等生物于死地，就像科幻故事结尾时所描绘的那样，微生物也能存活和进化。例如，耐辐射微球菌就对辐射有高度抗性，它们对γ-射线的耐受性为普通细胞的几百倍，其他的微生物也能忍耐相当强的辐射。它们似乎能有效地修复辐射所引起的损伤，这是微生物适应性的有力证据。所以，要达到足以使微生物从地球上消失的放射剂量，所需原子弹数量之多，使人难以置信。

自然，眼下我们很难想象哪个国家会如此愚蠢地做出这种事。反核武器的斗士们和科学家们已经告诫大众及政治领袖们，若不限制核武器的使用，地球生物圈中所有肉眼可见的生物都将遭遇灭顶之灾。今天，大多数政治领袖们把核战争视为一种威慑方式，而不是要付诸实际的行动，而其军事顾问们则从局限的或战略的角度来思考核战争问题。虽然核威胁的强度时增时减，一些宗教或民族主义狂热者们也迫不及待地想要得到这些上帝赐予的神奇武器，但说句公道话，1970～1990年这20年间，发生全球性灾难的势头还是有所收敛的。有心人应该都知道这是为什么：因为在造成主要威胁的那些国家里，生活水平得到了提高。人性就是这样，贪生势必怕死。

此处不是争论核武器的地方。我认为，核战争或常规战争的威胁并非问题的根本所在。因为比起对原子弹的控制，人类对微生物的控制给其未来造成的威胁更大。我的理由与遭人唾弃的生物战没有丝毫联系。现在来解释一下。由于对疾病的控制和预防，文明社会延长了人类自身的寿命，提高了生育潜能并减少了婴儿和儿童的死亡率。此外，这些医学手段还被妥善地带到了落后的和不发达的国家。因此，我们面临了人口爆炸。芝加哥大学的豪泽（P. M. Hauser）教授对此种效应做了如下简单的计算：如果世界人口按现有的速率增长下去，到2600年前后，地球的陆地（包括南北极、沙漠和山脉）每平方米将分布9个人。自然，这类计算仅属茶余饭后之谈，缺乏实际意义，因为它不会发生。但这种计算中包含了如下的重要信息：即便现有控制生育的计划都能顺利进行，世界人口（假设地球上没有重大意外灾难出现）也将在21世纪的头几十年间翻一番。下面列举几个真实的数字：世界人口在20世纪初为15亿，至1990年底越过50亿，而2020年前后将接近80亿。我为何能如此断言？理由十分简单。人口调查为世界上大多数国家所采用，虽然深究细节它们可能并不精确，但不至于有太大的出入。这样，人口统计学家只需检视这些数字就可发现，大约1／3的世界人口处于生育年龄以下。这些孩子将长大、结婚并生育新的后代，其中有许多在他们的双亲或祖父母去世前就会生育。人们之所以能够对以后一代或两代的人口增长趋势做出相当确定的估算，原因就在于此。再往后情况就不清楚了。总之，向后再推25年，该模型都是可靠的。在更远的将来，世界人口的官方估计数字就完全不像20世纪70～80年代估计的那样增长迅猛，这主要是因为许多国家的政府、国际机构及慈善团体已得知此信息并加以注意。虽然有一些令人悲哀的例外，但在大多数国家中，施行教育和采用避孕措施，加之一定程度的妇女解放，都使人口控制见到了成效，因此，虽然地球人口还在使人忧虑地增加，但在20世纪90年代，其增长率已开始下降。不过，人口数还是多得惊人，若各处人口调查都超过百万，或总增长率下降不多，那么在今后几十年里，情况就不会发生重大的改变。人口过剩已经是有目共睹的事，在将来，估计情况会更严重。

人口爆炸的背后，是先进的医疗、卫生、保健措施，以及充足的营养和食品；在所有人口过剩的地区，微生物学都做出了举足轻重的巨大贡献。人口爆炸要紧吗？许多人似乎不这么认为，特别是那些坚持政治或宗教信仰的大众，他们甚至鼓励多生；但我完全确信，这是对社会的主要威胁。它威胁着各种各样的社会：资本主义的、共产主义的、天主教的、伊斯兰教的、游牧的、部落的以及任何其他的社会，但这一道理却未被许多仁爱者和慈善组织所理解。20世纪60年代就有几十亿人口忍饥挨饿，而在20世纪80年代，东非出现了可怕的饥荒。尽管欧洲向来农产品过剩，但放眼全世界，在当今世界近60亿人口中，按临床判断有1／10的人口处于营养不良状态，而其中又有1／10将要（或已经）死于饥饿或营养不良。至今我依然接受农学家的观点，即这并不是农业技术问题。这是政治问题，即分配问题。我们目前掌握着充足的技术，包括化肥的使用、灌溉、集约化的耕作、杂草和植物病害的控制、微生物技术（如生物固氮）的开发、动物废料的混合施用和再循环，以及粮食的防虫和保质等，这些技术使世界农业用地能够维持现有人口两倍的成员生存，并使其保持较高的营养水平。印度就是个很好的例子。20世纪中叶，为了克服饥荒和营养不良的困扰，印度加快了农业生产的步伐，使之超过了人口增长的速度，结果于1980年，它变成了粮食净出口国。就现有的农业技术水平而言，改善世界营养状况和养活众多未来人口不是件难事。只是这一切都有待官方付诸实施。

可惜的是，我不能指挥官方做出决定。

我同意大多数经济预言家们的如下观点，即能量和原料的短缺（这类问题我在第六章的开头曾颇为详细地讨论过）至少在两个世纪内不会出现，而一旦核聚变反应堆建立起来，这类问题永远都不会出现。但是，我也同意环境学家们的看法：全球变暖、酸雨、臭氧层空洞、烟雾及大气污染、海洋污染、杀虫剂残毒、饮水的严重污染等种种突出问题都是人口过剩所致，而且情况还在不断恶化。自然，这些问题中的大多数都可以被补救，而且补救措施还算简单易行——至少从理论上看是这样的。我们已经采取了为数不多的措施，但所取得的进展还不能使我们下决心将其全面推进。

即使人类好不容易克服了人口爆炸所造成的生理威胁和环境威

胁，还有一个未曾讨论过的危险亟待我们解决。对于这种危险，许多生物学家并不陌生，但微生物学家就未必知情了。事实表明，任何物种的过度繁衍都会在哺乳动物中引发冲突。在人类社会，这将引发神经质的、失去理性的犯罪行为，而且人越多，社交上的越轨行为就越频繁。当然，人类也不乏厚道、利他和仁慈者，但究竟是圣人还是歹徒对社会的破坏性更大呢？简而言之，不论在何种社会里，人口膨胀都会使社会越轨行为增多，并因此增加社会的不稳定因素。在当今西方国家，此等现象甚为猖獗，主要表现形式为街头犯罪、暴力和恶意破坏行为；而在社区层面和其他社会里，它则以政治或宗教的极端主义和恐怖主义的面目出现。民族主义、恐怖主义、种族主义、原教旨主义和极端主义均属20世纪的社会病。人口拥挤和资源竞争是它们滋生的温床，而那些存心使这些问题从局部威胁升级为国际灾难的蛊惑家们却空前多起来。有识之士对于这些想必都不陌生，抱歉，我又离题太远了，在这里我想说的是，当神经质的、非理性的犯罪行为走向极端时，战争就在所难免。很大程度上，我们所面临的这些威胁，恰恰来自于我们对致病微生物的良好控制。

那么出路在那里呢？我们当然不能像某些人所想的那样故意重新传播疾病，即进行某种有控制的生物战。任何有人性的人也不会因为害怕人口增长过快而限制公众的医疗保障。显而易见，我们必须减少人口的出生，增加粮食和消耗品的生产。只要某些宗教教义和政治信条不加以制止，但凡有思想的人都会同意这种观点。这意味着提倡避孕，杜绝教条，生产更多食物和文明生活用品，减少武器的制造。这些都是挺容易做到的吧？请再次原谅本人不提供解决此类问题的具体办法。

上述对未来的态度或许略显悲观，但我至少可以打消人们对微生物这一本领高强的生物所存有的偏见。那么微生物（或应用微生物学）究竟对我们有什么贡献呢?

我已经说过，青霉素是人类最先发现的抗生素，而且是最好用的抗生素。我讨论过耐药菌株带来的问题，人们可以确信的一点是，更多的耐抗生素菌株将会出现，但它们会被新发现的或改良的抗生素所控制。一般说来，当现有的病原被消灭时，新的疾病又会出现，这种现象人们一定不陌生。尽管细菌性疾病屡屡挫败我们，比如20世纪70年代令人始料未及的军团病，尽管一些为人熟知的病原菌获得了抗药性，但是在当今文明社会中，细菌性疾患一般是可控的，真正难治的病症常由病毒引起。有一类被归类为癌症的疾病，它们没有明确的微生物病原（只有一两种确定由病毒所致），但病情发展情况与某些病毒感染有许多相同之处。而有时病情得到缓解，似乎与免疫力和抗体生成有关。因此，对病毒感染和免疫过程的进一步了解，可能会使医疗实践取得长足的进展。

在第六章的末尾，我曾对生物工程和分子遗传学做出展望，其中与实际应用关系最密切的莫过于医学领域了。例如，遗传缺陷可能会得到控制，而通过克隆人（或动物）的基因来生产干扰素和血凝控制因子等物质这一操作，可能使医学的部分领域发生变革。社会医学（尤其是卫生学）将取得进展，但是一个完全卫生的社会将对最普通的感染丧失免疫力，临床微生物学家则必须高度警惕，以防那些几乎被忘却的疾病重新流行。

现在，让我们讨论一下生产问题。当前，用微生物来生产酒精和工业溶剂等化学品的做法已经过时了。微生物通常仅被用来廉价地生产那些太难进行大规模工业合成的物质。但是，在生产较昂贵物质的生产之中，它们的作用大大凸显出来。它们被用于生产类固醇，说得准确些，工业化学家把它们当成化学试剂来使用（参见第六章）。以类固醇做内用避孕剂颇有因果报应的意味。正是因为微生物受到抗菌药物的压制，人口才会增长，内用避孕剂才成为社会的紧迫之需，而现在我们又得求助于微生物，幸亏它们不计前嫌，反倒对类固醇的生产鼎力相助。

人类最需要的化学混合物是食物。许多世纪以来，人们一直认为食物生产并非合成化学家的职责。无疑，运用微生物的腌制或发酵工艺将会有所发展，但这些都是次要的，如果不出所料，微生物最重要的价值是将其本身作为大宗食物供应。此前我已触及这方面的问题：与一般的农业相比，小球藻等农作物的生产不受天气影响，所需的空间也少得多。如果试点实验的生产是有参考价值的，那么22平方米的培养面积所供应的蛋白质就能满足一个5～6口之家所需了。食用酵母和产自甲烷的细菌食品同样可能付诸应用，它们会使废料变成美味的营养品。20世纪70年代，美国开发了一种用肉类下脚料（在现代屠宰场里，约3／4的物料都被扔掉了）来培育蘑菇菌丝体的工艺，但我不知道结果如何。产品能做蘑菇汤吧？据说它很有营养，味道也不错。在评价这类食品时，味道和适口性是头等重要的，因为如果营养食品令人厌恶，那它就毫无价值可言了。实际上，生产风味食品和强化食品的技术现已大有发展，当前主要的问题，就是怎样巧妙地应用这些技术来改进食品的质量，而不是像以往那样欺骗消费者。

毫无疑问，人们要改变饮食习惯以适应技术的发展。在我一生中，英国饮食结构的变化是惊人的：从一块烤肉两盘菜，到斯干比虾和普罗旺斯杂烩[①]。从我儿时起，酵母提取物已经是我和家人每日膳食的一部分，每日早餐似乎都有它和橘子果酱等相伴——这是许多英国家庭的真实写照。60年前，吃酵母提取物曾是素食主义者和食品猎奇家的一种反常习惯，而这在刚进入20世纪时还是未有所闻的。无疑，小球藻面包和产甲烷细菌汉堡有朝一日会被人们视为当然的可口食品，那时的人们或许会感到困惑，他们的祖先们何以野蛮到要饲养并宰杀家畜来取得肉食。

精神药物的出现恐怕是近几十年来制药业最有意义的成果，然而，公众对此并未完全认可。这些药物是镇静剂、抗抑郁剂和致幻剂，它们使临床精神病学得以革新。据说，文明社会中1／3的人患有神经官能症。这种状况的出现有一定的客观依据。一旦生活变得越来越舒适，我们就会对周围事物表现出多种使人苦恼和不合逻辑的反应，当生活变得复杂、紧张和忙碌时，这些反应还会恶化。当然，我们得明白，纯真的野蛮人、快活的流浪者和健壮的农夫同样会患神经官能症、焦虑症和强迫性神经症。这类病症既不新鲜，也非现代文明的特有产物，许多世纪以来，人们已对它们司空见惯，近几十年来的主要进展是人们可以识别并治疗它们。滥用药物是最骇人且最具破坏性的社会弊端。由于陷此泥潭者日趋年轻，对其进行控制的难度也越来越大。用药者给药方式粗鲁且具有自毁倾向，这提醒人们要好好把握自己。从心理上说，几千年的蒙昧状态给我们遗留了一些天性，例如攻击性、恐惧性和群居性，这导致了战

① 法国南部一种菜肴——译者注。

争、种族暴乱、体罚儿童、谋杀、宗教狂热以及其他我曾抨击过的社会弊病的出现。人们或许很快就发现这些反应的荒谬了，但对它们的控制却力不从心。最初，制药业开发了能够减轻甚至控制心理杂念的药物，其中有一些来自微生物，它们是真菌的衍生物。随着人们对它们的组成和作用有了更深入的了解，微生物学工艺可能就会在相应药物的大规模生产当中得到应用。其中最简单的药物镇静剂就已经派上了大用场，它使千百万在病痛中挣扎的公民从完全不必要的苦难中解脱出来；如果人们能利用（而非滥用）类似的物质使社会结构和行为变得合理，那么微生物还会再次为人类健康做出卓越的贡献。

“而非滥用”，我再强调一遍。麦角酸衍生物已被推荐为化学战的武器，因为受其作用后，敌人将变得抑郁或内向而无心恋战。它们是有效的。同样地，安宁药（镇静剂的衍生物）能使敌人觉得太平无事而放弃战斗。这类武器无疑使战争人性化，但是拥有如此强大威力的战胜者会是什么样的心态呢？这着实令人担忧。也许相比之下还是老式的原子弹更可取吧？要不用毒性很强的微生物发动生物战？对此我不发表意见，只想再次强调，科技成果总是被人滥用。

现在大家先静下心来，让我再就本星球经济的现实方面发表一些看法。固氮细菌给每公顷土地带来了20～180千克氮气，而目前，这一数字还远远不够我们使用。全世界已有1／3的地区要靠人工氮肥来进行粮食生产，据预测，当人口多到一定程度时，我们将不得不把全世界的运输工具都用来装载氮肥。有人计算过，这一情况可能会在2000年发生。上述计算或许有误，但有一点是很明确的：无论何处，人们应尽可能以固氮细菌来代替化学肥料。在某些类型的土壤中，使用人工氮肥的一种结果，是氮以外的其他营养素丢失。20世纪50年代，土壤缺硫现象鲜有发生，唯一的例子出现在东非（本人因此而获奖）。到1965年底，除了东非，这种情况还出现在澳大利亚、西欧、印度和斯里兰卡、南北美洲及西非。其他地区曾出现缺钴和缺铜的情况。多年来，我们对土壤缺磷现象也有耳闻。热带和亚热带的红土显然缺乏矿物质，因为它定期遭到赤道雨水的冲刷。当人们学会给土壤补氮时，土壤中其他成分的缺乏问题又暴露了出来。

这些缺乏现象常可通过补充化学物质来弥补，这在先进国家不成问题，但要在全球范围付诸实践却并非易事。例如亚热带的大荒原，这里虽然气候温湿且阳光充足，却完全不长粮食。要想采用单一的化学方法把这些地区变成沃土，结果将是十分令人失望的。问题的解决可能离不开对参与土壤中氮、硫和磷循环的微生物的了解。照我看来，对农业微生物的熟悉和控制，加上精心地采用产品综合加工和再循环技术，将是应用微生物学对地球经济做出重大贡献的方式。

另一个平凡却重要的领域请参见第八章。对58亿人的排泄废物进行处理和再循环已经带来了严重的问题。那么，假如人口再增加20亿人，我们还能应付得来吗？当人类为保持环境卫生而奋斗的时候，微生物将用恶臭向我们发出挑战。

你会认为这些是最枯燥而费力的科学领域吧？或许是吧，但是即使最浪漫的研究工作，在现实中也是枯燥而费力的。这个话题就到此为止吧，下面让我们带着一份浪漫情怀，去看看地球外的情况吧。在宇宙空间中又有些什么微生物呢?

大家立刻会想到，如果人进入宇宙空间，微生物必然随之而往。你无法变成无菌人；即便你非要逞能说有人做到这点，他或她也迟早会死于原因不明的营养不良。人们接触的任何东西（只要是从生物圈来的）都会沾染微生物。正因如此，俄罗斯和美国的空间机构均煞费苦心地对送到地球大气以外的设备进行灭菌。但是，确实曾有一个空间探测器意外地坠毁在金星上，因此，微生物学家非常担忧灭菌效率究竟如何。直到1975年，这些微生物学家们才松了一口气，因为经韦内拉金星探测器证实，金星表面的温度比最热的高压灭菌器的温度（约480℃）还要高，所以地球生物不可能在金星上存活。但如果是月球和火星，在我们对它们的生物学条件做出正式评估之前，一旦它们受到了地球微生物的污染，后果将不堪设想。因为在空间飞行技术先进到能够探测外星生命之前，地球的微生物或许就已经把这些星球上原有的生物摧毁，甚至彻底消灭了。这样一来，我们就永远无法确定人们所发现的微生物是不是从以前发往月球或火星的探测器上带来的。但有一点我们可以肯定，即外太空的寒冷真空并不妨碍细菌孢子存活。外太空的辐射或许有致死作用，对此我们尚不清楚；但是，对于空间飞船外壳内的普通细菌孢子来说，只要能度过发射初期穿过地球大气层时的升温关，它们在整个星际航行中就不难保持活力。

某些人认为，在生命起源之初，地球就已经把细菌般大小的生物散布到了宇宙空间中，但这不太可能。因为地球的引力场相当强，具有细菌质量的颗粒达到逃逸速度的可能性无限小。即使有高速气流和火山爆发的作用，这种可能性也不会明显增加。病毒要比细菌小一到两个数量级，可能更容易达到逃逸速度，还有些名为蛭弧菌的微生物寄生体或许也可能。但如果不通过近些年才发射出去的空间探测器，生物逃出地球的可能性仍然是无穷小的。有一种见解认为，月球表面布满了枯草芽孢杆菌（一种普通需氧菌）的孢子，许多科学家还为此做了一些虎头蛇尾的探索，但这种说法不太可能是正确的。

地球之外有可能存在哪些生物呢？我们最好先不考虑科幻小说家的奇思怪想，只假设地球外的生命与地球上的生命大体相似。此处我指的是：它们都以碳化合物为基础，生命过程都在液态水中进行，并能利用本书中说过的种种生物化学过程产生所需的能量。让我提醒你一下，地球的生命依赖于太阳，后者不仅使地球表面保持足够的温暖，从而使水呈液态，而且还通过微生物和植物的光合作用为生物圈的栖息者们提供稳定的碳化合物作为能源。靠太阳生存者绝不只是那些在阳光下呼吸空气的生物；在暗处、深海沉积物里或土壤中生活的有机体也离不开太阳，因为它们的食物是光合作用的产物——有机粉尘、沉渣及腐质——而且它们通常要靠光合作用为其提供氧气。厌氧生物虽然不需要氧气，但它们需要来自光合作用的有机物。

假设我们正在寻找地球类型的生命，那么可以对太阳系的情况做出两个有根据的猜测。第一，小行星、外层行星及其卫星离太阳太远，以致太阳的辐射无法保持水呈液态，除非这些星球另有一个热源来做到这点。所有的水都会冻成冰，而没有液态水生命就无法建立和维持。第二，在内层行星中，金星太热，所有的游离水都以水蒸气形式存在，而水星的一侧炎热干燥，另一侧又冰冻酷寒。不过，月球和火星倒可能是适合栖息的天体，值得我们认真考虑。

任何有生物栖息的星球似乎都会有微生物，因为生命的进化似乎总要经过微生物阶段，同时，微生物一经进化产生就不太可能灭绝。月球是一个没有大气的干燥星体，其表面常遭到流星的撞击，而且背日面和我们见到的向日面之间温差巨大。由阿波罗飞船带回的月球岩石是干燥而无菌的。月球上如果有液态水存在，也只能在避开极端温度的情况下，以饱和盐溶液的形式停留在月球表面之下。生命有赖于生物成分的循环转化，比如氮、碳和磷的循环。人们可能猜想，在靠近月球表面（譬如具有饱和氯化镁溶液之处）的地方可能有耐盐的硫酸盐还原菌生存，它们需要使用碳源。但是，我们很难想象月球上会有哪种碳循环，究竟是哪种微生物学过程能够把CO_2转变为有机物呢？或许是对铁的厌氧氧化？要想得到有用的结论，人们还需要对月球的化学成分有更进一步的了解，但首要任务是：从月球上发现生命，挖掘并寻找嗜盐的、化能自养的厌氧微生物。

火星更有希望成为地球生命的栖息场所。虽然那里非常冷，大气层也非常稀薄，但那里似乎有水存在，在某些火星年里，接近其赤道的水或许是液态的。火星上的微生物必定是厌氧菌，几种地球微生物也许能在那里存活。嗜冷菌可以耐受火星的低温，鉴于那里的水十分咸且含量有限，看来它们还得是嗜盐菌。由于它们在表面生存，受到阳光照射，所以它们或许可以通过光合作用进行碳循环。厌氧的铁细菌或许已经存在，可能也有还原硫酸盐和氧化硫化物的细菌，没准儿还有一些化能自养与光自养的生命形式呢。

如许多读者所知，少量证据表明，火星上存在季节性的色彩变化，以前以为这是某些与地球植物相类似的生命存在的标志。因此，当1976年海盗号火星探测器未能在火星上发现丝毫生命存在的痕迹时，人们大失所望。然而，也许它降落得不是地方。1998年早

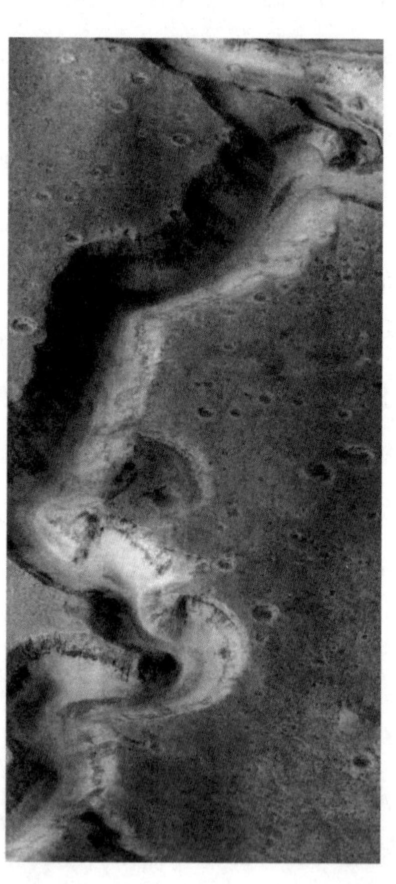

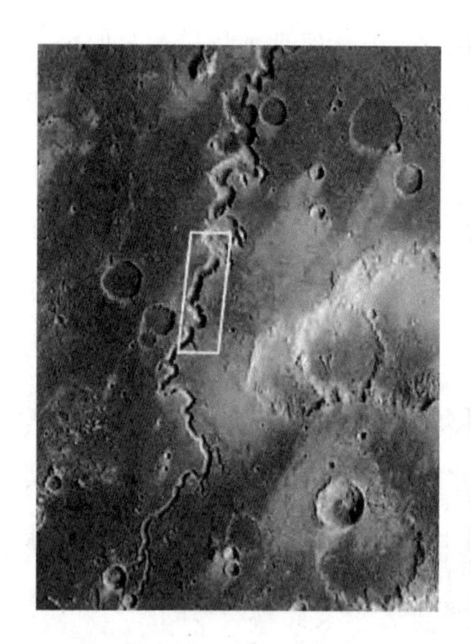

●纳尼迪河谷，在火星赞西台地上一条公认的干涸河床。1988 年 6 月 8 日由火星环球探测者号的轨道照相机拍摄。平原上的锯齿状圆形区是撞击出的陨石坑。右图是左图中长方形区域的放大像，显示河床的蜿蜒曲折及岩石的露出部；峡谷宽度约 2.5 公里。（美国国家航空航天局供图）

期，一艘美国国家航空航天局的宇宙飞船——火星环球探测者号发回的照片清晰地显示出干涸了的拥有支流的河谷。该河谷被起名为纳尼迪河谷，位于马歇恩平原上。它的存在支持了较早的看法，即火星上曾有较丰富的液态水：马歇恩平原上还有其他景象，仿佛是干涸的海岸或湖岸。行星专家们当前一致认为，火星在30多亿年前是温暖而潮湿的，而且当时还有较厚的大气层。如果真是这样，那么火星当前处于适于生物栖息的终末阶段：在这个地方，生命曾一度兴旺，但随着那里的大气越来越稀薄，水越来越少，只有最顽强的有机体幸存下来。微生物就是这样顽强的生物：太空科学家把地球微生物置于模拟马歇恩平原的环境下，发现它们能够存活与繁殖。在进化的终末阶段，我们预料微生物会居于统治地位，就像进化的初始阶段那样；在火星干燥而多尘的表面之下，某些潮湿的地方或许还有昔日的微生物栖息者幸存。将来，新一代着陆器的任务将是挖掘样品并检测生命迹象。

在1996年夏季的一短暂时期，人们似乎找到了更有力的证据来证明火星上有生命存在。人们在地球南极发现了陨石，经矿物成分分析后判定它们来自火星——13000多年前，火星被一个体积不大的小行星猛烈碰撞，致使这些陨石逃逸并最终坠落在地球上。在美国国家航空航天局工作的科学家们宣布，其中一个陨石含有碳化合物，还有细微的管状结构，他们认为这是有机体微化石，大约与地球的超显微细菌等大。人们为此十分兴奋，但这种说法经不住严格检查的考验，后来科学家们一致认为，那些管状结构全都是无机形成物。虽然如此，美国国家航空航天局的热情是可以理解的，而火星无疑是为科学献身的微生物学家们最希望拜访的一颗行星。

如我所述，外层行星及其卫星大多数都太冷，水不能呈液态。不过，1979年航行者号宇宙飞船在飞过木星时发现了一个例外。起初，木星的卫星欧罗巴的表面呈现意想不到的平滑景象，后来，当飞船把清晰的照片传回地球（由于宇宙飞船对照片的发回只能逐步进行，故此过程很慢）时，科学家们发现它是由一大片冰构成的。此结论随后得到星球表面分光测定的支持，表面详细特征以及重力测量均有力证明，欧巴罗的冰壳较薄，厚度约150千米，漂浮在液态水或冰水混合物的海洋表面，把硅酸盐岩石内核完全包裹了起来。在木星引力作用下，水和冰的涌潮定期更新该星球表面，使之变得平滑；潮动的加热和压缩作用也保持了水层的流体状态。

1989年发射的伽利略空间探测器最近发回的信息表明，欧罗巴的冰壳中出现了碳酸钠和硫酸镁。这些盐类，连同有机物和其他生物成分，很可能存在于欧罗巴的海洋中，只是谁也不知道它的浓度是多少。潮汐效应也可能导致这些物质的含量经常变化且分布不均匀。类比少年期的地球，我们可以想象接下来的情节：有机物在无机的海面逐渐变浓，适当的化学反应得以出现，于是以碳为基础的生命得以诞生。如果是这样的话，没有阳光相助而单靠潮水的加热作用就能维持这类生命吗？是的，起码在地球上就有一种不依赖于光合作用的生命模式：在美国西北部邻近哥伦比亚河的土壤深处，科学家们发现了一群微生物，它们最初的碳源是由产甲烷细菌提供的，后者系一种厌氧自养型微生物，它能用氢还原二氧化碳，生成碳水化合物与甲烷。当然，细菌的上述过程本身并无特殊之处，而且在绝大多数细菌群体中，氢都来自光合作用生成的有机物；也就是说，往前回溯一两个反应阶段，其源头还是阳光。哥伦比亚地下微生物群体与众不同之处在于，它们的生命活动没有阳光参与：氢来自当地岩石中硅酸铁与水的化学反应，而使环境保持潮湿和温暖的是地热。

那些微生物群体能存留下来就说明，地球类型的生命（只要它们能出现）没有阳光也能活下去。要让宇航员去造访欧罗巴并探明其表面（确切说是里面）的情况，还任重道远。这是一个需要思索好多年的课题，但愿新的空间探测器能定期发回资料，推动研究顺利进行。让我们回到火星的话题，要知道，载人飞船去那里考察也许已经是近在咫尺的事了。

要去访问火星，就要解决生物学家自身所带微生物这一问题。一艘载有数名宇航员、历时一年之久、驶往火星的宇宙飞船，就是一个与世隔绝的小社会，在这个小社会里，一件怪事会发生在与人共生的微生物身上。从口腔到肛门的微生物中，有一种微生物会逐渐趋于统治地位，万一它能够致病，情况可就不妙了。同时，人体对普通微生物感染的免疫力也会逐渐丧失。或许宇航员不得不保留着他们登舱时身上携带的各类微生物的培养物，并且定期有意地反复感染自己。另外，排泄物的处理也是个大问题：宇航员们要清除粪和尿，还要除去呼出的二氧化碳并使氧气再生。为了协助这些过程的进行，科学家们找到了一个貌似可行的微生物系统，这十分令人满意。宇宙飞船上的太阳能电池所产生的电能可被用来电解水。由此产生的氧气和氢气可被用来培养敏捷假单胞菌，后者有化学自养作用，能固定CO_2，同时利用氢气和氧气生成水。因此，在没有浪费半滴水的同时，CO_2也被除去了。这些微生物还需要氮源，而尿中的尿素正好派上用场。因此，人们能够利用尿和CO_2来培养微生物。

只要训练有素的宇航员们能够接受，这些微生物将是可食用的蛋白质食物。依靠太阳光，小球藻也可被用来生成氧气和食物。这一切似乎奇妙地应验了圣经中拉伯沙基的恐吓。当拉伯沙基受亚述王差遣率领大军围困耶路撒冷时，他在城下说："我主差遣我来，岂是单对你和你的主说这些话吗？不也是对这些坐在城上、要与你们一同吃自己粪、喝自己尿的人说吗？"（《圣经·列王记（下）》，第18章，第27节）总之，在长期空间飞行之中，我们无法运输大量的食品和水，更别提运走宇航员的排泄物，而用不了多少微生物社会的小"公民"，我们就可以使宇航员生活的化学环境实现再循环。在这里，对地球微生物生态学的透彻了解是至关紧要的。

人们对太阳系之外的生命有些什么了解呢？某些宇宙学家相信，宇宙中适于地球生命生存的行星必定为数甚多，如果我们对地球生命起源的观点是正确的，那么生命就有可能在这些行星上繁衍起来。沙普利（H. Shapley）博士如下估计常为人津津乐道：我们所在的银河系有1000亿颗行星，其中有10万颗是适于生物栖息的。探索和访问这些行星还是很遥远的事，如果我们的宇宙理论没出错，那么这样的旅行耗时百年尚不足够，恐怕得长达千年。但是无线电与外星世界通信还是可行的，哪怕这种通话只是单方向进行的。据德拉克（F. D. Drake）博士计算，那些已进化到能够（或愿意）进行空间通信的行星，与地球的平均距离约为1000光年。由于人们必须等上几个世纪才能得到对方的回答，双方终归无法进行正常交流。这些外星世界中无疑有微生物存在，可惜通信只能在高等智能生物之间进行。与智人相当的硫酸盐还原生物倒是个令人感兴趣的话题，但它是宏观生物，而非微生物，故不属本书讨论范围。

本章讨论的是微生物与未来。不难想象，经济微生物学的进一步发展将会对人类大有裨益，医学、健康、环境保护、社会行为以及精神健康等方面都将取得进展。人们会关注微生物在空间开发和食品生产中的作用。人们曾拟订一个宏大的计划，打算通过接种红藻来使地球两极的冰盖融化，因为红藻会使冰吸收更多太阳热量。这个权宜之计会淹没欧洲及亚洲的大片低地。持不同意见的人认为，通过促使全球变暖，我们早已在不经意间开始了这一计划。本人深信，直到有一天，该说的都说了，该做的都做了，微生物真正的重要性将在知识的点滴进步中越发彰显。在第六章中我曾谈过，现代分子生物学是怎样从微生物学发展而来的，而微生物遗传学又是如何把生物学带进20世纪的。今天，生物学着迷于大肠杆菌的研究：总的说来，得自大肠杆菌的知识已被世人公认。应用从中归纳的原理，高等生物细胞的研究工作得以革新。所幸，一些不大着迷于大肠杆菌的分子生物学家们还在对其他微生物进行观察。由于实验室里有这些易于操作的材料，我们肯定会继续使用微生物进行研究，这不仅会增进我们对微生物本身的认识，还能使我们对一切生物有更深入的了解。微生物学技术已被用于组织培养；微生物可以被杂交和转化；DNA可以从某型微生物转移到无关的另一型，从而产生全新的物种。我们也可以利用细菌或酵母菌克隆高等生物的DNA，然后对其进行分析，有必要的话可以对其进行修改，再送回原细胞，或者放到另一种高等生物细胞里。某些亚细胞结构（如植物的叶绿体，还包括高等生物的细胞器线粒体）乃是共生结合体的进化遗迹。微生物似乎具有相当强的结合能力：比如某些肠道细菌的共生作用，它们几乎是偶然产生的，但对许多动物的营养至关重要；再比如根瘤菌同豆科植物之间相当专一性的结合；还有短膜虫与细胞亲密的共生关系，前者其实生活在细胞质内并随细胞一起繁殖；最后，当共生物或寄生物变成细胞器时，它们个体的特性终将完全丧失。进化不一定是趋异的，其间也出现了结合现象，随着结合双方关系越来越亲密，日久天长，新物种就产生了。进化图更接近网状，而不是树状。如果这种结合作用是自然出现的，那我们是不是也能人为地使之产生呢？例如，像我前文推想的那样，如果人们可以赋予小麦固氮特性，那岂不是就能省去使用化肥或与豆科作物间作的麻烦？其实植物并非唯一能进行这种操作的物种。从理论上说，通过微生物研究，现在科学家们已经能够改变我们自身的遗传特性。

“千万别这样！”你也许会大喊，“那不是优生学嘛！”对，某种程度上是这样的。优生学俨然成了一个令人恐惧的字眼，这个词唤起了人们可怕的回忆：强迫个人绝育、对囚犯和人群的秘密实验、有组织的集体屠杀、种族清洗等一系列纳粹大屠杀暴行。而对于创造该词的弗朗西斯·高尔顿（Francis Galton）爵士来说，优生学意味着我们利用遗传学的新知识来改良人类。然而，历史违背了这一初衷，优生学曾在狂热分子手中造成了可怕的后果。我们对人类遗传学的了解还不够充分，因为合理而与人为善的优生学不会干出那类蠢事。如果有一天，我们通过操纵人类的生殖细胞，能够永远杜绝卟啉血症、囊性纤维性病等遗传性疾患的世代延续，你能说这是可怕甚至不道德的吗？我并非伦理学家，但凭良心说，当这种治疗措施能安全可靠地进行时，制止其使用才是不道德的。

对微生物的了解已经为生物学和医学开辟了新的前景，未来它还会继续贡献力量。这方面的知识同样有助于某些棘手的伦理问题的化解。我们今后必须学会接受一些新事物，比如利用转基因细胞的组织培养物，甚至胚胎，来使器官乃至整个个体再生；再比如猪等动物的克隆动物——它们的基因组会被“人类化”，因此它们的器官可以被移植给人类。或许我们还要学会提高动物的智能和改变它们的特性，人为地改变某些物种（甚至人类）的遗传特性，使之适应太空旅行或在荒凉的行星上生活。再过几个世纪，或许我们有希望（也的确需要）把金星冷却下来，使之适于生物栖息。我确信，第一批殖民者当推微生物群体。在未来的几千年里，曾经是人类的物种，可能会在自己的地盘上遇到一个还原硫酸盐的智能生物，后者历经几个世纪的太空旅行来到此处。微生物研究将为这类事件的发生做出主要的贡献，并给人类的未来带来极其深远的影响。但是，滥用这些概念将导致可怕的后果——我们希望在这些预言变成现实以前的漫长岁月里，人类能从幼稚病中摆脱出来。不幸的是，科学无关道德和伦理，它所造成的后果也是不可挽回的。结局的好坏，取决于人类如何使用科学，一旦失去控制，后果将不堪设想。

补充读物

微生物学读物现已被明确地分为初级、中级和高级三等，欲了解详情可查阅百科全书相应各卷。这类资料会以修订版或新作的形式定期更新，因此，我在以前的版本中曾就本课题的各个分支学科（普通微生物学、医学微生物学、环境微生物学、生物工程等）提出过一些选读教科书，此处就不一一列举了。同样地，我还提到过某些关于化学和生物化学的初级和较高级的教科书。我未能涉及的相关题材的书籍，读者在附近的大学或技术学院的图书馆中应能查到（普通公共图书馆恐怕不会提供这类读物）。

下列著作系对作者提及过的某些较边缘话题的扩充。

历史背景

P. P. 德克鲁夫，1954，《微生物搜寻者》，纽约：哈考特 · 布雷斯出版社。［De Kruif, P. P. (1954) *Microbe Hunters*. New York: Harcourt Brace.］这是一本介绍微生物学奠基者的经典著作。

A. 席尔比克，1959，《不可见世界的度量：安东尼 · 冯 · 列文虎克的生活和工作》，伦敦暨纽约：阿比拉德—舒曼出版社。［Schierbeek, A. (1959) *Measuring the Invisible World: The Life and Work of Antoni van Leeuwenhoek*. London & New York: Abelard–Schuman.］本书值得一读，它概括地介绍了安东尼 · 冯 · 列文虎克

一生中的惊人发现，列文虎克曾就此函告知成立于1660年的英国皇家协会，该协会起初对这些发现持怀疑态度，但最终予以承认。

生命起源

L. E. 奥格尔，1973，《生命起源》，伦敦：查普曼暨霍尔出版社。［Orgel, L. E. (1973) *The Origins of Life*. London: Chapman & Hall.］该书直截了当地介绍了早期的正统学说。

S. F. 梅森，1991，《化学进化》，牛津：克拉伦敦出版社。［Mason, S. F. (1991) *Chemical Evolution*. Oxford: Clarendon Press.］本书对恒星、行星、化学元素等的起源做出了令人印象深刻的描述，尤其是它还提出了有关早期地球环境的新观点及其对生命起源理论的影响。

环境和人口问题

这是一个令人激动的、引发当代人关注的的领域，尽管有大量的参考文献，但并没有哪本书做出不偏不倚且通俗易读的全面概述。然而，如果你避开有关地球母亲盖亚的晦涩玄妙的段落不读，从下面这本书中还是可以了解许多常识的。

N. 迈尔斯（编著），1985，《行星管理盖亚图集》，伦敦暨悉尼：潘恩图书公司。［Myers, N. (ed.) (1985) *The Gaia Atlas of Planet Management*. London & Sydney: Pan Books.］

科学研究的性质

J. D. 华生暨J. 图兹，1981，《脱氧核糖核酸的故事，基因克隆的历史记录》，旧金山：弗里曼出版社。［Watson, J. D. & Tooze, J. (1981) *The DNA Story, A Documentary History of Gene Cloning*. San Francisco: Freeman.］这本书讲述了围绕DNA重组技术的混乱看法和荒谬观点，乃是肤浅认识引起恐惧、小题大做和思想动荡的一个很好的例证。具有讽刺意味的是，华生正系导致上述后果的公开信签名者之一。

F. 克里克，1989，《多么疯狂的追逐；科学发现之我见》，伦敦：韦登菲尔德暨尼科尔森出版社（平装本：企鹅图书公司，1990年）。［Crick, F. (1989) *What Mad Pursuit; a personal view of scientific discovery*. London: Weidenfeld and Nicholson (paperback: Penguin Books, 1990).］本书作者系分子生物学鼻祖之一，视角独特、发人深省，辅以大量实验研究，揭开了遗传密码及其阅读方式的秘密。

名词解释

（按汉语拼音顺序排列）

孢子（Spore）	微生物的一种休眠形式，能增强对高温、干燥和消毒作用的抗性
病原的（Pathogenic）	能引起疾病的
单利共生（Commensalism）	与另一种生物进行无害而独立的联合生活（反义词：共生）
底物（Substrates）	供微生物生长用的培养基成分；亦指受酶作用的化学物质
毒素（Toxin）	常来源于微生物的有毒蛋白质
复细胞生物（Metazoa）	多细胞有机体
共生（Symbiosis）	相互依存的两种不同生物的联合（反义词：单利共生）。这类联合中的参与者叫作共生物
古生菌（Archaeobacteria）	生长于极端条件下的一类特殊细菌，古核域的成员
光合作用（Photosynthesis）	利用光辐射由二氧化碳生成有机物的特性，是绿色植物的基本生长过程
光化学的（Photochemical）	与光所引起的化学反应有关的
核糖核酸（RNA）	与遗传信息的转录和翻译有关的一种天然物质（另参见脱氧核糖核酸条目）

化学疗法（Chemotherapy）	借助化学药品治疗疾病的科学
聚合酶链式反应（PCR）	由一段脱氧核糖核酸产生许多拷贝的实验室方法
菌丝体（Mycelium）	真菌的丝状分支
抗体（Antibodies）	对进入高等生物体内的异物（通常是传染性的）起反应而生成的蛋白质，后者作用于这些异物，与其凝集，使之易于被身体处理
抗原（Antigen）	一种在高等生物的血液或组织中刺激抗体产生的物质，比如细胞毒素（参见该条目）（另见疫苗）
蓝细菌（Cyanobacteria）	一类像高等植物那样进行光合作用（参见该条目）放出氧气的微生物，旧称蓝绿藻
冷层（Psychrosphere）	斜温层（参见该条目）下面的海层，该处温度低，且不受季节变化的影响（参见热层条目）
离子（Ion）	带有电荷的原子或分子
连续培养（Continuous culture）	对微生物培养物缓慢而连续地供给培养基（参见该条目），使微生物不断地繁殖
硫的绝氧环境（Sulfuretum）	涉及硫循环的主要细菌的小生态区系
瘤胃（Rumen）	反刍动物的第一胃

酶（Enzyme）	一种蛋白质，本身不出现持久变化，却可加速通常难于发生的生化反应
能动性（Motility）	能够随意活动的特性
培养基（Medium）	微生物生长的环境
气溶胶（Aerosol）	空气中小液滴的悬浮物；液滴很小，故沉降缓慢
热层（Thermosphere）	温度有季节性波动的海洋上层（反义词：冷层）
朊病毒（Prion）	一种被认为能引起海绵状脑病的异常蛋白质
生物圈（Biosphere）	生物栖息的地球表层
升华（Sublime，to）	不经融化阶段，由固态直接变为气态
嗜冷微生物（Psychrophile）	在低于20℃环境中生长最迅速的一种微生物（反义词：嗜热微生物）
嗜热微生物（Thermophile）	能够在对普通有机体有致死作用的45～50℃以上的温度中生长的微生物
嗜压微生物（Barophile）	能够在很高的压力下生活的微生物
嗜盐菌（Halophile）	能够在浓度超过3%的氯化钠溶液中生长的一类微生物：这种浓度对

淡水微生物来说是有毒害作用的

噬菌体（Bacteriophage） 寄生于细菌的一种病毒

2，3，7，8-四氯二苯-对-二噁英（TCDD） 用于生产除草剂的工业毒物

突变（Mutation） 导致遗传性改变的脱氧核糖核酸（参见该条目）的化学变化，除致死的突变外均可遗传。发生这种改变的有机体叫突变体

脱氧核糖核酸（DNA） 一种天然聚合物，带有决定有机体性状的遗传信息（另见聚合酶链式反应、质粒、核糖核酸、突转、转座子等条目）

维生素（Vitamin） 有机体的生长和健康所需的少量有机物

细胞器（Organelles） 具有与复细胞生物（参见该条目）器官相当的亚细胞结构

线粒体（Mitochondria） 真核细胞内的细胞器，主要与呼吸及能量的产生有关

斜温层（Thermocline） 把冷层（参见该条目）和热层（参见该条目）隔开的海层

需氧生物（Aerobe） 消耗空气中的氧气进行呼吸（像你和我）的生物（反义词：厌氧生物）

血清（Serum） 血液的无色液体部分

厌氧生物（Anaerobe） 不用空气中的氧气进行呼吸的生

物（反义词：需氧生物）

叶绿体（Chloroplast） 微生物和高等生物进行光合作用（参见该条目）的细胞器

疫苗（Vaccine） 来自病原微生物的某种抗原，它本身无害，进入血液时却能激发对病原体的免疫性

异养生物（Heterotroph） 要有预先形成的有机物才能生长的生物（反义词：自养生物）

永冻层（Permafrost） 夏天不融化的南北极土壤层

原核生物（Prokaryote） 由不带核的细胞构成的生物（反义词：真核生物）；包括常见的细菌和古生菌

原生质（Protoplasm） 细胞的生命成分

真核生物（Eukaryote） 由带核的细胞构成的生物（植物、动物、真菌等）（反义词：原核生物）；真核域的成员

致畸剂（Teratogen） 引起胎儿畸形的物质

质粒（Plasmid） 细菌中常见的、类似小染色体的遗传结构，它常使细菌具有抵御抗菌物质的能力

转座子（Transposon） 能在DNA链上由一处移到另一处的一段DNA

自养生物（Autotroph） 能全靠无机底物（参见该条目）为生的生物（反义词：异养生物）

索引

（按汉语拼音顺序排列；本书首次出现化学式处，编入索引“化学式”项下）

A

C

D

E

F

G

H

J

K

L

M

N

O

P

Q

R

T

U

W

Y

Z

图书在版编目（CIP）数据

微生物与人 / (英) 约翰・波斯特盖特著 ; 周启玲, 周育, 毕群译. — 2版. — 北京 : 中国青年出版社, 2020.11

书名原文: Microbes and Man
ISBN 978-7-5153-6197-0

Ⅰ. ①微… Ⅱ. ①约… ②周… ③周… ④毕… Ⅲ. ①微生物—普及读物 Ⅳ. ①Q939-49

中国版本图书馆CIP数据核字（2020）第194948号

北京市版权局著作权合同登记号
图字：01-2020-6615

责任编辑：彭岩　潘盈欣

*

中国青年出版社 出版 发行
社址：北京东四十二条21号　邮政编码：100708
网址：www.cyp.com.cn
编辑部电话：（010）57350407　门市部电话：（010）57350370
北京中科印刷有限公司印刷　新华书店经销

*

710×1000　1/16　26.75印张　240千字
2007年1月北京第1版　2021年1月北京第2版
2021年1月北京第1次印刷
定价：68.00元
本书如有印装质量问题，请凭购书发票与质检部联系调换
联系电话：（010）57350337